有效需求系列丛书

有效需求分析

第2版

徐锋◎著

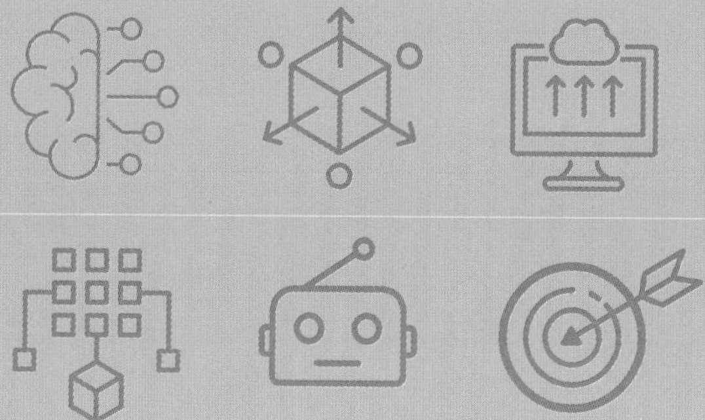

電子工業出版社
Publishing House of Electronics Industry
北京 • BEIJING

内 容 简 介

随着数字化时代的到来，各行各业投入到IT建设中的资金越来越多，如何确保IT投资价值最大化，做好需求分析工作是重中之重。本书将通过生动的实践案例、深刻的隐喻故事帮助读者建立“业务驱动的、用户导向的需求思想”，并针对价值需求、功能需求、数据需求和非功能需求四条主线，帮助读者构建清晰有效的需求分析路径。

本书可作为计算机软件专业本科生、研究生和软件工程硕士研究生的软件需求分析教材，也可作为软件工程、软件开发管理培训的教材，更是一线项目经理、业务分析师（BA）、B端产品经理、需求分析人员、甲方需求管理人员的必备参考书。

图书在版编目（CIP）数据

有效需求分析 / 徐锋著．—2版．—北京：电子工业出版社，2024.3

（有效需求系列丛书）

ISBN 978-7-121-47376-0

Ⅰ．①有…　Ⅱ．①徐…　Ⅲ．①软件需求分析　Ⅳ．①TP311.521

中国国家版本馆CIP数据核字（2024）第043473号

责任编辑：李　冰　　　　特约编辑：田学清

印　　刷：北京宝隆世纪印刷有限公司

装　　订：北京宝隆世纪印刷有限公司

出版发行：电子工业出版社

北京市海淀区万寿路173信箱　　　邮编：100036

开　　本：720×1000　1/16　印张：17.25　字数：378千字

版　　次：2017年1月第1版

2024年3月第2版

印　　次：2024年8月第2次印刷

定　　价：109.00元

凡所购买电子工业出版社图书有缺损问题，请向购买书店调换。若书店售缺，请与本社发行部联系，联系及邮购电话：（010）88254888，88258888。

质量投诉请发邮件至zlts@phei.com.cn，盗版侵权举报请发邮件至dbqq@phei.com.cn。

本书咨询联系方式：libing@phei.com.cn。

前言

改版说明

自 2017 年《有效需求分析》出版以来，笔者在咨询、培训工作中持续地打磨、验证书中的内容，也聆听了不少读者的反馈与建议。在第 2 版中，我们主要做出了以下调整。

（1）扩写了一章：由于当前很多需求分析工作都是围绕已经投产上线的系统展开的，因此我们将“日常需求分析”这一高频任务单独作为一章，进行了更加详细的讲解。

（2）合并了两章：在第 1 版中，“质量需求分析”被拆成了两章，阅读连贯性不佳，因此本书将它们合并成一章。

（3）增加了两个串讲性章节：针对价值需求、功能需求两条主线，原来拆分成几个任务分别讲解的方法容易使读者陷入细节，失去全局性理解，因此本书针对这两条主线增加了两个串讲性章节：第 6 章价值需求分析总结、第 9 章业务场景梳理。

（4）引入了“任务板”：针对一些主要的分析任务，笔者设计了一套指导思考过程的“任务板”，在咨询、培训过程中反馈较好，因此将其引入本书中。

（5）针对其他各章，进行了少量内容修订，改正了一些错误。

本书特点

这是一本<u>不以方法论为核心</u>的书。笔者经常说：“我们不是在画活动图，而是在做流程分析；不是在画类图，而是在厘清数据关系；不是在画用例图，而是在识别场景……”如果我们过于以方法论为核心，就会很容易忘记初心。因此，本书是围绕“我们要做什么，应该如何思考？”展开的。

这是一本<u>努力摆脱左脑思维</u>的书。左脑喜欢逻辑，右脑喜欢故事；最好的陈述一定是起于故事，终于逻辑。因此，本书不想过多地讲道理，而是寄期望于用一个个故事、案例让读者从中感悟到需求分析的有效思维；同时使用一系列的“任务指引卡”模型帮助读者快速记忆。相信读者可以轻松阅读本书。

这是一本努力追求清晰简明的书。在移动互联网时代，人们的时间变得更加碎片化，人们更习惯碎片化阅读，因此笔者极力给本书减负，首先让开本变小，然后使篇幅变少。再次相信读者可以轻松阅读本书。

这是一本源于实践并高于实践的书。相信所有需求分析实践者都能够从书中看到自己工作的缩影，很多实例均采集于一线实践，相信大家会从中有所收获、反思。

这是一本致力能开箱即用的书。针对每个关键任务的一步步指导，以及每个任务输出的《需求规格说明书》片段模板，让读者更容易在实践中应用。

本书讲什么

本书聚焦于组织应用类软件系统（也称为 B 端系统、B 端产品）的需求分析环节，分为 4 篇，由 21 章组成，如下表所示。

<table>
<tr><th colspan="3">篇名</th><th>章节</th><th>主要内容</th></tr>
<tr><td colspan="3" rowspan="2">引导篇</td><td>第 1 章</td><td>帮助读者建立业务驱动的需求思想，构建组织应用类软件系统的需求分析全景图</td></tr>
<tr><td>第 2 章</td><td>针对已投产的系统而言，持续响应需求变化、优化系统是需求分析工作的主要任务。本章重点讲解如何还原需求，以确保需求的准确性；如何补充需求，以确保需求的完整性；如何评估需求，以确保需求的有效性</td></tr>
<tr><td colspan="3">价值需求篇</td><td>第 3 ～ 6 章</td><td>三步完成价值需求（宏观需求，整个系统要解决的问题）的分析，第 3 ～ 5 章分别讲解目标 / 愿景分析、干系人识别、干系人分析，第 6 章则串讲整个价值需求的分析过程</td></tr>
<tr><td rowspan="2">详细需求篇</td><td colspan="2">系统分解子篇</td><td>第 7 ～ 8 章</td><td>对于较大系统，如何基于业务结构划分子问题域，以便控制复杂度；包括业务子系统划分及业务接口分析</td></tr>
<tr><td>功能需求主线子篇</td><td>业务支持部分</td><td>第 9 ～ 13 章</td><td>在业务驱动的需求思想下，系统的功能主要有三类：支持业务运行、提供管理辅助、支持系统运行维护。
针对业务支持部分，先在第 9 章中建立总的分析路径，然后在第 10 ～ 13 章中分别详细讲解分析的四个核心步骤：业务流程识别、业务流程分析与优化、业务场景识别、业务场景分析并有效导出系统所需功能</td></tr>
</table>

续表

<table>
<tr><th colspan="3">篇名</th><th>章节</th><th>主要内容</th></tr>
<tr><td rowspan="4">详细需求篇</td><td rowspan="2">功能需求主线子篇</td><td>管理支持部分</td><td>第 14 ～ 15 章</td><td>针对管理支持部分，本质是分析管理需求，而报表、BI、数据挖掘是实现管理需求分析的解决方案。第 14 章讲解如何分析管理需求，第 15 章讲解如何在此基础上识别并定义报表等具体的解决方案</td></tr>
<tr><td>维护支持部分</td><td>第 16 章</td><td>系统的运行维护也会给系统带来一些功能上的需求，第 16 章给出了一些参考结构，以便帮助读者在实战中快速、完整地厘清需求</td></tr>
<tr><td colspan="2">数据需求主线子篇</td><td>第 17 ～ 18 章</td><td>数据需求主要包括范围、关系、意义、构成和推演；第 17 章讲解的“领域建模”解决的是前两个问题，第 18 章讲解的“业务数据分析”解决的是后三个问题</td></tr>
<tr><td colspan="2">质量需求子篇</td><td>第 19 章</td><td>质量需求并不容易写清楚，如何避免无效的定性、盲目的定量？第 19 章给出了一种“威胁导向”的梳理方法</td></tr>
<tr><td colspan="3">补充篇</td><td>第 20 ～ 21 章</td><td>业务规则和约束有时也是很重要的内容，在需求分析过程中不可忽视，因此最后两章分别阐述其分析要点</td></tr>
</table>

致谢

本书的顺利出版，首先应该感谢多年以来的合作伙伴李冰女士（责任编辑），感谢您对进度的宽容，感谢您和您的团队为本书付出的辛勤劳动；其次感谢家人、朋友多年来的支持与理解。

同时感谢这些年来的所有客户，你们在咨询、培训过程中反馈的意见、观点、建议都使得本书更加精彩。

- 保险行业：中国平安、中国人寿、中国人保、太平洋保险、太平保险、合众人寿、华汇人寿、前海人寿、生命人寿、幸福人寿、泰康人寿、珠江人寿、友邦保险、民生保险、阳光保险等。
- 银行行业：工商银行、建设银行、光大银行、兴业银行、招商银行、浦发银行、民生银行、中信银行、山东农信社、广东农信、浙江农商联合银行、宁波银行、中原银行、东莞银行、广州银行等。
- 证券 / 期货行业：深交所、中金所、中期所、上期所、广发证券、国信证券、招商证券、中泰证券等。
- 通信行业：中国移动、中国电信、中兴通讯、华为、烽火通信、广州电信研究院、新大陆、星网锐捷、福诺科技、网通集成等。
- 政府机构：国家税务总局、最高人民检察院、国家知识产权局、中国证券登记结算有限责任公司、深圳市人力资源和社会保障局、电信科学技术第十研究所有限公司、公安部第一研究所、国家电网—国网山东省电力公司等。

- 甲方组织：大亚湾核电站、中国国航、中国中车、中国船舶、航空结算中心、广州航信、富士康、北森测评、建发集团、深圳鹏海运、丰田金融、通号集团、麦田地产、安永审计、华润置地等。
- 行业软件 / 集成公司：惠普、恒生电子、用友软件、金蝶软件、航天信息、华宇软件、远光软件、四维图新、广联达、东软、税友、软通动力、华东凯亚、从兴电子、天方达、新意软件、万维软件、翰纳维科技、上海欣能、康拓普、博涵前锋、易程科技、信诚通、斯伦贝谢、石化盈科、艾因泰克、信源信息、和利时、易程科技、中油龙慧、中油瑞飞、首信科技、亿力吉奥、英华达、图讯科技、昊美科技、海鑫科金、中兴力维、日电信息、中体信息、中邮科技、天安怡和、京天威、全专科技、亿讯信息、合道信息、雁联、根网、顶点科技、中控信息、盈高科技、明源科技等。
- IT 产品咨询 / 培训服务客户：腾讯、百度、阿里巴巴、搜狐、58 同城、网龙、唯品会、vivo、OPPO、金立、魅族、传音、创维、美的、天奕达、迈瑞、星网视易、星网升腾、豹趣、万方数据等。

目录

引导篇

价值需求篇

详细需求篇

系统分解子篇

功能需求主线子篇——业务支持部分

功能需求主线子篇——管理支持部分

功能需求主线子篇——维护支持部分

数据需求主线子篇

质量需求子篇

补充篇

Part 1

引导篇

1 软件需求全景图

在信息技术深入应用的今天，政府、企业等各类组织都依赖于信息系统来开展自己的业务。针对这些组织应用类软件系统的需求分析工作，核心在于“业务分析”。而要想厘清此类软件系统的需求，就必须要抛开具体的技术实现，站在用户的视角审视用户想要解决的问题、想要达成的业务目的。

1.1 业务驱动的需求思想

要做好软件需求工作，业务驱动需求思想是核心。传统的需求分析是站在技术视角展开的，关注的是“方案级需求”；而业务驱动的需求思想则是站在用户视角展开的，关注的是“问题级需求”。

生活悟道场

有一天夜里，资深需求分析师老余刚忙完一个重要的项目，带着放松的心情进入了梦乡。这时他年仅 3 岁的小孩夜里醒来，吵着要吃饼干。孩子的妈妈首先被吵醒，带着情绪训斥了小孩：“半夜三更吃什么饼干，好好睡觉！”

没想到小孩不依不饶，继续哭闹着，不久老余也被吵醒了……他安静地起身到了客厅，找了一小会儿，果然没找到饼干！他随手拿了两块吐司面包走进卧室，脸上掠过一丝自信的微笑。

“小子，没有饼干了，吃点面包填填肚子吧！”老余边说边把吐司塞到小孩手中。果然，小孩接过面包后就不再哭闹了，吃完一片就乖巧地躺下。不一会儿，老余家又回归了平静。

在这个例子中，小孩提出“要吃饼干”，这实际上是一个方案级需求。由于家里没有饼干，因此妈妈认为孩子提出了一个不合理的需求，于是想办法让小孩放弃这个需求。而老余则快速意识到了这个方案级需求背后真实的问题级需求是“饿了”，因此找到了可行的解决方案——吃面包，小孩的需求也得到了满足。

1.2 组织应用类软件系统需求全景图

针对组织应用类软件系统的需求分析，本质上应该抓住两个层次（价值需求与详细需求），四条主线。首先从宏观上明确系统的价值需求，然后以功能需求、数据需求、非功能需求三条主线完成详细需求的梳理。

价值需求主线包括目标场景，干系人关注点、干系人阻力点两个分析主题；而详细需求则应该从业务支持、管理支持、维护支持三个方向明确场景，梳理出功能需求（也可以称为行为需求），从关系、构成、推演三个角度梳理出数据需求，从质量场景和设计约束两个角度梳理出非功能需求，如图 1-1 所示。

本章后续内容将对价值需求、功能需求、数据需求、非功能需求四条分析主线的分析要点进行概述，然后在后续章节中详细阐述。

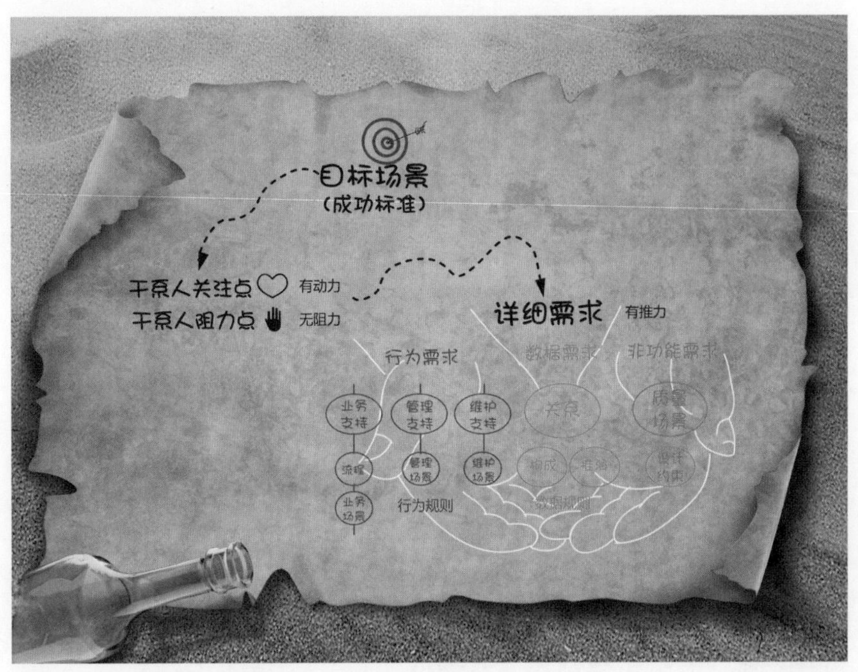

图 1-1 组织应用类软件系统需求全景图

1.3 价值需求主线

什么是价值需求？简单来说，就是从黑盒子视角回答“整个软件系统为客户解决了什么问题，创造了什么机会？”“对于系统而言，最关键的干系人有哪些？”“各个重要干系人对系统的关注点是什么？有哪些担心（阻力点）？”三个本质性问题。

价值需求是组织应用类软件系统需求的灵魂和方向，但在我所接触的很多此类需求分析实践中，这部分做得相对薄弱。这将使得项目范围更容易蔓延，客户从中获得的利益与价值不容易呈现，从而导致客户满意度难以有效提升。

在目标分析方面，经常会看到很多放之四海而皆准的、定性的描述，如“打造一套先进的信息化系统，有效地推进管理效能的提升……”这样的目标自然无法作为“成功标准”来指导系统的开发与实施工作，甚至会陷入“我们走得太远，以至于忘记为何而出发”的尴尬境地。

如果说在很多需求分析实践中，在目标分析方面只是做得不到位，那么在干系人识别与分析方面则经常干脆直接省略，在《需求规格说明书》中根本找不到。而这方面的缺失会导致忽略他们的关注点，陷入他们的阻力点，从而在开发过程中不断受到影响。

如图 1-2 所示，价值需求分析关键在于执行好目标 / 愿景分析、干系人识别、干系人分析三个任务。这些任务将分别产出：多份《问题卡片》，场景化地定义项目目标；一张《干系人列表》，列出所有关键干系人；多份《干系人档案》，针对每个关键干系人整理出相应的关注点和阻力点。

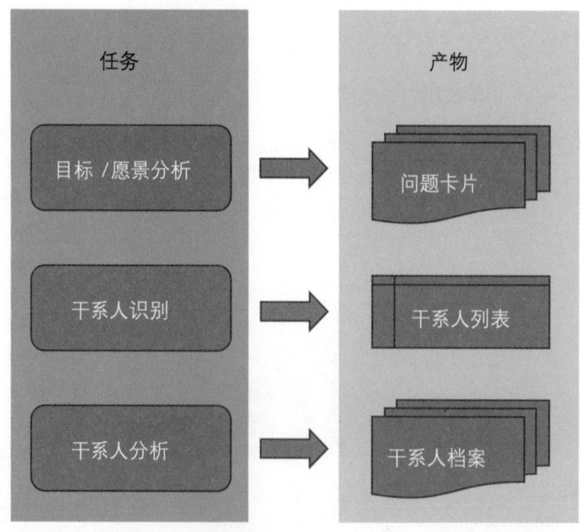

图 1-2 价值需求主线的“任务 – 产物”示意图

在实践中，也可以使用“影响地图”等工具将这些信息整合到一张图中，使其呈现得更加清晰、简洁。

1.4 详细需求

价值需求是方向，是成功的标准。那么什么是详细需求呢？简单来说，就是从灰盒子视角完成三个主题的分析：“为了给客户提供业务、管理、维护支持，需要提供哪些功能？”“系统所涉及的问题域中有哪些数据，它们之间是何关系？”“所处的业务环境会带来哪些约束和质量要求？”

这三个主题实际上就是详细需求中的功能需求、数据需求和非功能需求三条主线。要想清晰地梳理出详细需求，可以先沿着这三条主线厘清脉络、识别出最小粒度的需求单元，然后为识别出的需求单元填充具体的细节描述。

1.4.1 业务子系统划分

由于很多系统会涉及多个问题域，因此如果直接对整个系统进行功能需求、数据需求和非功能需求主线的梳理，就会很困难。如果存在这种困难，我们就应该先从业务的角度，将系统涉及的问题域分解成不同的业务子系统，以便逐一分析。也就是说，“分解的目的是控制复杂度”，而不是单纯为了分解而分解。

如图 1-3 所示，显然最关键的任务就是业务子系统划分，它将产出一个《系统分解模型》，该模型可以根据实际需要选用层次图、构件图、数据流图等图表呈现分解结果。简单来说，该任务就是从灰盒子视角回答一个问题：“系统涉及哪些子问题域，它们之间有什么关系？”

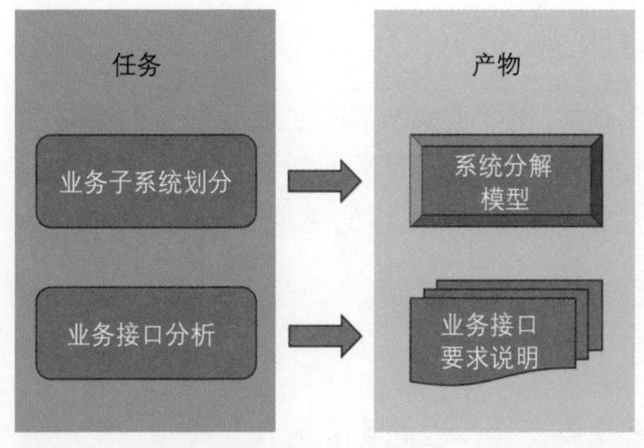

图 1–3 业务子系统划分的“任务—产物”示意图

当完成业务子系统划分后，还需要执行业务接口分析这一任务，定义各子问题域间的业务接口，说明这些接口的用途、由谁实现、供谁使用等细节。

1.4.2 功能需求主线

有人说，组织应用类软件系统就是带一定业务逻辑的增、删、改、查功能；也有人说，做需求就是搭建菜单结构。这些都是典型的白盒子视角，是从开发视角来说的技术驱动需求理念。这一视角，会让用户对需求分析过程敬而远之，写出的需求文档也将令其望而生畏。

有人说，我们应该先找业务用例，再找系统用例，从用户的角度来“发现”。这虽然是一种“黑盒子 + 灰盒子”的视角，但大量实践者苦于难以有效地完成思维角度的切换；另外，这种较小粒度的抽象方法容易使实践者在需求分析过程中只见树木，不见森林。

有人说，我们应该让现场客户用“作为 ×××，希望系统实现……以便……”的句型说出他的需求。这也是一种完美的黑盒子视角，但我们真的能够把“讲清需求”的责任转移到用户身上吗？这种转移真的有利于需求分析吗？

实际上，我们还有更好的思考角度和做法，那就是厘清系统中的所有功能是因何而存在的。如果我们站在更宏观的角度上来看，实际上最核心的无外乎以下几个方面。

（1）通过系统固化、优化业务流程，提升流程执行效率、节约成本、降低风险等。

（2）通过系统拓展业务的渠道，使其延伸到电话、互联网、移动互联网等通道上。

（3）通过系统将个人知识、能力转化为组织知识、能力。

（4）通过系统实现数据的信息化，辅助管理、决策。

很显然，前三方面实际上可以归结为一类，用于**业务支持**；而最后一方面则是另一类，用于**管理支持**；此外，软件系统不是一成不变的，而是不断演变与优化的，因此还需要提供用于**维护支持**的功能。也就是说，功能需求主线的梳理可以从业务支持、管理支持和维护支持三个角度展开。

1. 业务支持

业务支持典型的三类包括固化、优化业务流程，因此业务流程是核心；使业务延伸到新的通道上，这从本质上来说也是一种流程的重构，核心还是业务流程；将个人能力转化为组织能力，而这种能力存在于具体的业务场景中，因此“专家场景”是核心。

要梳理出业务支持所需要的功能，简单来说，就是从灰盒子视角回答四个问题：“根据目标和干系人关注点，系统涉及哪些业务流程？”“这些业务流程是如何定义的，需要优化吗？”“系统对流程中所有业务场景都支持吗？还是只支持一部分？”“有哪些业务场景的工作经验需要模型化？”

如图 1-4 所示，梳理业务支持需求的关键是完成四个任务：①业务流程识别，为各子问题域生成一个《业务流程列表》，列出系统涉及的业务流程；②对各业务流程进行分析与优化，绘制一组《流程图模型》；③业务场景识别，识别各流程中系统需支持的业务场景模型；④业务场景分析，描述各业务场景的具体需求。

对于第三个任务“业务场景识别”有一种延伸，当涉及专家系统需求时，需要抽象出“专家场景”，也就是要实现系统模型化，以便新员工能够“复制”执行该任务的经验。

看到这里，或许有人会有所顾虑，在这个面向对象分析的时代，为什么还会以“业务流程”作为分析的入手点呢？而不是应该从“人”这个角度吗？因为系统要支持的是业务，而在业务领域中通常是先制订业务流程，再明确岗位及岗位职责的；只有清晰地梳理出流程，才能更好地分析需求。

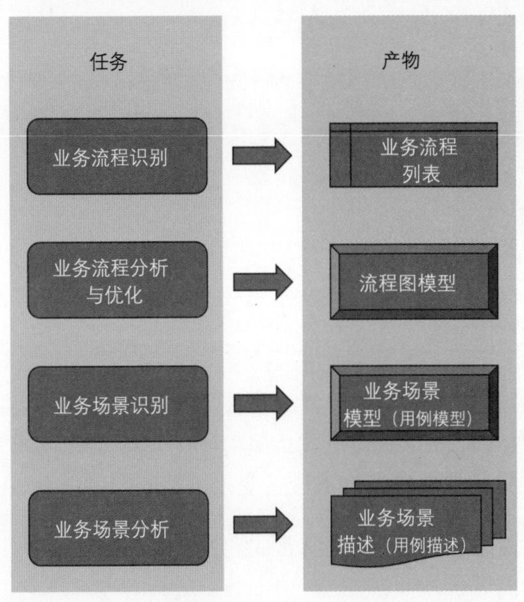

图 1–4 业务支持需求分析的“任务—产物”示意图

2. 管理支持

软件系统对管理的支持主要可以体现在三个方面：①事前风险规避，通过增加管理流程；②事中风险控制，通过“规则”和“审批”；③事后总结优化，通过“数据分析”。前两方面通常会在业务支持分析中统一处理；最后一方面则应该独立进行分析。

要梳理出管理支持所需的功能，简单来说，就是从灰盒子视角回答三个问题：“管理层用户希望通过系统来实现哪些管理、控制需求？”“希望通过系统进行哪些辅助决策？”“要实现这些管理、控制、决策支持，需要哪些信息？用什么方法获得它们？”

如图1-5所示，主要关键任务就是管理需求分析。首先从管理者的视角识别出他们的管控点，也就是管理场景，得到《管控点列表》；然后对每个管控点进行分析，得出所需的业务报表、BI需求、数据仓库、数据挖掘需求。而辅助的关键任务就是业务报表分析，对前一个关键任务识别出的业务报表项，从数据项、计算方法、展现格式、统计口径等方面进行具体描述。

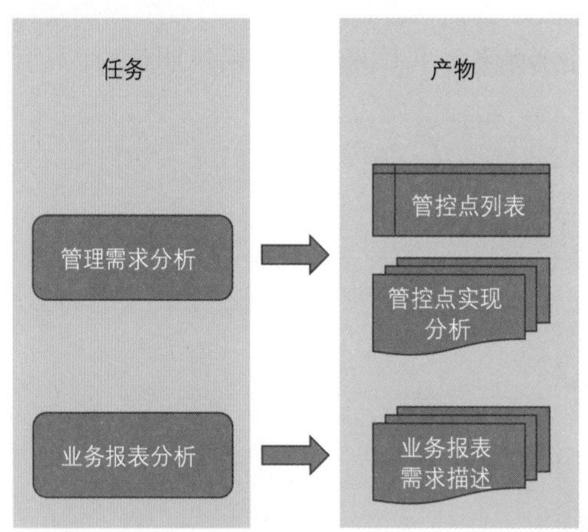

图1–5 管理支持需求分析的“任务—产物”示意图

对于这个部分的需求分析，在很多需求分析实践中都是从技术角度进行的，无论是开发团队还是客户，都认为应该列出所需的报表格式，但由于用户很难在需求分析阶段清晰地提出业务报表需求，因此经常出现分析不透、变化迅速的问题。

而对于BI需求、数据仓库、数据挖掘需求方面，更是常常脱离用户，不断地试错。归根结底，是缺乏管理场景角度的思考。

3. 维护支持

在系统投入使用之后，还需要对其进行维护，最典型的运营维护场景包括初始化、配置、排错等，而这些运营维护场景也需要有相应的功能来支持。

要厘清维护需求，简单来说，就是从灰盒子视角回答两个问题："谁需要对系统进行维护？""他们需要执行哪些维护任务？"

也就是说，在执行维护支持需求分析这一任务时，首先要识别未来的维护用户，可能是客户自己的维护团队，也可能是开发团队本身。然后根据不同的维护用户列举出与未来维护、运营相关的场景，整理成一张《维护场景列表》，如图 1-6 所示。

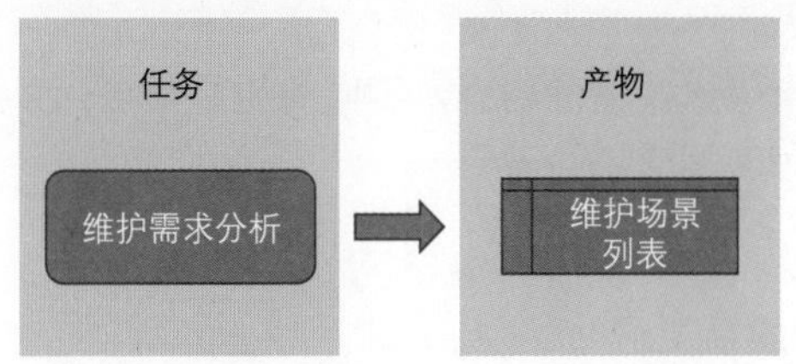

图 1–6　维护支持需求分析的"任务—产物"示意图

在进行这部分需求分析时，建议不要从功能实现的角度来列举功能，而要从维护场景的角度进行分析，如不是"日志"功能，而是"排错"场景。

另外，这部分内容通常是可以重复使用的，一次整理结果能够在多个同类系统中重复使用。

1.4.3 数据需求主线

大家都知道，在一个组织中有四个核心的"流"：工作流、信息流、资金流、物流。而在一个组织应用类软件系统中，资金流和物流不会真实出现，而会以信息流的形式呈现。在前面提到的功能需求主线中，是以"工作流"为线索进行分析的。而数据需求主线，重点就在于厘清组织中的"信息流"。

对于数据需求主线的需求分析而言，简单来说，就是从灰盒子视角回答三个问题："系统相关的问题域中有哪些业务数据？""它们之间是什么样的数据关系？""每个业务数据的具体构成是怎样的？"

如图 1-7 所示，数据需求主线需求分析的关键任务有两个：一个是"领域建模"，也就是用领域类图的形式刻画出问题域中所有业务数据实体之间的关系；另一个是对每个业务数据实体进行"业务数据分析"，详细定义数据构成与推演过程。

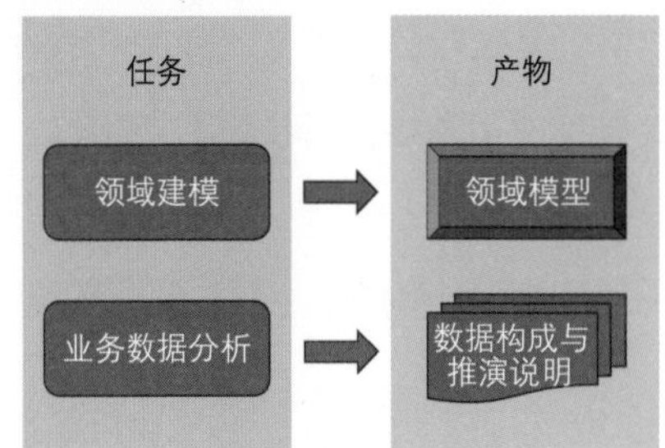

图 1–7 数据需求主线的“任务—产物”示意图

1.4.4 非功能需求主线

由于系统部署、应用的环境不同，因此会带来不同的约束、不同的质量要求；而如果没有有效的分析，就会使得系统无法满足实际应用的需要。

对于非功能需求主线需求分析而言，简单来说，就是从灰盒子视角回答一个问题：“系统相关的外部环境会带来什么样的约束和质量要求？”

非功能需求主线需求分析在很多实践中存在很大的缺陷，最典型的情况有三种，具体如下。

（1）定性描述，直接写“高可靠、高易用、高灵活……”之类的要求，而实际上并没有传递任何有效的信息。

（2）盲目定量，拍脑袋写出量化指标，写出一些客户、需求分析人员、开发人员都无法清晰理解的似是而非的量化要求。

（3）诸如“所有查询都在 7 秒内响应”之类的全局性描述，这种描述难免以偏概全，缺乏实际有效的落地性。

对于非功能需求而言，是不是要做到面面俱到地进行分析呢？这是一个值得思考的问题。实际上，我们可以根据系统的特点决定非功能需求的分析深度，也就是通过识别并排序关键质量属性的任务，找出最为重要的质量属性，并以一张《关键质量属性列表》呈现。

对于非功能需求的分析工作，最核心的是逆向思维，从威胁入手。基于《关键质量属性列表》中的每种质量属性，识别出业务环境中可能产生的破坏力大、出现概率高的威胁场景，使用《目标—场景—决策表》描述出来。

也就是说，非功能需求主线需求分析的核心任务就是识别并排序关键质量属性、识别质量场景两项，如图 1-8 所示。通过这两项任务，把握关键的质量属性，用场景传达具体需求。

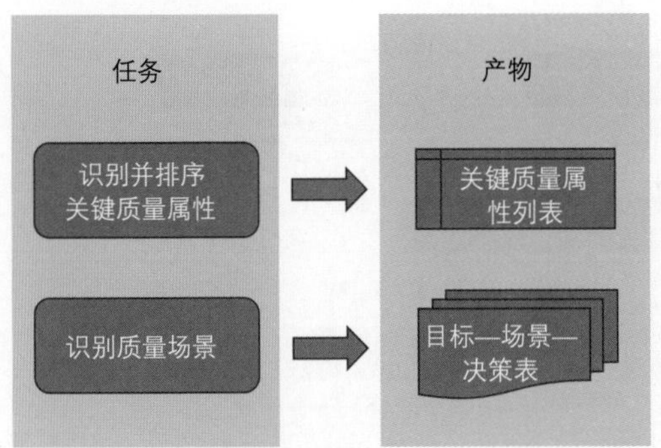

图 1-8　非功能需求主线的“任务—产物”示意图

1.4.5　补充性内容

通过价值需求、详细需求（包括功能需求、数据需求、非功能需求三条主线）的梳理，识别并描述业务功能、业务报表、业务数据、质量场景、业务接口五类最小需求单元，基本覆盖了需求分析的所有内容。此外，还要补充两方面内容：一是业务规则，二是约束，有时需要单独进行更加详细的分析，如图 1-9 所示。

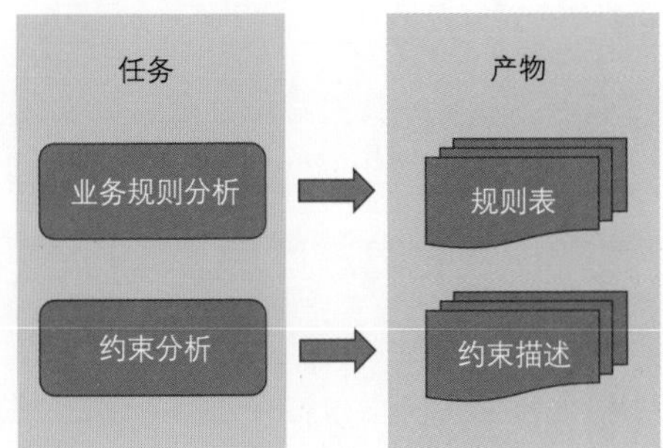

图 1-9　补充性内容分析的“任务—产物”示意图

当系统中有大量的约束时，需要强化约束分析。当系统的规则量大、规则很复杂时，就可以考虑将其单独作为一个主题来进行分析，否则在业务流程分析、业务场景分析、领域建模时附带对业务规则进行分析即可。

1.5　组织应用类软件系统需求分析任务小结

为了帮助大家形成整体的认识，在此把前面提到的一些在组织应用类软件系统需求分析中需要回答的关键问题，以及 17 项需求分析关键任务汇总在一张图中，如图 1-10 所示。

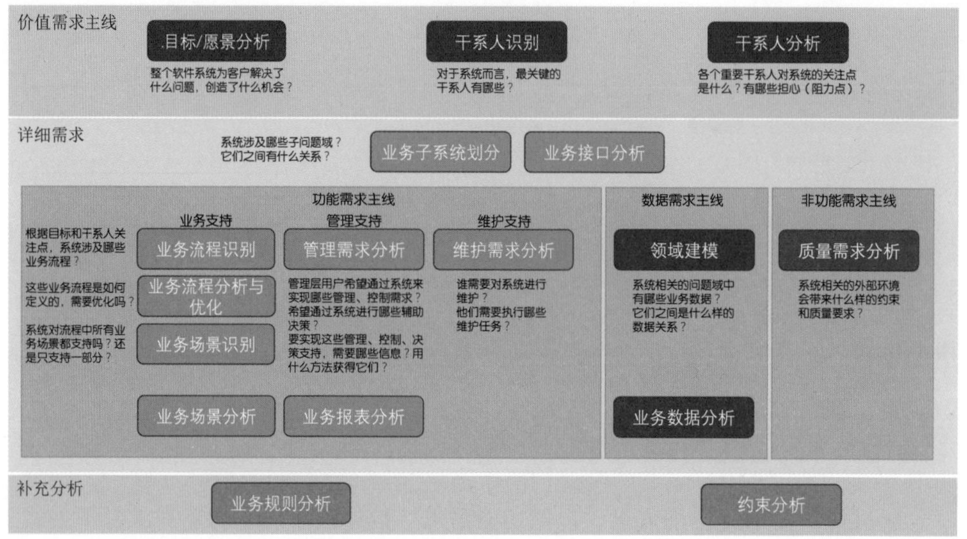

图 1-10　组织应用类软件系统需求分析的 17 项关键任务

在需求分析实践中，应该根据实际的产品、项目特点，明确关键的需求主线，以对其进行合理的剪裁。

日常需求分析

2

在信息化应用相当普及的当下，根据客户、市场、业务部门的需求反馈，针对已发布的产品、已投产的系统进行持续优化，是最典型的需求分析场景。因此，本章就针对这一工作任务进行详细讲解，同时帮助读者建立基本的需求分析观。

2.1 任务执行指引

日常需求分析任务执行指引如图 2-1 所示。

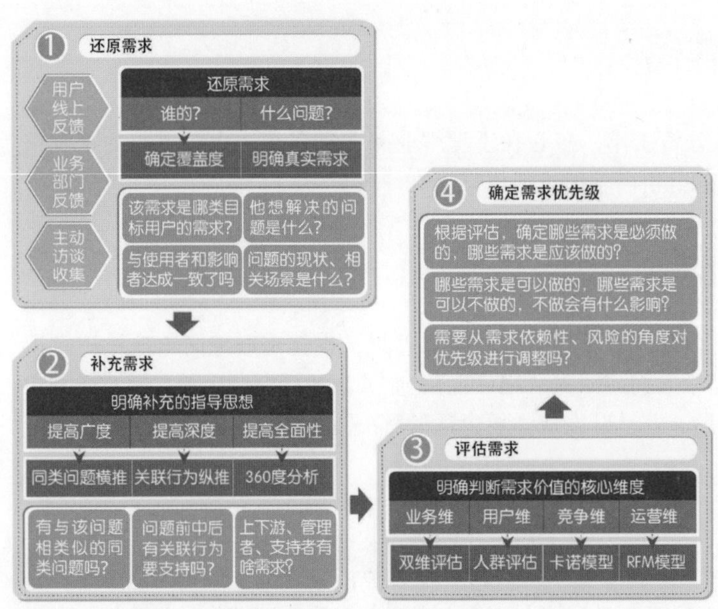

图 2-1　日常需求分析任务执行指引

当我们收到一条变更、优化型的需求时，建议首先还原需求，确保需求的准确性；

然后补充需求，提升需求的完整性；最后评估需求，以确保价值高的需求更早地投入研发。其处理过程如图 2-2 所示。

日常需求分析任务板(EXE-C01)

COPYRIGHT BY PMCDC/XUFENG

❶需求还原	❷需求补充			❸需求评估	
0 原始需求	2-1 同类问题			必须做	★★★★★
1-1 Who		2-3-3 管理者		应该做	★★★★
1-2 Why	2-3-1 上游	2-2 关联行为	2-3-2 下游	可以做	★★★
1-3 How		2-3-4 协作者		可不做	★★

图 2-2 日常需求分析任务板

2.2 知识准备

要做好日常需求分析工作，核心在于理解业务驱动思想，而该思想的基础就是理解需求的层次、透彻分析需求的价值评估维度。

2.2.1 需求的层次

在上一章中，我们提出了业务驱动的需求思想，也就是避免简单地从技术视角展开、细化“方案级需求”，而应该先从用户视角、业务视角探究背后的“问题级需求”，然后找到能够解决问题，并且开发成本更合适的解决方案。

案例分析

小王是一名实战经验还很少的需求分析师，在一次酒店管理系统的建设项目中，听到酒店前台人员提出一条需求：请在酒店入住界面中增加一张酒店平面图，在图中实时显示房型、房态和价格信息。

“这个变更你们给我们多少开发时间？有预算不？”这一段时间被变更折腾得不行的小王马上问道。前台人员瞪了他一眼，撇撇嘴说道：“就加这一点点东西，就别老提时间、钱了行不？多伤感情呀！”

＜旁白：很多经验不足的需求分析人员在听到需求变更时，总会第一时间想到成本！虽然成本很重要，但先澄清问题、思考业务价值才是良好的习惯！＞

小王被前台人员的一句话顶得无言以对，只好接着澄清需求：“那这个平面图是一层一张还是把所有楼层都整合在一张大图里呀？”前台人员一脸疑惑地反问道：“我们酒店有这么多层，都整合在一张大图里能用吗？”

小王接着问：“那实时是几秒呢？1 秒、2 秒还是 0.5 秒呢？”前台人员不假思索地说：“越快越好！”小王听到这里满脸愕然，思考了一下继续问道：“那房态有几种呢？是用颜色体现还是直接使用文字来体现呢？房型呢？价格又要如何显示呢……”前台人员在犹豫中给出了一些反馈。

小王边听边在纸上画了一些原型图，初步获得了一些确认，他心想希望前台人员以后别改变主意。“对了，在这个平面图上还要关联哪些功能呢？”小王突然想到了一个新问题。

“关联什么功能？现在暂时还没想到，以后想到再告诉你吧！”前台人员十分肯定地回应道。小王听到这里，只能愣愣地望了望对方。

从需求分析师小王和客户的交流中，大家发现问题了吗？是的，小王把所有问题都集中在“解决方案层面”，期望客户细化“如何实现”，但客户要么没想法，要么不确定，这样的沟通必然会带来巨大的隐患。

案例分析（续 1）

小王和前台人员交流后，就整理了一份文字描述，将这个需求转交给了开发部。结果开发人员小李看到之后，第一反应就告诉他：“你不知道在 B/S 架构上实现平面图的工作量很大吗？为什么不劝客户放弃这样的需求？”

小王再次一脸愕然，只好动用感情牌：“我相信这样的需求对于你这种高水平的程序员来说不是什么难事，而且我已经答应客户了，你这次就帮我一个忙，改天我请你撮一顿！”小李听完后诡异地一笑，很自信地说：“好吧，你还好碰到我，碰到别人谁都不帮你干！”

几天之后，小王拿到小李给他的结果当场傻了眼，这哪里是平面图呀！分明就是用HTML中的表格搭建了一张示意图，简陋、难看！可是第二天就是和客户约好的交货期，他只好硬着头皮带着这个“丑媳妇”去“见公婆”了。

前台人员看到这样的解决方案顿时也傻了眼，不过她却很有技巧地提出了不满：“您觉得这是平面图吗？可以放大、缩小、平移吗？这些字这么小，怎么能够看得清呢？”

小王只好悻然地带着新的反馈去找开发人员小李：“不好意思哦，客户说还要能放大、缩小、平移……”小李听后脸上马上挂满了乌云，但一瞬间又变成了“多云转晴”，神秘地说：“好吧，交给哥们儿吧！”

两天后，小王看到小李传过来的新解决方案，更加无语了！小李只是把原来的HTML表格示意图放在一个帧里，然后加上了“放大”和“缩小”两个按钮！单击“放大”按钮，文字放大一号；单击“缩小”按钮，文字缩小一号；整个HTML表格也随之缩放。他马上找小李提出了自己的质疑……

小李撇撇嘴说道：“虽然丑了点，但也解决问题了不是？不是说看不清吗？现在放大就可以看清了呀！至于平移，直接拉滚动条不就可以了吗？”小王迫于时间的压力，只好带着“整容失败”的新解决方案去见客户。

前台人员看了一眼新解决方案，二话不说直接打电话给领导：“领导，您看他们新上线的入住功能……那个平面图……您看做成什么样了！他们就是这样应付我们的吗？”

客户领导震怒了，马上一通电话打给了小王所属的研发中心的大领导！从此，这个需求就升级成了极高优先级的需求……

从事态的发展中我们可以看到，如果基于一个目的不清晰、实现方案相当明确的需求进行开发，一旦开发成本比较高，就极易出现执行变形，严重的时候甚至还会使客户关系恶化。

案例分析（续2）

小王的项目团队开始开会研究这个需求，最后大家一致认为只有使用SVG（B/S架构下的一种矢量图解决方案）才是最合适的，可惜团队中没有人会操作。于是领导决定派一个资深的开发人员去研究学习一下。

这个资深的开发人员花了2周的时间学习、2周的时间开发调试，最后在一个资深美工的协助下打造出了一张很完美的平面图，效果很棒，大家一致认为客户应该会相当满意。

可惜这张看似完美的平面图也只是让客户开心了两天，两天后客户就反馈说平面图功能不好用！当大家问她为什么觉得不好用时，结果得到的反馈居然是“看运气，运气好时还不错，运气背时太难用了！”

当我们“完美”地满足了客户提出的“方案级需求”时，最终未必会得到完美的反馈。因为客户是问题专家，而非解决方案专家，他提出的解决方案未必能够完美地解决他遇到的问题。

因此，我们在进行需求分析时一定要清晰地理解需求的层次。

（1）方案级需求：用户想要的功能，是从技术实现的角度来描述的，它通常不够可靠。

（2）问题级需求：用户想要解决的问题，是站在用户视角、业务视角来描述的，通常可以通过回答“如果没有提供这样的功能，那么会对当前业务有什么影响？”来帮助思考；要做好这个层次的需求分析，业务知识与业务理解能力是关键。

（3）人性级需求：有时需求还可能涉及更深层次的原因，这可能就与需求提出者的动机相关了。对于行业应用系统而言，不常需要在这个层次上进行分析，但如果是 ToC 产品（C 端产品，即面向个人客户的产品），则经常需要分析到这个层次。

2.2.2 需求的价值评估维度

由于市场、业务都在持续不断的变化，因此需求也是不断变化的，即使你拥有再大规模的开发团队，也一定会被无限的需求耗尽。作为需求分析人员，应该树立“力求公司 IT 投资发挥最大业务价值”的工作理念，也就是要掌握有效的需求价值评估方法，即需求优先级评估方法。

生活悟道场

很多团队在评估需求优先级时，通常会简单地定义为高、中、低三级，或者关键、重要、有用、一般、镀金五级，然后让需求提出者自己填写评估结果。我们期望这种评估结果能够呈现一个科学的橄榄球形结构：关键需求较少、重要需求较多、有用需求最多、一般 / 镀金需求较少。

但在实际执行时通常会发现，需求提出者把 90% 甚至 95% 以上的需求都评估为关键需求，剩下的基本上是重要需求，有用、一般、镀金需求很少见。

其实这背后的逻辑很简单，你可以换位思考一下：既然他们提出了一个需求，又怎么会觉得不重要呢？如果不重要，那么为什么要提呢？

因此，由需求分析 / 管理团队制订出优先级评估策略，并与业务团队达成共识，才是更科学的价值 / 优先级评估方法。

1. 选择维度

选择最合适的评估维度，常用的有业务维、用户维、竞争维和运营维四个维度。

（1）业务维：与重要的业务关联的需求优先级更高，尽快实现业务上线；最常用的评估方法是“价值 - 频率双维评估法”。

（2）用户维：能使越多的用户满意或满意度提升越大的需求优先级越高；通常应该先进行用户分类，然后按不同的用户类型进行综合评估。

（3）竞争维：对产品、系统的竞争力提升越大的需求优先级越高；最常用的评估方法是“卡诺模型”。

（4）运营维：与产品运营价值、企业业绩提升越相关的需求优先级越高；通常应该结合产品、系统的类型选择合适的模型，如“北极星指标”和“RFM 模型”等。

要注意的是，不应该按四个维度分别评估，再加权得出最终的优先级，因为很多需求可能在某个维度低价值，而在其他维度高价值，一平均就被“埋没”了。正确的做法有两种，具体如下。

（1）按产品 / 系统所处的阶段选择主评估维度：通常在 0 ～ 1 的建设期，建议使用业务维；在 1 ～ 10 的发展期，建议重点关注用户维、竞争维；在 10 ～ 100 的成熟期，建议重点关注运营维。

（2）组合使用维度：针对每个维度进行排序，然后按一定比例选择不同维度的高价值需求；例如，每一次开发迭代，完成业务维优先级最高的 3 条需求、竞争维优先级最高的 3 条需求、运营维优先级最高的 1 条需求。

2. 构建策略

根据不同的维度，进一步细化出评估因子，然后构建出与业务部门达成共识的评估表，从而确定必须做、应该做、可以做、可不做四个等级。下面我们针对四个维度分别给出参考模板，如表 2-1 ～表 2-5 所示。需要注意的是，这些模板不应该直接套用，而应适度扩展。

表 2-1　业务维优先级评估表（价值 – 频率双维评估法）

<table>
<tr><th colspan="4">评估项</th><th rowspan="2">优先级</th></tr>
<tr><th>业务场景等级</th><th>必备性</th><th>未实现影响</th><th>问题频率</th></tr>
<tr><td rowspan="5">关键
（主营，高频）</td><td>必备</td><td>N/A</td><td>N/A</td><td>必须做</td></tr>
<tr><td rowspan="4">非必备</td><td rowspan="2">影响效益</td><td>高</td><td>必须做</td></tr>
<tr><td>低</td><td>应该做</td></tr>
<tr><td rowspan="2">影响效率</td><td>高</td><td>应该做</td></tr>
<tr><td>低</td><td>可以做</td></tr>
<tr><td rowspan="5">重要
（主营，低频）</td><td>必备</td><td>N/A</td><td>N/A</td><td>必须做</td></tr>
<tr><td rowspan="4">非必备</td><td rowspan="2">影响效益</td><td>高</td><td>应该做</td></tr>
<tr><td>低</td><td>可以做</td></tr>
<tr><td rowspan="2">影响效率</td><td>高</td><td>可以做</td></tr>
<tr><td>低</td><td>可不做</td></tr>
<tr><td rowspan="5">有用
（非主营，高频）</td><td>必备</td><td>N/A</td><td>N/A</td><td>应该做</td></tr>
<tr><td rowspan="4">非必备</td><td rowspan="2">影响效益</td><td>高</td><td>应该做</td></tr>
<tr><td>低</td><td>可以做</td></tr>
<tr><td rowspan="2">影响效率</td><td>高</td><td>可以做</td></tr>
<tr><td>低</td><td>可不做</td></tr>
<tr><td rowspan="5">一般
（非主营，低频）</td><td>必备</td><td>N/A</td><td>N/A</td><td>可以做</td></tr>
<tr><td rowspan="4">非必备</td><td rowspan="2">影响效益</td><td>高</td><td>可以做</td></tr>
<tr><td>低</td><td>可以做</td></tr>
<tr><td rowspan="2">影响效率</td><td>高</td><td>可不做</td></tr>
<tr><td>低</td><td>可不做</td></tr>
</table>

表 2-2　用户维优先级评估表

<table>
<tr><th>目标人群</th><th>预期效果</th><th>用户覆盖度</th><th>频率</th><th>优先级</th></tr>
<tr><td rowspan="6">主目标用户</td><td rowspan="2">促进决策
促进购买或使用</td><td>大量</td><td>N/A</td><td>必须做</td></tr>
<tr><td>少量</td><td>N/A</td><td>应该做</td></tr>
<tr><td rowspan="4">效能提升
有明确应用价值</td><td rowspan="2">大量</td><td>高频</td><td>必须做</td></tr>
<tr><td>低频</td><td>应该做</td></tr>
<tr><td rowspan="2">少量</td><td>高频</td><td>应该做</td></tr>
<tr><td>低频</td><td>可以做</td></tr>
</table>

续表

目标人群	预期效果	用户覆盖度	频率	优先级
主目标用户	体验提升 用户体验优化	大量	高频	应该做
			低频	可以做
		少量	高频	可以做
			低频	可不做
	弱需求	大量	高频	可以做
			低频	可不做
		少量	N/A	可不做
辅目标用户 潜在用户	促进决策 促进购买或使用	大量	N/A	应该做
		少量	N/A	可以做
	效能提升 有明确应用价值	大量	高频	应该做
			低频	可以做
		少量	N/A	可不做
	体验提升 用户体验优化	大量	高频	可以做
			低频	可不做
		少量	N/A	可不做
	弱需求	N/A	N/A	可不做
非目标用户	促进决策 促进购买或使用	大量	N/A	可以做
		少量	N/A	可不做
专家型用户	能引起大部分用户共鸣，促进主动传播			应该做
	能引起小部分用户共鸣			可以做

表 2-3　竞争维优先级评估表（追赶期）

需求类型	产品现状	实现效果	优先级
兴奋型	N/A	促进决策	必须做
		其他	应该做
期望型	领先	大幅扩大领先优势	必须做
		保持领先优势	应该做
	落后	实现反超 / 追平	必须做
		缩小差距	应该做
基本型	大量用户抱怨	N/A	必须做
	少量用户抱怨	N/A	应该做
	无用户抱怨	反超平均水平	可以做

表 2-4 竞争维优先级评估表（领先期）

需求类型	产品现状	实现效果	优先级
兴奋型	N/A	促进决策 促进购买或使用	重大版本升级时实现
		效能提升 有明确应用价值	慢节奏逐项实现
		体验提升 用户体验优化	快节奏逐项实现
期望型	领先	大幅扩大领先优势	必须做
		保持领先优势	应该做
	落后	实现一举反超	必须做
		实现追平	应该做
		缩小差距	可以做
基本型	大量用户抱怨	N/A	必须做
	少量用户抱怨	N/A	应该做
	无用户抱怨	反超平均水平	可以做
		其他	可不做

表 2-5 运营维优先级评估表

影响指标项	影响效果	优先级
一级指标项	明确能显著提升	必须做
	可明确修复负影响	必须做
	大概率有直接提升	应该做
	可明确减少负影响	应该做
	大概率有间接提升	可以做
二级指标项	明确能显著提升	应该做
	可明确修复负影响	应该做
	大概率有直接提升	可以做
	可明确减少负影响	可以做
	大概率有间接提升	可不做
三级及以下指标项	有理由值得一试	可以做

注 1：在评估前，首先应定义产品的核心运营公式，例如，

① 电商：客流量 × 转化率 × 客单价。

② 通用：RFM 模型（R，回头率；F，使用频率；M，使用量）。

这里列出的就是一级指标。

注 2：对一级指标可以进行进一步分解，例如，转化率 = 下单率 ×(1- 退货率)，等号后面就是二级指标。

2.3 任务执行要点

日常需求分析这一关键工作任务，可以分为还原需求、补充需求、评估需求三个步骤执行。

2.3.1 还原需求

还原需求，核心要素有三个：Who（谁的需求）、Why（解决什么问题）、How（解决问题、成本合适的解决方案）；在执行时应该澄清问题（Who+Why）、了解背景（相关的业务场景）、建议并确定解决方案（How）。

1. 澄清问题

还原需求的核心思路如图 2-3 所示，澄清问题的思考过程也就是使用“过去时”回答这个需求要解决“谁”的“什么问题”。

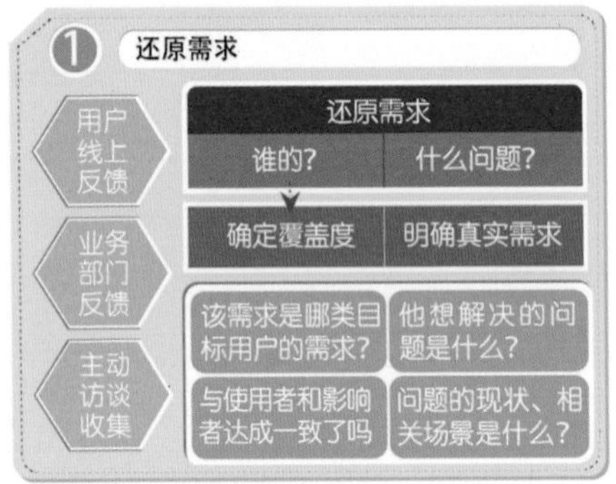

图 2-3 还原需求的核心思路

在明确是“谁”的需求时，不应仅把关注点放在需求提出者身上，还应该思考三个问题。

（1）需求提出者和需求使用者是否一致？如果不一致，则应该尽可能地收集需求使用者的真实反馈。

（2）该需求是否涉及潜在的影响者？他们有什么不同的想法？通常当需求涉及业务操作流程时，业务的管理者会是影响者；当涉及业务数据时，数据的上游采集者和下游应用者可能是潜在影响者；当涉及业务规则时，风控、审计等相关部门可能是潜在影响者。

（3）该需求是否能代表主流用户的声音？通常很多需求源于专家型用户，因为这类用户通常热衷于提出反馈，但提出的需求经常偏向复杂的解决方案，所以需要找相对沉默无语的主流用户进行进一步验证。

案例分析（续 3）

我找到了最初提出这个需求的前台人员，问她："您为什么会觉得这个平面图有时好用，有时不好用呢……"我话还没说完，她马上就打断我说道："你知道我想要用这个平面图干什么吗？"

我会意地笑了，顺着她的话说道："我这次来就是想了解您想通过这个平面图解决什么问题，以便给您构思一个更加有效的解决方案。"

她接过话题，缓缓地说："因为有时客人过来入住，会要两间甚至多间相邻的客房，这时我经常会遇到困难。你知道的，房间号相邻通常不意味着房间相邻。"[澄清谁的、什么问题。]

"嗯，那现在您遇到这样的问题是如何解决的呢？"我顺着她的思路继续发问。"现在我遇到这种情况，首先会找出哪些楼层有足够多的客人所需房型的空房间；知道哪些楼层有之后，再判断这些房间是不是挨着的……"她不紧不慢地说道。[澄清现状，也就是现在是如何解决的。]

"嗯，由于不好判断，因此你想通过平面图直观地找出挨着的房间，但有时多个楼层都有足够的空房间，所以你纠结应该从哪层看起……"我知道自己找到了问题所在！

她微微一笑，说道："的确是这样的，有一次我发现 3、5、7、8、9、15、18、20、30 楼都有空房间，结果我从 30 楼开始找，一直找到 3 楼才找到合适的！唉，早知道从 3 楼开始找就好了……"

"那您认为什么是'挨着'呢？"我突然问了一个有点怪异的问题。果然，她一脸困惑地看着我："挨着就是挨着嘛，还有什么叫挨着……"我淡淡一笑，说道："我当然知道两个房间紧挨着叫挨着，那对面的房间能满足客人的需求吗？斜对面呢？如果斜对面也能，那么中间隔一间房能不能呢？"

"这还真是一个有趣的问题。"她马上给予了肯定的回应。我们花了几分钟的时间进行分析，最后达成了共识：两间房间的门口步行距离在 2 米内完全满足，5 米内可以推荐，毕竟客人就是希望方便同行者交流、联络。[对模糊概念进行澄清。]

通过上面的对话，我们可以明确该需求的提出者和使用者是一致的，都是酒店前台人员，该需求并不涉及潜在的影响者；该需求要解决的问题是当客人提出需要多间相邻客房的入住请求时，能够快速、准确地找到合适的房间，如图 2-4 所示。

<table>
<tr><th>❶需求还原</th><th colspan="3">❷需求补充</th><th colspan="2">❸需求评估</th></tr>
<tr><td>在办理入住界面上增加一个平面图，实时显示房型、房态、价格信息</td><td colspan="3">2-1 同类问题</td><td>必须做</td><td>★★★★★</td></tr>
<tr><td>提出者 / 使用者：酒店前台人员
影响者：无</td><td rowspan="3">2-3-1 上游</td><td>2-3-3 管理者</td><td rowspan="3">2-3-2 下游</td><td>应该做</td><td>★★★★</td></tr>
<tr><td>#1 客人要求多间相邻的客房，现无法快速、准确找到
相邻：步行距离在 5 米之内</td><td>2-2 关联行为</td><td>可以做</td><td>★★★</td></tr>
<tr><td>1-3 How</td><td>2-3-4 协作者</td><td>可不做</td><td>★★</td></tr>
</table>

图 2-4 日常需求分析——还原需求 1

这段对话是否能够让你对“问题级”需求有更清晰的理解呢？是否让你看到了更清晰的需求呢？在这里我们澄清了问题、了解了当前遇到该问题时的临时解决方案（现状），并对模糊概念进行了澄清。当然，为了给出更准确的解决方案，我们还需要对相关背景进行更进一步的了解。

2. 了解背景

案例分析（续 4）

“那么您当时提出做一张平面图，主要还是自己用吧？应该是在办理入住的时候使用吧？”我虽然已经有了十成把握，但还是习惯性地和她进行了确认。得到她的肯定回答之后，我继续问：“那您可以简单说一下办理入住的过程吗？”

她耐心地解释道：“首先根据客人的需要找出合适的房间，然后记录客人信息，最后给钥匙卡，整个过程挺简单的！”[这一步是在澄清业务场景，谁、什么时候、怎么做的；了解了办理入住的过程之后，如果最后仍然使用平面图解决方案，那么我们很容易得出在平面图上选中房间后直接跳转到客人信息录入界面，因为关联功能源于用户的使用场景。]

由于之前小王在需求沟通过程中已经明确了房态、房型、价格几个业务术语的定义，因此我就跳过了这一步。[明确业务术语的定义，是做好数据需求分析的基础。]

"在您的印象中，要几间挨着的房间的客人多不多呢？每天都有吗？"我希望了解这个需求的使用频率。前台人员很快就回答了这个问题："不算多，一天 2 ～ 3 次的样子吧！"听到这样的回答，我心中明确了一个事实，当这个需求未实现时生气的只是酒店前台人员，她一天大概生气 2 ～ 3 次。

"你们酒店是连锁的吗？其他前台人员也有类似的困扰吗……"我继续对一些业务环境进行了了解，以便明确相关的非功能需求。[非功能需求源于业务环境。]

对话到这个阶段，我相信大家都已经很清晰地理解了这个需求，接下来我们就可以建议并确定解决方案了，你还觉得应该开发平面图吗？

3. 建议并确定解决方案

案例分析（续 5）

通过前面的沟通，我认为这是一个基层操作者（前台人员）非常用的功能，当其未实现时只会添加一些工作上的不便，因此我认为应该采用更加简单的解决方案（见图 2-5）。

❶需求还原	❷需求补充			❸需求评估	
在办理入住界面上增加一个平面图，实时显示房型、房态、价格信息	2-1 同类问题			必须做	★★★★★
提出者 / 使用者： 影响者：无	2-3-1 上游	2-3-3 管理者	2-3-2 下游	应该做	★★★★
#1 客人要求多间相邻的客房， 相邻：步行距离在5米之内		2-2 关联行为		可以做	★★★
#1 通过改进查询功能实现，用户输入间数，勾选相邻选项即可		2-3-4 协作者		可不做	★★

图 2–5 日常需求分析——还原需求 2

“您平时工作这么忙碌，遇到客人需要几间挨着的房间时，还要自己一层一层地看平面图去找，多麻烦；我觉得直接让系统帮您挑出来更方便一些，您觉得呢？”我开始引导用户接受更加简单的方案。

前台人员马上接过话题说道：“那敢情好！具体怎么做呢？”我拿出笔在纸张上边画原型边解释道：“在原来查询空房间的界面上，增加间数、相邻选项，当您指定间数并要求相邻时，系统会查询出满足条件的房间，并说明在 2 米内还是 5 米内，您觉得如何？”

前台人员听懂了我提出的解决方案之后，爽快地说：“太好了，就这样办！这样省事多了……”

正如对话中所示，我们在提出解决方案时应该站在用户的立场，说明这种方案的优点，毕竟需求分析师是“问题解决者”，而不是简单的需求传递者。

2.3.2 补充需求

由于需求提出者很难一步到位地想清需求，因此为了确保需求的完整性，我们还应该适当地对需求进行补充，也有人称之为需求挖掘。这一工作主要可以从如图 2-6 所示的三个角度开展。

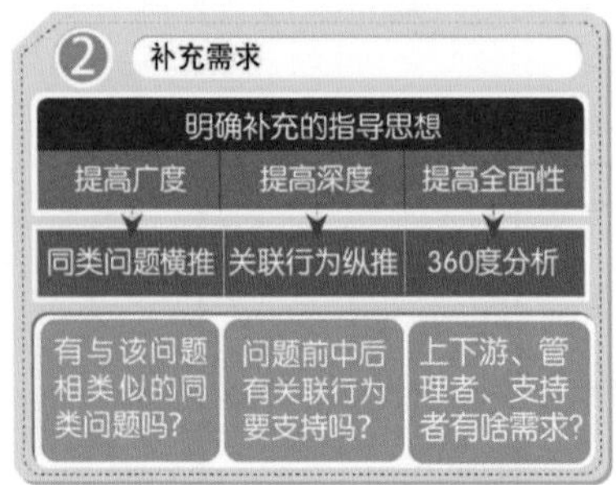

2
补充需求
明确补充的指导思想
提高广度
提高深度
提高全面性
同类问题横推
关联行为纵推
360度分析
有与该问题相类似的同类问题吗？
问题前中后有关联行为要支持吗？
上下游、管理者、支持者有啥需求？

图 2–6 补充需求的三个角度

对于是否应该挖掘、补充需求，有人赞成，认为不考虑周全，客户迟早也会提出，后面开发更麻烦；有人反对，认为很容易产生需求蔓延，而且当你提出更多的建议时，会提升客户的期望值。

针对这样的两难问题，我个人的经验是“只挖掘问题，不挖掘方案”。因为对于问题级的探讨，客户是理性的；而对于方案级的探讨，客户是感性的。但无论怎么做，这些工作都需要投入更多的精力和时间，因此在实战中要有所取舍。

1. 提高广度——同类问题横推法

由于很多需求提出者经常会进入“点状思维”，也就是想到一个问题提出一个问题，就像玩“打地鼠”游戏一样；因此我们可以举一反三，首先从需求的“Why”出发，将其提炼为“问题类型”，启发用户回忆遇到的“同类别的其他问题”。

案例分析（续 6）

当她接受了我所建议的解决方案之后，我考虑还是应该做一些需求挖掘，以避免未来需求不断以“挤牙膏”的形式被提出。首先我在心中概括了一下这个需求的问题类型，显然是“客人提出了特殊的入住请求”，因此我问她：“另外，请您回忆一下，除了客人要挨着的房间，您还遇到过其他特殊的入住请求吗？”

她微微仰起头回忆了一下，回答了我的问题：“嗯，你这么一说我倒想起来了，还真有一种比较常见的情况，客人交代要一间不吵的房间。”我点了点头，顺着她的话问道：“那如果您给了一间比较吵的房间，会有什么后果吗？”

“遇到不太挑剔的客人也无所谓，但有些客人会马上要求换房，如果没有空房间可换，那么他还会马上投诉。”她脸上流露出一丝无奈。

“那么除了客人要挨着的房间、要不吵的房间，您还遇到过其他特殊的入住请求吗？”我继续追问道。

她思考了一下，说道：“对了，有些客人还要求不住楼道尽头的房间，部分独自一人出差的女士会觉得这样的房间缺乏安全感。”

我把她提的两个需求写在“同类问题”一栏中，如图 2-7 所示。

“……”

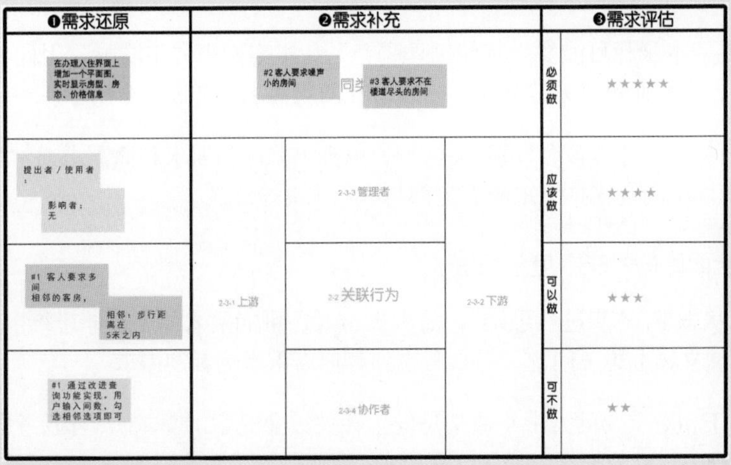

<table>
<tr><th>❶需求还原</th><th colspan="3">❷需求补充</th><th colspan="2">❸需求评估</th></tr>
<tr><td>在办理入住界面上增加一个平面图，实时显示房型、房态、价格信息</td><td colspan="3">#2 客人要求噪声小的房间
同类
#3 客人要求不在楼道尽头的房间</td><td>必须做</td><td>★★★★★</td></tr>
<tr><td>提出者 / 使用者：
影响者：无</td><td rowspan="3">2-3-1 上游</td><td>2-3-3 管理者</td><td rowspan="3">2-3-2 下游</td><td>应该做</td><td>★★★★</td></tr>
<tr><td>#1 客人要求多间相邻的客房，
相邻：步行距离在5米之内</td><td>2-2 关联行为</td><td>可以做</td><td>★★★</td></tr>
<tr><td>#1 通过改进查询功能实现，用户输入间数，勾选相邻选项即可</td><td>2-3-4 协作者</td><td>可不做</td><td>★★</td></tr>
</table>

图 2–7 日常需求分析——补充需求 1

在这段对话中，我又得到了两个潜在的可能需要解决的问题："找到一间不吵的房间""找到不在楼道尽头的房间"，它们出现的频率更低，前者处理不好引发的后果更严重一些，后者处理不好影响则更小一些。因此，这两个问题未必需要第一时间解决，只是为了让开发人员在设计时考虑到未来实现这种需求。

2. 提高深度——关联行为纵推法

除了"点状思维"，需求提出者还容易出现"步进性思维"，也就是解决一步是一步，等解决方案上线之后，会马上提出关联的需求。

例如，在本章贯穿案例中，用户的需求是"快速找到多间相邻的客房"，它会产生什么样的关联需求呢？思考这个问题的技巧在于，我们可以把"Who"和"Why"整合成一个场景——"酒店前台人员在办理入住"。那么针对这个场景，工作步骤如下。

（1）找到符合客人要求的空房间。

（2）记录客人的信息。

（3）收取押金，提供房卡。

关联行为纵推法的核心思考问题是"前中后有关联行为要支持吗？"而"快速找到多间相邻的客房"这一需求发生在第一步中，所以没有"前置关联行为"。

那么"后置关联行为"是记录客人的信息，因此我们可以推测出，当酒店前台人员可以快速找到多间相邻的客房时，很可能提出希望能够批量处理多间客房的入住信息登记。

"中"则是"本步骤可能发生其他例外吗？"在本案例中并不明显，因此暂时没有发现。因此，我们通过该方法补充了一条潜在的新需求，如图 2-8 所示。

对比上一种方法，你应该会发现，关联行为纵推出来的新需求和原需求通常是"同一个需求"，而同类问题横推出来的需求都与原需求完全无关。

3. 提高全面性——360 度分析法

除了"点状思维""步进性思维"，需求提出者还可能陷入"个性体思维"，也就是只站在自己的立场上思考问题，而未考虑到其他需求影响者的需求。

因此，对于相对重要的需求（通常是发生在关键业务中的需求），可以考虑采用 360 度分析法进一步补充需求，如图 2-9 所示。

<table>
<tr><th>❶需求还原</th><th colspan="3">❷需求补充</th><th colspan="2">❸需求评估</th></tr>
<tr><td>在办理入住界面上增加一个平面图，实时显示房型、房态、价格信息</td><td colspan="3">#2 客人要求噪声小的房间 同 #3 客人要求不在楼道尽头的房间</td><td>必须做</td><td>★★★★★</td></tr>
<tr><td>提出者 / 使用者：
影响者：无</td><td rowspan="3">2-3-1 上游</td><td>2-3-3 管理者</td><td rowspan="3">2-3-2 下游</td><td>应该做</td><td>★★★★</td></tr>
<tr><td>#1 客人要求多间相邻的客房，
相邻：步行距离在5米之内</td><td>#4 找到相邻的多间空房后，需要批量办理入住</td><td>可以做</td><td>★★★</td></tr>
<tr><td>#1 通过改进查询功能实现，用户输入间数，勾选相邻选项即可</td><td>2-3-4 协作者</td><td>可不做</td><td>★★</td></tr>
</table>

图 2–8 日常需求分析——补充需求 2

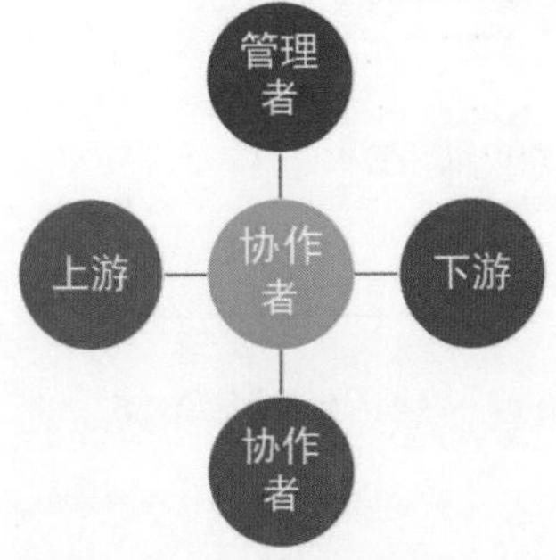

图 2–9 360 度分析法

该方法的思考过程分为两步。

（1）识别潜在影响者：首先将“Who+Why”整合而成的业务场景放入流程中，然后识别出流程上游环节、下游环节，以及流程的管理者、协作者（例如秘书、内勤等不一定出现在流程中，但为流程环节负责人提供事务协助的角色）。

（2）分析影响者的需求：针对识别出来的影响者，逐一站在其视角识别出其关注的问题，以及问题衍生出的需求。

针对前面这个案例，由于该需求本身影响者少，因此可以跳过这一分析步骤。

2.3.3 评估需求

需求分析人员平时会收到大量的需求，同时为了确保需求的完整性，我们还会补充一些新的需求；因此，最后应该针对这些需求进行价值、成本、优先级评估，才能确保“IT 投资获得最大化业务价值”。

为了更好地完成该工作，我们建议针对已投产的系统、已发布的产品，构建各自的 Backlog（待处理需求合集），然后从 Backlog 中根据优先级、成本评估，筛选出每个开发迭代要处理的需求集合，如图 2-10 所示。

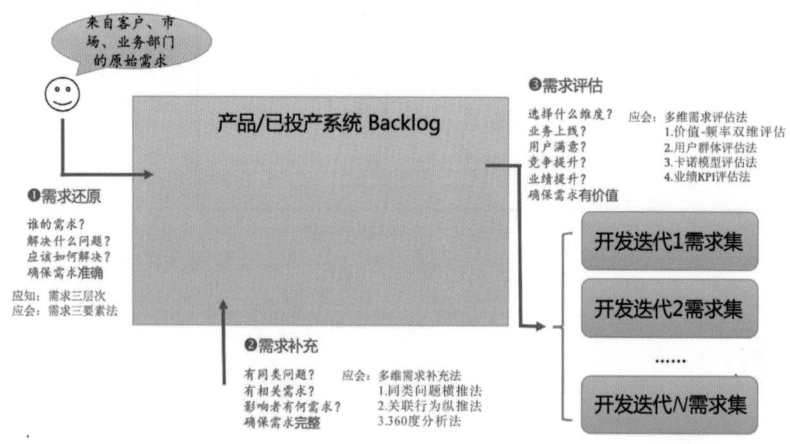

图 2–10　日常需求管理逻辑示意图

评估需求的执行过程如图 2-11 所示，首先选择评估维度，然后针对每条需求进行逐一评估。

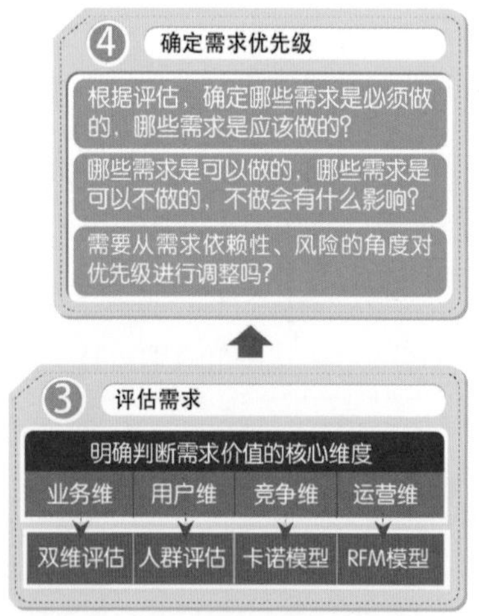

图 2–11　评估需求的执行过程

案例分析（续 7）

通过前面的分析，我们完成了需求还原——“快速找出多间相邻的客房”，并补充了 3 条需求：“快速找出噪声小的房间”“快速找出不在楼道尽头的房间”“找出多间相邻的客房后快速完成多间客房的入住信息登记”，如图 2-8 所示。

接下来的工作是针对这些需求进行优先级评估。首先明确评估维度，由于该系统处于从 0 到 1 的建设阶段，也就是为酒店构建一套酒店入住管理系统，因此最适合的评估维度是业务维。所以，我们将根据表 2-6 的评估逻辑，对这 4 条需求进行优先级评估。

要使用业务维的“价值 - 频率双维评估法”进行评估，首先应该明确需求发生在什么业务中。显然，这 4 条需求都发生在“办理入住”这一业务场景中，而“办理入住”是主营业务且是高频的，因此属于“关键业务场景”。

接下来我们应该思考必备性。必备性应该有一个重要的前提，那就是如何用系统支持这一业务场景，该功能是否是必不可少的。例如，要用系统支持“办理入住”，那么“快速找到空闲客房”就是必不可少的，而“快速找出多间相邻的客房”则是非必备的。

然后我们应该评估每条需求的问题发生频率，以及不解决该问题可能产生的后果（在表 2-6 中采用了影响效益、影响效率来简单评估后果，在实际工作中，应该针对系统的业务特点进行更详细的定义）。

表 2–6　业务维优先级评估表（节选）

评估项				优先级
业务场景等级	必备性	未实现影响	问题频率	
关键 （主营，高频）	必备	N/A	N/A	必须做
	非必备	影响效益	高	必须做
			低	应该做
		影响效率	高	应该做
			低	可以做

问题发生频率的高低如何界定，我们认为这应该是一种相对的概念；根据过去的经验，一般与所属业务场景的频率级（秒级、多秒级、分钟级、多分钟级、小时级、多小时级、天级、多天级、周级……）差小于 3 级的，都理解为高频。

> 例如，“办理入住”的发生频率应该是“多分钟级”的（也就是不到每分钟一笔，但每小时也可能有多笔），那么“天级”的频率都属于高频；大于“天级”就可以理解为低频。

“快速找出多间相邻的客房”，通过和客户交流发现，此需求并不会每天都有，因此属于低频；即使未能解决也不会带来经济损失，主要影响还是办理效率降低。因此，如表 2-6 所示，此需求是关键业务中的非必备需求、低频发生、未实现影响效率，优先级应该是“可以做”。

而“找出多间相邻的客房后快速完成多间客房的入住信息登记”是与该需求直接关联的，因此它们的优先级相同，可以得到如图 2-12 所示的结果。

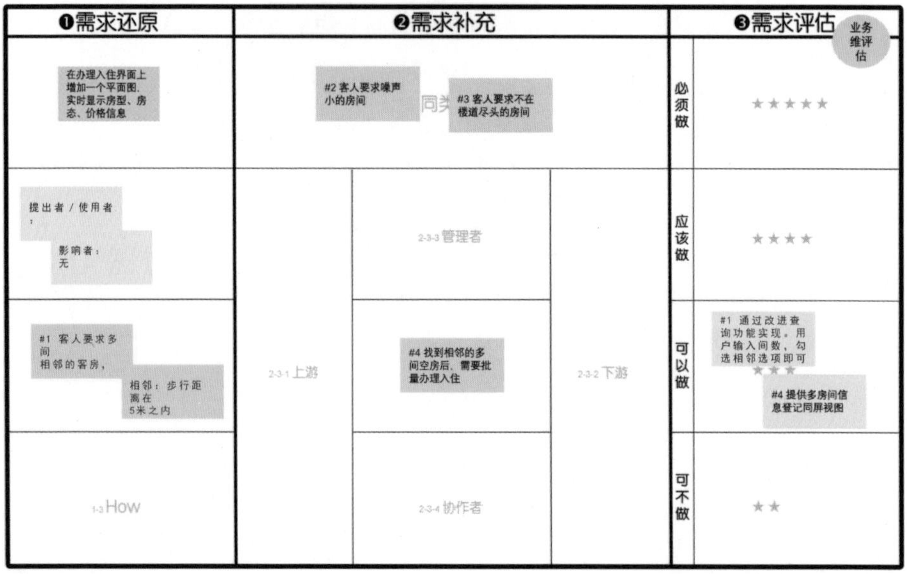

图 2-12　日常需求分析——评估需求 1

“快速找出噪声小的房间”是关键业务中的非必备需求、低频发生、未实现影响效益（客户不满意会换房，从而带来更大的清洁成本；客户会投诉，从而带来更多潜在的经济损失），根据表 2-6，优先级为“应该做”。

而“快速找出不在楼道尽头的房间”是关键业务中的非必备需求、低频发生、未实现影响效率，根据表 2-6，优先级为“可以做”，但考虑到这样的用户比例低，因此可再降级为“可不做”，最终得到如图 2-13 所示的分析结果。

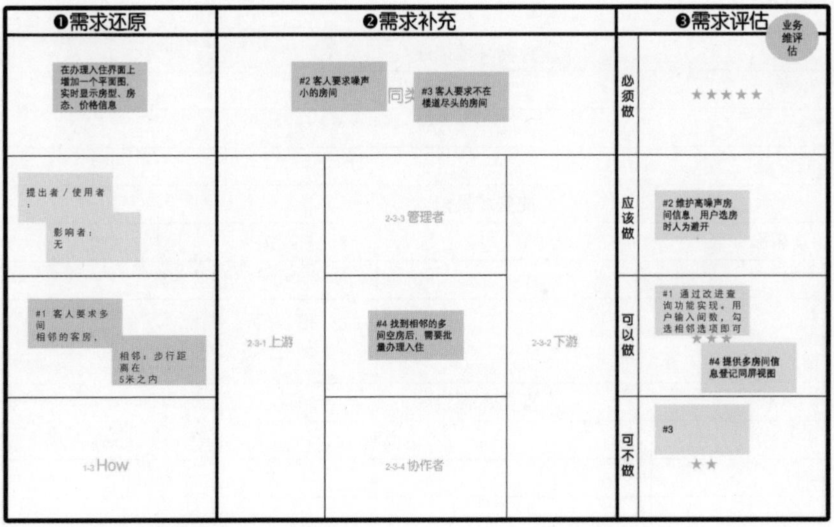

图 2–13 日常需求分析——评估需求 2

2.4 任务产物

在实践中，针对每个变更 / 优化型需求（也称为日常需求），可以根据需要用“变更 / 优化型需求分析模板”整理出分析结果。

2.4.1 变更 / 优化型需求分析模板

针对变更 / 优化型需求分析，有些公司在实践中也采用了厚重的需求规格模板，导致产生了大量无效信息，这里建议使用一个简单的模板，如表 2-7 所示。

表 2–7 变更 / 优化型需求分析模板

原始需求			
编号		客户信息	
提出人			
原始描述			
问题澄清			
分析项	分析结论		确认人
要解决的问题			
现状			
概念澄清			
相似问题场景挖掘			

续表

<table>
<tr><td colspan="4">业务环境描述</td></tr>
<tr><td>不做谁生气</td><td colspan="2"></td><td></td></tr>
<tr><td>多久生气一次</td><td colspan="2"></td><td></td></tr>
<tr><td>其他非功能需求</td><td colspan="2"></td><td></td></tr>
<tr><td colspan="4">业务场景描述</td></tr>
<tr><td>场景名称</td><td></td><td>反馈人</td><td></td></tr>
<tr><td colspan="2">子任务</td><td colspan="2">任务变体</td></tr>
<tr><td colspan="2"></td><td colspan="2"></td></tr>
<tr><td colspan="4">业务术语说明</td></tr>
<tr><td>术语名称</td><td colspan="2">术语说明</td><td>确认人</td></tr>
<tr><td></td><td colspan="2"></td><td></td></tr>
<tr><td></td><td colspan="2"></td><td></td></tr>
<tr><td></td><td colspan="2"></td><td></td></tr>
<tr><td colspan="4">解决方案概述</td></tr>
<tr><td>解决方案编号</td><td colspan="2">方案描述</td><td>确认人</td></tr>
<tr><td>1</td><td colspan="2"></td><td></td></tr>
<tr><td>2</td><td colspan="2"></td><td></td></tr>
<tr><td>3</td><td colspan="2"></td><td></td></tr>
</table>

与前一节中讲解的分析过程相对应，该模板中主要包括原始需求、问题澄清、业务环境描述、业务场景描述、业务术语说明、解决方案概述 6 个部分。

（1）原始需求：说明需求是谁提出的（提出人，必填），他属于哪个部门（客户信息，建议填），原话是什么（原始描述，必填）；如果有需要，则还可以对其进行编号（编号）。

（2）问题澄清：说明这个原始需求背后的问题级需求是什么（要解决的问题，必填），现在如何应对该问题（现状，选填），问题描述中是否有需要澄清的定义（概念澄清，选填），以及是否还有相关的其他需求（相似问题场景挖掘，选填）。

（3）业务环境描述：说明该需求未实现会对谁产生直接影响（不做谁生气，建议填），产生这种影响的频率如何（多久生气一次，建议填），存在哪些对非功能需求产生影响的因素（其他非功能需求，选填）。

（4）业务场景描述：当需求分析人员或开发人员不理解该问题发生在什么样的业务场景中时，可以选填本部分。它主要包括该需求发生在哪个业务场景中（场景名称），这个场景是怎么样的（建议采用子任务、任务变体的形式整理）。

（5）业务术语说明：如果需求分析人员或开发人员对该需求中相关的业务术语有理解歧义，那么建议选填本部分。也就是列出易有理解歧义的术语名称，以及术语意义、构成等说明信息。

（6）解决方案概述：必填，针对该问题可以有哪几种解决方案，各有什么优缺点，推荐哪种？为什么？

2.4.2 变更 / 优化型需求分析示例

针对前一节的案例分析结果，我们可以整理出如表 2-8 所示的任务输出，大家在具体的实践中可以参考。

表 2-8 变更 / 优化型需求分析示例

<table>
<tr><td colspan="4">原始需求</td></tr>
<tr><td>编号</td><td>xxx</td><td>客户信息</td><td>xxx 部门</td></tr>
<tr><td>提出人</td><td colspan="3">酒店前台人员</td></tr>
<tr><td>原始描述</td><td colspan="3">在酒店入住界面上增加一个平面图功能，实时显示房型、房态、价格信息</td></tr>
<tr><td colspan="4">问题澄清</td></tr>
<tr><td>分析项</td><td colspan="2">分析结论</td><td>确认人</td></tr>
<tr><td>要解决的问题</td><td colspan="2">酒店前台人员有时会遇到客人提出需要多间相邻的客房的需求，由于房间编号相邻并不意味着房间相邻，因此无法快速找到相邻的客户，所以希望用平面图来解决问题</td><td></td></tr>
<tr><td>现状</td><td colspan="2">先找到有多间空房的楼层，然后通过回忆或问楼层服务员确认房间是否相邻，效率低下</td><td></td></tr>
<tr><td>概念澄清</td><td colspan="2">客人希望方便与同行者交流，两个房间相距 2 米内完全满足，5 米内应该也可接受</td><td></td></tr>
<tr><td>相似问题场景挖掘</td><td colspan="2">有时客人还会提出“不住楼道尽头的房间”的要求——未满足无大影响；有时客人还会提出“需要不吵的房间”的要求——未满足会要求换房</td><td></td></tr>
<tr><td colspan="4">业务环境描述</td></tr>
<tr><td>不做谁生气</td><td colspan="2">酒店前台人员</td><td></td></tr>
<tr><td>多久生气一次</td><td colspan="2">一天生气 2 ～ 3 次（毕竟这种场景并不多）</td><td></td></tr>
<tr><td>其他非功能需求</td><td colspan="2"></td><td></td></tr>
</table>

续表

<table>
<tr><th colspan="4">业务场景描述</th></tr>
<tr><td>场景名称</td><td>入住办理</td><td>反馈人</td><td></td></tr>
<tr><td colspan="2">子任务</td><td colspan="2">任务变体</td></tr>
<tr><td colspan="2">1. 根据客人的要求选择合适的房间（本变更就发生在这一步）
2. 录入客人信息，扫描身份证，完成入住登记
3. 开出房间钥匙</td><td colspan="2">1a. 客人有预订
1b. 客人要多间客房并且要求房间相邻
1c. 客人要不在楼道尽头的房间
……</td></tr>
<tr><th colspan="4">业务术语说明</th></tr>
<tr><td>术语名称</td><td colspan="2">术语说明</td><td>确认人</td></tr>
<tr><td>房态</td><td colspan="2">房间当前的状态，包括已入住、已预定、空闲等</td><td></td></tr>
<tr><td>房型</td><td colspan="2">房型包括标准间、单人间、豪华单人间、豪华双人间、套房等</td><td></td></tr>
<tr><td>……</td><td colspan="2">……</td><td></td></tr>
<tr><th colspan="4">解决方案概述</th></tr>
<tr><td>解决方案编号</td><td colspan="2">方案描述</td><td>确认人</td></tr>
<tr><td>1</td><td colspan="2">按客户的要求，开发一个平面图；但这种方法实际上用户使用起来并不方便，需要人工介入……</td><td></td></tr>
<tr><td>2</td><td colspan="2">推荐：开发一个查询功能，当用户勾选“查找相邻客房”选项并指定房间数时，就可以直接返回查询结果（在数据库中存入每个房间和其他房间的步行距离，然后据此进行搜索）。这种方法用户使用起来速度更快……</td><td></td></tr>
</table>

Part 2

价值需求篇

3 目标 / 愿景分析

项目目标也可以称为愿景，是组织应用类软件系统项目、产品的灵魂，是对于出资人（或发起人、属主）而言价值的体现。但在很多需求实践中，目标、愿景描述常常是空洞无物、混沌不清的，写出一些放之四海皆准的定性描述，失去了指向性。

3.1 任务执行指引

目标 / 愿景分析任务执行指引如图 3-1 所示。

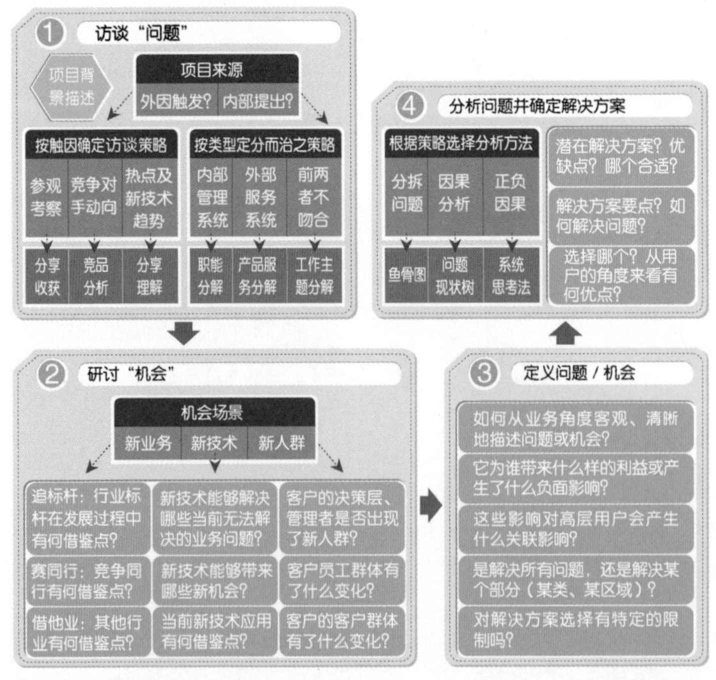

图 3-1　目标 / 愿景分析任务执行指引

3.2 知识准备

要执行好目标分析任务，首先需要深入理解三个关键知识点，即需求 = 预期 − 现状；目标就是问题和机会；目标的三种描述方式。

3.2.1 需求 = 预期 − 现状

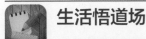

生活悟道场

你们平时有请过父母到装修高档、菜价较高的酒店“打打牙祭”、尽尽孝心的经历吗？在这种时候，你感觉自己的父母开心吗？是不是经常有“适得其反”的效果呢？

当服务生端上一道大菜时，父母们总爱问价格，听到菜价后常常带着咋舌的表情说：“如果我们自己在市场上买，这些钱可以……”当你略感失落的时候，有没有思考过背后的原因呢？

由于我们的父母这一代大多都经历过 60 年代的大饥荒，而且成长于经济相对欠发达的历史阶段，因此在饮食方面的“预期”相对较低。而当今社会物质文明快速发展，饮食方面的“现状”条件优越，因此预期等于现状，甚至低于现状，哪还会有需求呢？

那么如何应对呢？不妨同时请上你父母的几个好友，这时在餐桌上可能就会收获完全不同的效果。每上一道大菜，他们的好友问完价格纷纷议论称贵时，你父母很可能会淡淡地说其实也还好，但内心的喜悦之情油然而生。

从上面的故事中，我们可以悟出需求的真谛：需求，实际上就是用户的预期和现状之间的差距。如果没有差距，那么也就不会出现需求。而在任何一个时间点上，用户的预期和现状存在三种可能，如图 3-2 所示。

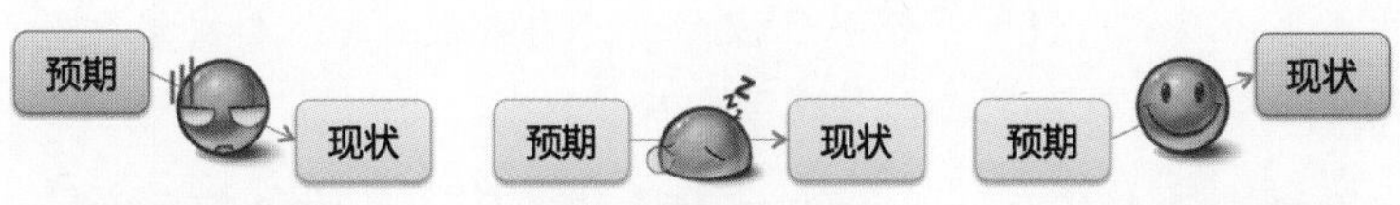

图 3-2 预期与现状带来的三种心理状态

（1）预期高于现状：用户不满于现状，希望自己的业务、管理能够开展得更好，甚至有明确的改进预期。在这种情况下，用户通常会比较积极地配合需求调研，只要调研方法得当，就能够很好地识别出目标。

（2）预期等于现状：我们也经常接触到一些用户，他们觉得现状已经不错，基本能够符合自己的预期。在这种情况下，他们通常对变化表现得不积极，基本上很难用直接的调研方法来获取需求。

（3）预期低于现状：有时部分用户甚至觉得现状已经很好，常说“想当年我们多么混乱，现在这么好”。在这种情况下，他们甚至会抗拒变化，对需求的调研表现出消极的态度。

当遇到后两种情况时，就需要我们通过对现状的深入了解，提出用户可能为之心动的“新预期”，从而让他们进入“预期高于现状”的状态，如图 3-3 所示。

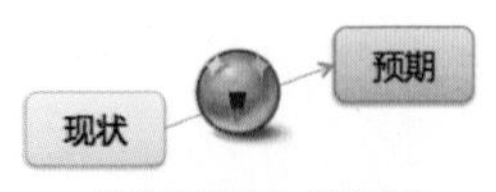

图 3–3 提出新预期

3.2.2 目标就是问题和机会

生活悟道场

我一直都是一个纸质书的狂热爱好者，身边也有几位“同道中人”，都认为不可能因为电子书而放弃纸质书，因为电子书没有“书香气”，因此 E-Ink 屏并不打动我们。但后来我却“叛变”了，购买了 Kindle，并且付费购买了许多和纸质书价格相近甚至相同的正版电子书。

身边的这群“同道中人”纷纷表示了不解，我思考了一下，只讲了几句简单的话，就让他们也“叛变”了纸质书。

我说了什么呢？其实就是两个场景：(1) 你们每次想购买书时，最头疼的是什么？(2)每次出差，在飞机上拿出准备好的书籍时，最常发现什么问题呢？

对于喜欢买书的我们来说，书架早已被榨干，购买新书时总会发愁放哪里，或者放弃哪些旧书，这着实是一种痛苦的抉择。

而常常出差的我们，经常在飞机上陷入“想看的书没带，带的书又不想看”的窘境。出差前体能充沛，希望利用差旅闲暇时间提升自己，带的书往往比较专业。当在飞机上累得不行时，已无暇阅读。

我讲完这两个场景之后，这帮“同道中人”很快就产生了共鸣，也开始了自己的“电子书”生涯。

在这段故事里，我就是“给用户一个新解决方案，使其获得新预期，从而产生需求”，也就是“机会”。

如果客户对现状满意，就需要我们提出新预期来让他产生需求，这就是“机会场景”，即用户无意识需求。寻找机会场景的关键在于从用户角度思考，而不是从系统中找优点。具体思路我们将在第 3.3 节详细介绍。

如果客户的预期高于现状，那么他就会意识到这种“问题”，或称为意识得到的需求，通常可以通过访谈获得。

不管是“问题场景”还是“机会场景”，目标分析主要针对的是项目发起人、出资人、项目属主。

（1）项目发起人：项目的提出者，通常会对预期与现状有清晰的了解；同时也对问题的解决或机会的创造最为重视。

（2）出资人：为项目提供预算的人或部门，他们通常对项目的成本 / 效益更为关注。当项目发起人不具备预算审批权力时，就会寻找出资人的支持。

（3）项目属主：负责推动项目实施的责任人或部门。当项目发起人 / 出资人认为自己直接推动项目会有阻力时，就会寻求一个属主来推动。

简单来说，在目标分析之前需要寻找到项目发起人、出资人、项目属主（有时是同一个人扮演多个角色）心中预期和现状的差距；或者是有意识的问题，或者是无意识的机会。

3.2.3 目标的三种描述方式

案例分析

某大企业人力资源部提出要开发一个高管日程管理系统，实现公司高层领导日程共享，以全面提升沟通效率。

但因该公司的相关规定，提出项目需要进行效益分析。人力资源部觉得不好描述，就将这一任务交给研发团队来完成。研发团队也感到一筹莫展，不知如何入手。

我给了一个简单的建议，既然难以量化，就干脆从“问题场景”入手，了解一下之前有没有因为日程共享不及时产生会议邀约不及时，从而带来业务损失的事情，并分析一下这些事情带来的损失。

然后在目标描述时讲一个故事：①问题。列举出这些真实的会议邀约不及时的故事。②影响谁/后果。分析这些不及时的会议邀约带来的后果、业务损失。③解决方案要点。罗列出系统的开发要点。

最后用一句话概述系统的价值：通过高管日程共享，避免会议邀约不及时而产生的业务损失。

在这个小案例中，我们看到了三种典型的目标描述方法：定性描述、定量描述、场景化描述。

（1）定性描述：从总体属性、趋势、宏观的角度来说，如“全面提升客户服务质量”“全面提高沟通效率”。这种方法的描述只是指出了一个模糊的方向，无法有效地界定系统的范围。

（2）定量描述：从微观的角度来说，会使用具体的、精确的数据描述。最典型的就是 SMART 原则：具体的（Specific）、可衡量的（Measurable）、可实现的（Attainable）、有相关性的（Relevant）、有时限性的（Time–based）。

例如，“通过系统的业务受理时限自动提醒等功能（Attainable），在系统正式投入使用后的 3 个月内（Time-based），将客户因业务办理超时而引发的投诉（Specific）从每月 100 笔以上降低到 5 笔以内（Measurable），从而提升客户服务质量（Relevant）”。

（3）场景化描述：用故事场景来描述用户的期望。例如，“大幅减少甚至避免客户因业务办理超时而引发的投诉，以提升客户服务质量”。

注意

这里只是列出场景化描述的标题部分，其实还应该具体写出当前的现状、它所引发的影响，以及系统可以采用的策略。更详细的方法参见第 3.4 节“任务产物”。

定性描述通常是空洞无物、无法验证的，因此应该避免采用。定量描述最精确，易于验证，只要有可能，都应该做到这种程度，但有时会难以达到。而这时可以采用折中的方案，即场景化描述，它真实、易于理解、可以验证，同时感染力强，是一种值得推广的做法。

3.3 任务执行要点

目标分析这一关键任务，可以分成如图 3-1 所示的四个步骤执行。

（1）访谈“问题”：通过对关键干系人的访谈，识别预期与现状的差距。

（2）研讨“机会”：通过与领域专家、技术专家、用户代表的交流，寻找潜在机会。

（3）定义问题 / 机会：描述问题、机会，以及它影响谁、产生什么结果。

（4）分析问题并确定解决方案：深入分析问题，然后确定策略级的解决方案。

其中，访谈“问题”、研讨“机会”这两个步骤可以根据实际的项目需要选择只执行其中一个步骤，或者两个步骤都执行。下面我们就针对每个步骤的执行要点进行进一步的阐述。

3.3.1 访谈“问题”

通过与项目发起人、出资人、项目属主进行访谈，了解他们对项目的预期和现状之间的差距，就可以定义出系统要解决的“问题”。

在执行这一步骤时，通常会遇到两种情况：一种是外因触发的项目，通常问题不太清晰；另一种是内部提出的项目，通常已经有了基本的思路。

针对不同的情况，在目标分析时应该采用不同的策略来收集用户想要解决的“问题”，如图 3-4 所示。

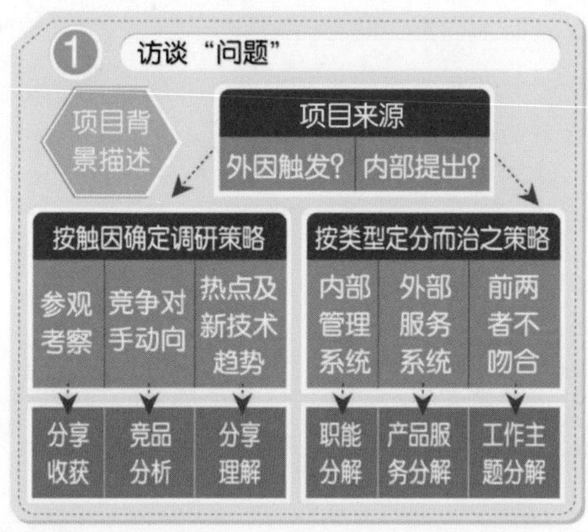

图 3-4 访谈“问题”的典型策略

1. 外因触发

有些时候，项目发起人会因为受到外部因素触动而提出一个项目，这时通常只有一个宏观的方向，但具体要解决的问题不够清晰，从而给目标分析带来困难。

对于这种情况，我们应该先识别项目的触因，然后根据触因选择相应的对策。最常见的触因有三种：参观考察、竞争对手动向、热点及新技术趋势。

（1）触因：参观考察；策略：分享收获。

案例分析

我有一个朋友刚升任某企业 CIO，有一次请我喝茶，说他们老板给了他一个任务："明年我们计划投资一笔钱，打造一套为企业量身定做的、达到国内领先水平的信息系统，你做个计划吧！"

这位朋友追问老板："那目标是什么呢？"

老板面带疑惑地回答："我刚才不是和你说了吗？"

面对这个相对空洞的目标，他希望听听我的建议。我告诉他这种项目是典型的外因触发的项目，让他从参观考察、竞争对手动向、热点及新技术趋势方面试着选选触因。

"对！我们老板前一段时间带着公司的几个高管出去考察了几家公司，很可能就是这个因素触发的！"这位 CIO 朋友回答。我笑了笑，问他们老板是不是在国内考察了一圈。他问我是怎么知道的，我说："你们老板不是说国内领先吗？"

然后我建议他和老板下次围绕这次考察的收获展开沟通。果然，当他问老板："上次您带队出去考察，这么好的学习机会我们当时没能赶上，您能和我们分享收获吗？"老板就开始"倒豆子"了，而且用了"×××能够做到怎么怎么样，我们呢？"的经典句式。

"×××能够做到怎么怎么样"就是新的预期；"我们呢"就是现状。由于老板在参观考察时看到了新预期，因此需求被提出了。

后来我和这位 CIO 朋友交流时，我说老板的说法实际上是抽象的，是一种提炼。"量身定做"说的是要结合企业实际情况灵活变通；"达到国内领先水平"就是指在哪些方面做到。

从上面的案例中，我们可以发现参观考察创造了一种"离开现状"，看到"新预期"的情境。在这种情境下，我们经常会看到自己的不足，找到一些令自己心动的"机会点"。但是却很容易被高度抽象成定性的描述，从而出现沟通问题。因此，我们应该还原用户观察的内容，使问题场景化，以便理解其目标。这也就是"分享收获"的访谈策略。

（2）触因：竞争对手动向；策略：竞品分析。

案例分析

多年前，在我负责一个 ERP 项目实施时，和对方的老板做了一些沟通。当问到总体的预期和要求时，老板回答："不是都说不做 ERP 是'等死'，做 ERP 是'找死'吗？我们来'找死'了，你看看应该怎么做？"

对于这样的客户，直接展开访谈是很难获得有效的需求信息的。因此，我们基于客户所在的行业，根据不同规模、不同发展阶段、不同核心商业模式分类，再对每种类型的企业能够通过 ERP 改进的关键业务问题、业务机会进行场景化描述。

当时客户老板看到这样一个《竞品分析报告》，激动地说："这简直就是一份可以改进的报告呀！"同时也很快明确了自己的企业可以从 ERP 中获益的要点。

如果说参观考察是主动走出去发现差距，那么竞争对手动向则是竞争带来的相对差距，通常是被动差距。当竞争对手动向带来一定威胁和挑战时，就会催生系统升级、建设的需求。但在这种情况下，用户通常更加没有清晰、完整的思路。

针对这种触因的目标分析，大家或许从上面的案例中找到了策略。是的，关键在于我们帮助客户完成"竞品分析"。这对需求分析人员的技能要求会更高一些，需要从宏观视角进行总结和抽象，才能更好地实施。

（3）触因：热点及新技术趋势；策略：分享理解。

案例分析

有一次，有位朋友问我大数据需求分析如何进行。考虑到他所在企业的特点，我感到十分疑惑，因此反问他为什么最近对这个话题感兴趣。结果他告诉我："我们老板要求我们要充分利用大数据技术，全面提高企业管理水平。"我总觉得其中暗藏玄机。

我让他找机会问问老板对大数据技术的理解，后来这位朋友打电话给我，苦笑着说："我们老板说应用大数据技术，连哪里会发生疫情都可以预测，而我们连销售数据都经常统计失真。"通过这样的答案，你猜到老板的真实需求了吗？

参观考察是看到的需求，竞争对手动向是威胁、挑战带来的需求，那么热点及新技术趋势则是趋势带来的需求。如何有效利用各种新技术提升竞争力，也是各类组织当前的重要课题。

但由于人们对新技术的价值、用途的理解参差不齐，因此会带来一些与该案例类似的、似是而非的需求。

因此当遇到热点及新技术趋势带来的项目时，在进行目标分析之前重点在于掌握“分享理解”策略。只有真正理解了项目发起人对新技术的看法、理解，才能够揭开后面的真实需求。

2. 内部提出

如果项目源起于内部的发起人，那么通常发起人会有相对成熟的思考。换句话说，发起人已经认识到了预期与现状的差距。针对这种情况，可以通过有效的访谈来识别“问题场景”。

案例分析

在一次企业信息化开发项目中，客户的一位大领导来到了我们驻场开发的会议室里，强调：“在这次项目中，我们还需要全面提升客户服务质量。”现场的几个小伙子面对这个宏观、空洞的要求，没有做出任何反应，似乎当他没说过。

但我总觉得他话里有话，因此问道：“领导，您一般会通过什么方法来了解和评估客户服务质量呢？”

领导回答道：“这有很多可选的方法啊，第一，可以通过了解和分析客户的投诉；第二，可以走到客户身边倾听他们的声音；第三，管理层自己体验全流程去发现问题。当然，我们还可以通过身边其他人的反馈来了解。”

“那您最近是看到了令您担忧的投诉，还是走到客户身边倾听到了什么建议，还是有什么人向您反馈了这方面的信息呢？”我问道。

“哎，其实这方面的问题不少！就在昨天，我老婆还抱怨到我们公司办了个业务饱受挫折……”领导回答道。

“那您认为是什么原因导致的呢？”我继续问，领导详细地分享了他认为的原因。

“那您希望在这方面系统给予什么样的支持呢？”我希望能够在解决方案上进一步探讨……这位领导果然没能很具体地描述，因此我就给了一些相应的建议。

就像这个案例中的领导一样，客户即使看到了问题，通常仍然无法具体地阐述，造成了沟通的困难。而要提高访谈质量，获得有效的信息，重点在于提高自身的提问技巧。

在这个案例中，我们使用“表象原因决策提问法”挖掘出用户的真实需求信息。整个过程通过“还原表象、分享原因、共商决策”三个提问步骤来实现访谈的深度。

另外，如果我们需要问一些具有多元线索的大问题，则还需要使用“分而治之提问法”（可以按职能、产品服务、工作主题进行分解，如图 3-4 所示）来有效地引导用户梳理自己的需求。有关这些具体的提问技巧的详细介绍，请阅读本书的姊妹篇《有效需求获取》。

3.3.2 研讨“机会”

当用户的预期等于现状，甚至低于现状时，我们就需要发现“机会场景”。“机会场景”的发掘可以通过新业务、新技术和新人群三个角度进行，具体的策略如图 3-5 所示。

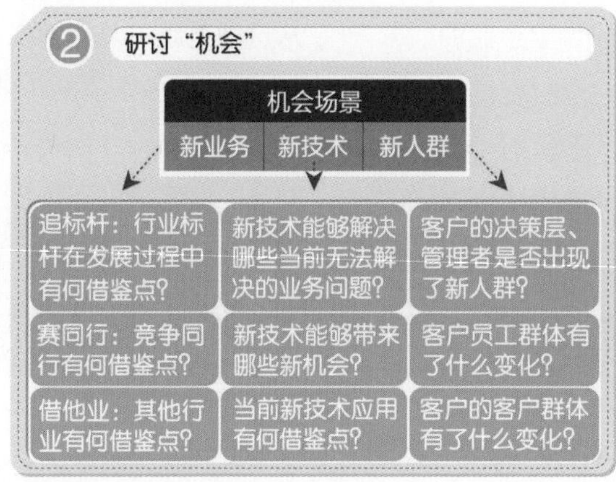

图 3–5 研讨“机会”的典型策略

1. 新业务

案例分析

美国的 Apple 公司在产品方面凭借 iPhone、iPad 等一系列“杀手级”硬件，iTunes、App Store 等创新性内容服务平台迅速占领市场，在取得成功的同时，其在销售模式上创新地应用了“高端体验店 + 分销”的模式。

中国的小米在精准地推出了 1999 元、799 元、699 元、599 元的高性价比的小米、红米手机的同时，也在营销模式上创造了新的模式。

而淘宝、京东成功地利用互联网、移动互联网开辟了新的商业时代。这一切都给苏宁、国美等传统卖场带来了新的挑战！

在这种历史背景下，传统产业面临“变则通，不变则不通”的巨大挑战，也必然会在业务模式上做出各种转型。这种转型同时也会带来很多创新产品、项目的机会。

例如，苏宁将门店逐渐转型为体验店，引导用户在店里通过网络下单，这必将带来系统的整体重构等。而淘宝、京东、微店等电商平台使众多商家改变了经营模式，他们需要好评管理、针对爆款优化的库存管理系统等。

从上面的点滴中，大家或许已经发现了“新业务”会带来创新产品、项目的机会。我们可以协同领域专家，一起发现当前、潜在的新业务，提出相应的“机会场景”。

具体来说，我们可以从三个角度来寻找新业务带来的机会，具体内容如下。

（1）追标杆：标杆企业不是给你最多生意、给你最多钱的客户，而是在某个特定领域商业模式领先的企业。它是很多成长中企业的“未来”，从这种差距中总能够找到新的“机会场景”。

（2）赛同行：就像跑步比赛一样，参赛者的整体水平将影响高手的发挥。同行经常是此起彼伏的领跑者，关注跑在前面的同行的所作所为，也可以发现很多有价值的“机会场景”。

（3）借他业：行业与行业之间是相互融合的，而且任何商业在本质上都有着极多的相似之处，有时观察其他行业也能够找到“机会场景”，正所谓“他山之石，可以攻玉”。

2. 新技术

案例分析

- 曾经因为小区有便利店，生活用品随手可买，就感到十分欣喜；哪曾想现在足不出户便可购买任何商品。
- 过去出门坐趟飞机，排着队办理登机牌；哪曾想现在拿着手机就能够早早地选好自己心仪的座位。

- 过去在雨天里，打着雨伞焦急而又耐心地等着出租车；哪曾想现在只要在手机上说几句话，就能让出租车“闻声而来”。
- 过去在锻炼时，拿块表记录自己跑了多久，从而推算出自己跑了多远；哪曾想现在一个小小的手环就可以记录这一切。
- 过去想要一张漂亮的照片，需要到影楼中“客串”一下演员角色；哪曾想现在手机轻轻一拍，手指轻轻一点，就能自动“年轻 10 岁”。

科技的发展，总是让我们不断地开启美好的未来。很多需求分析人员都是技术出身，对技术发展总能如数家珍，但我们更需要贴近生活，思考技术能够解决什么问题，创造出什么样的新机会。

在从新技术角度挖掘“机会场景”时，思考的要点有两个方面：一方面是关注新技术的发展路线、应用趋势，从中收获灵感；另一方面是关注客户的业务问题、痛点，或者当前系统存在的遗憾与不便。

3. 新人群

案例分析

有一次和一个 85 后的创业者聊天，谈到关于员工管理的话题。我问他们是否对员工进行考勤，他给予了肯定的回答。我饶有兴趣地问：“那你们通常会用什么样的方法来计算出勤率呢？打卡、指纹还是其他的方式？”

结果他的回答大大超出我的意料：“不用这些，有现成的东西可用。我们就用 QQ 考勤！”看我一脸的疑惑，他继续说：“我把员工放在一个组里，上班时看看头像都亮没，亮了就行！”

“当然你会认为他们在路上、在家里都可以让头像亮起来，但我认为只要处在可沟通、可交流、可传达任务的状态，其实就是在工作了。”看到疑惑仍然未消的我，他做了进一步的解释。

或许你看完这个案例仍然会感到不解，那只有一个原因：你没能理解他们的价值观。对于组织应用系统而言，新一代的管理层、员工都会因新的价值观带来新的思路，也就意味着带来新的机会。

新人群是我经常思考的一个维度，我曾经根据新中国历史中对全国人民产生深远影响的两个大事件，将人们分成了三代，如图 3-6 所示。

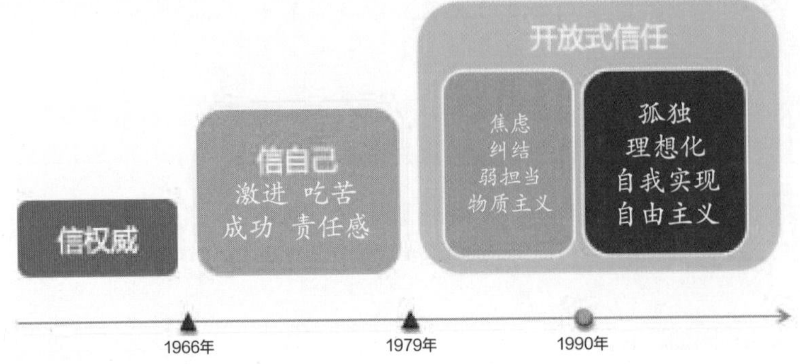

图 3-6 新中国的三代人

（1）1966 年前出生：他们生活在一个相信权威的年代，电视、报纸、专家都是他们坚定信念的来源，相对保守。“电视购物”则是为他们量身定做的“商业模式”。

（2）1966—1979 年出生：他们成长于一个动荡的时代，童年时期经历变动。由于社会剧烈变化，赋予了他们更加激进、追求成功的本性，也形成了信自己的特点。

（3）1979 年后出生：他们成长于一个和平的时代，改革开放给他们带来了良好的物质环境，因此更具有开放式信任。

案例分析

2003 年堪称中国 B2C 电商的元年，有人将其归功于 SARS，我认为实际上是“新人群”引发的。从上面的分析中我们可以发现，1966 年前出生的人群对电子商务的认知相当保守，不容易主动拥抱。

而对于 1966—1979 年出生的人群而言，由于相对“信自己”，对新事物会有保护性地尝试，因此会偏向通过电子商务购买一些低价的、标准化程度高的商品，如图书、CD 等，难以全面接受。

而 1979 年以后出生的人群，拥有开放式信任，是中国真正的互联网一代、电子商务一代。那么他们什么时候才能够“成长”为合格的消费者呢？他们通常都会读到大学，因此结合中国的教育制度，他们通常 23 岁左右大学毕业。

那么，他们成为电子商务消费大军的时间就是 1979+23=2002 年，他们 6 月份毕业后找工作、安顿下来，2003 年点燃了 B2C 电子商务新时代……

3.3.3 定义问题 / 机会

当你根据不同的项目触因选择合适的策略调研出“问题场景”，或者与业务领域专家、技术专家、需求团队从新业务、新技术、新人群的角度研讨出“机会场景”之后，接下来要做的就是清晰地定义它们。

案例分析

我原来的一位下属离职后自己开了一家专注于视频监控系统开发的公司。有一次他请我吃饭，感慨地说：“当年我们的很多理念现在真是无比实用！上次弄了一个方案给客户的领导，领导一看就拍板使用我们的系统了。”

我对这一“神奇”的方案饶有兴趣，说：“什么时候有时间发一份给我看看！”结果这家伙直接说：“不用，我带着呢！”说着就拿起自己的小坤包（比钱包大一倍的那种小包）。我当时一愣，心想什么方案居然可以放到这么小的包里呢？没想到这家伙掏出了一本连环画（小人书）大小的东西。

我接过一看，这玩意儿真是完美地诠释了我们对“项目目标分析”的理念。整本“连环画”除了封面上写着“固定安保岗系统”几个大字及他们公司的相关信息，再也找不到其他字。

这个独特的方案内容共 12 幅画，一看就是专业画师的作品。前 6 幅画讲述了一个简单的场景：一个贼绕过保安，潜入库房，偷了一些东西。第 6 幅画中那贼的神态画得惟妙惟肖，只要被偷过东西的人都会被他那嚣张的表情深深刺激到。后 6 幅画则讲述了另一个场景：那个贼再次造访，又“有经验”地绕开了保安，但这次被固定安保岗系统（视频监控系统）看到了，及时通知看守的保安后将贼抓住。最后一幅画中贼求饶的样子一定让你感到无比解气。

领导只需要判断一件事就能够做出决策了，那就是之前被贼偷过吗？如果有过这样的经历，就会感觉到这个系统太有用了，购买决策也就不难做出了。

怎么样？这种“讲故事”的方法要比“讲道理”的方法更有效吧！因此，当我们无法量化时也千万别定性描述，可以讲讲故事。实际上，即使可以量化，我也建议先讲故事，再讲数字。

1. 描述问题

成功描述一个问题的关键在于几个要点的把握：业务态、客观性、匹配性。如果收集到多个问题场景或机会场景，那么应该逐个进行问题/机会定义、问题分析与解决方案确定。

1）业务态

案例分析

很多年前我参加了一次ERP方案介绍会，当时客户方的高管齐聚，听我们产品经理介绍方案。

结果我们的产品经理全情投入地从一张系统架构图开始了自己的介绍：“我们的系统拥有一个强大的平台，各种当前、未来的业务模块可以很方便地根据需要插入或移除……”

与会的客户方领导都“全神贯注”地聆听，产品经理也“从容不迫”地讲解，看似成功、和谐的推介，哪曾想被对方董事长的一个问题打回原形。

听了10多分钟，董事长打断介绍并提问：“你们这个平台听起来相当强大，冒昧地问一下，这个平台占地面积大概有多大呢？”

我们的产品经理瞬间石化了……

我后来告诉他，有关高管关注点的八字真言：“问题、机会、成本、效益”。他讲了半天，问题、机会等只字未提，董事长关注的东西一点都没听到，而其问出的问题实际上是在关心“成本”。

负责推介的产品经理陷入了深深的思考……

正像这个案例故事所启示的那样，由于我们要讲给客户听，因此一定要从业务的角度阐述问题或机会，而不是从系统的角度来阐述。

例如，“原有的系统经常会出现数据不一致，给管理者带来了一些麻烦”，这是从系统的角度来阐述的。

而如果从业务的角度来阐述，就应该是“当前各种借助系统生成的业务报表，存在统计口径不一、业务相关数据不一致的现象”。

由于很多需求原来都有技术背景，因此经常容易陷入技术、实现细节中，建议大家在描述问题时，一定要有意识地提醒自己注意思维角度。

2）客观性

生活悟道场

有一个朋友骂自己的小孩："你考试老不及格，爸爸的面子都让你丢光了！"结果他儿子小声回答说："前两次虽然考得分数不高，可都及格了，哪有老不及格呀！"

我告诉他，你的"主观性说辞"是难以说服你儿子的，不妨用"客观性说辞"。例如，"在这个学期的考试中，你已经有 3 次不及格了，爸爸感觉十分失望。"他后来告诉我，他的小孩还真吃这一套！

在描述问题时，要想确保有说服力，就一定要保持客观性！也就是不加入主观判断，而只是真实地还原问题。

例如，"当前手工作业下，流程执行相当混乱，大幅降低了管理质量。"就是带有主观判断的问题描述，应该改为"当前手工作业下，不严格按照流程执行的现象时有发生，如未按规定时限完成、未等上游工作完成就直接执行等。"

3）匹配性

由于项目的目标或愿景针对的都是高层管理者，因此定义的问题要能够与高层管理者的关注视角相匹配。

首先，经营层面的问题通常是高层管理者最关注的；其次，涉及管理模式、业务模式的宏观管理问题也是他们关心的内容。千万别把操作层遇到的非共性困难当作问题列入目标分析。

2. 分析影响

描述问题只是第一步，紧接着应该说明这些问题影响了谁，给他们带来了什么样的影响，使得故事更加完整。在这部分的描述中，也要注意把握三个要点。

1）指代清晰，具体到人

要说明该问题影响了谁，并且清晰、具体地列出；不宜使用"客户""公司管理层"等指代不够清晰的描述。

如果你想说这个问题影响了客户，那么更合适的方法是说明影响了哪一类客户；如果你想说该问题影响了公司管理层，那么就应该将具体的部门或职位列出。

如果问题直接影响到总经理之类的最高管理层，那么为了写出来更加文雅，可以使用“公司”来代替，毕竟影响了公司，也就是直接影响了总经理这样的最高管理层。

2）视角匹配，影响明确

明确受问题影响的人群之后，接下来要做的就是分析带来了什么影响，产生了什么样的后果，也就是完成目标场景（包括问题场景、机会场景）的描述。

而目标场景的描述主要针对的是项目相关的高层管理者，因此要从他们关注的层次来说明影响。例如，下面这个描述就不够匹配。

A. 问题：物流脱节现象时有发生。

B. 影响：体检科室人员。

C. 后果：没有耗材使体检出报告的时间变长。

这个问题描述相对偏向具体事务、异常的管控，属于中层管理者的视角。而相对于整个体检医院的高管而言层次还是不够，没有达到其视野，因此需要进一步提炼。

对于高层管理者而言，他们更加重视经营层面的一些影响，因此我们需要合理推理，得出他们更加关注的信息，也就是第三个要点。

3）推理合理，层次清晰

在我看过的一些实践中，常常会看到一些缺乏推理过程的描述，这种描述往往说服力不足。例如：

没有耗材使体检出报告的时间变长，从而给公司造成经济损失。

这会让人感到唐突，为什么出报告时间变长就会导致公司损失呢？因此，应该将整个推理过程呈现出来。

缺少耗材使体检出报告的时间变长，甚至造成体检中断，从而影响客户体验、出现客户流失，最终给公司造成经济损失。

3.3.4 分析问题并确定解决方案

当我们清晰地定义了问题后，就可以对其产生的原因进行分析，然后制订相应的解决方案。在这个环节中，一定要谨记“我们才是解决方案专家，客户只是问题专家”。

1. 分析问题

要想提出有效的解决方案，有时我们需要对问题进行深入分析，以便找出问题产生的“根本原因”，以确保方案的有效性。分析问题最常用的典型方法有三种，具体如下。

（1）鱼骨图法：这种方法认为问题是由一系列子问题构成的，当你认为要分析的问题与这样的假设一致时，就可以使用它来分析问题。

（2）问题现状树法：这种方法认为问题是由于一系列因果关系产生的，当你认为要分析的问题与这样的假设一致时，就可以使用它通过问题表象找到根本原因。具体做法可以参考《高德拉特问题解决法》一书。

（3）系统思考法：认为问题是由于一系列因果关系产生的，而且包括促进因和阻碍因两种。具体做法可以参考《系统思考》《第五项修炼》等书籍。

2. 明确解决方案策略

深入分析完问题之后，就应该提出有效的解决方案；有时用户自己也会提出一些解决方案，但通常未必是最优的。

在描述解决方案时，应该从**宏观视角**说明，并且强调**具体的策略**，以便客户高层能够理解。在我看到的很多实践中，往往发现策略化不足，方案写得比较空洞。

建设一套物资管理系统，对物资进行有效的控制与管理。

这种描述实际上没有传达任何有效信息，应该把具体的方法、策略提炼出来。例如：

以安全库存机制为主，并辅以实时物资使用情况监控、预警等机制，有效避免物资脱节。

但也不宜直接在功能层面上描述，因为这种灰盒甚至白盒化的描述会将非技术背景的客户高层拒之门外，或者因为过于注重细节而失去重点。例如，下面这种描述也是不合适的：

通过系统实现库存管理、采购管理、领用管理、计划管理、供应端管理等模块，提升物资管理水平。

3. 提炼“一句话目标”

客户高层往往没有太多的时间和充足的耐心去看大篇幅的东西，因此我们需要提炼出一句话，对这个目标场景进行概述。其要点在于业务态、价值态，以“措

施 + 效果”的结构描述。下面这个例子就不太符合要求：

构建物资管理系统，避免物资脱节。

以上描述虽然是“措施 + 效果”的结构，但“措施”不够业务态，“效果”没有体现价值态。更合适的描述如下：

基于安全库避免物资脱节，为门店扩张奠定后勤基础。

3.4 任务产物

当我们定义问题 / 机会、分析问题并确定解决方案之后，可以按“问题卡片”的格式将其整理成文字，放入需求规格说明书中关于“目标描述”的小节中。

3.4.1 问题卡片模板

我推荐使用如表 3-1 所示的问题卡片模板来写目标场景，要注意的是，每张问题卡片只写一个问题场景，有多个问题场景就写多张问题卡片。

表 3–1　问题卡片模板

问题卡片			
价值主张	可选，用一句话高度概括产品 / 系统的价值		
问题描述	必填，清晰地描述用户当前存在的不满、遇到的障碍和承担的风险。 在写作时应该先列出事实，然后阐述后果。 在描述时应该做到场景化、客观、与用户匹配，以期引发用户的共鸣		
方案说明	必填，简要概述解决方案；在描述时应该使用黑盒子或灰盒子视角，重在讲解策略，以能说服用户为目标		
预期结果	必填，提出一个让用户心动的预期结果，这个结果应该体现用户态、价值态，以激发用户兴奋点为目标		
频率	可选，说明问题发生的频率	厌恶度	可选，说明问题的严重性
可替代性	可选，说明当前用户是否有其他有效的替代解决方案		

在这个模板中主要包括四部分内容：问题描述与评估（包括频率、厌恶度、可替代性三个方面）、方案说明、预期结果、价值主张。

（1）问题描述与评估：问题描述是必填的，应该从业务事实及产生的业务后果两个方面客观地描述问题；频率、厌恶度和可替代性是选填的，描述该问题发生的频率、产生后果的影响度及当前是否有替代的解决方案，从而评估该问题的价值。

（2）方案说明：本部分是必填的，应该从黑盒子或灰盒子视角阐述解决方案，帮助业务方构建解决方案的宏观认知。

（3）预期结果：本部分是必填的，说明当该解决方案投产后能够达成的结果。

（4）价值主张：本部分是选填的，也就是"一句话目标"，通常可以作为需求规格说明书的小节标题，以"措施 + 效果"的格式编写。

3.4.2 问题卡片示例

下面给出了几个使用问题卡片描述的示例，以便大家在实践中参考，如表 3-2 和表 3-3 所示。其中，针对表 3-3，我们还演示了如何使用鱼骨图进一步分析问题，如图 3-7 所示。

表 3–2 固化体检业务流程，为门店扩张奠定基础

<table>
<tr><th colspan="4">问题卡片</th></tr>
<tr><td>价值主张</td><td colspan="3">快速、标准化地实现直营、加盟门店扩张</td></tr>
<tr><td>问题描述</td><td colspan="3">健康体检是一个朝阳行业，整个行业的主要参与者都在"跑马圈地"，但由于大部分参与者信息化水平不足，因此直营门店都不一定能够确保服务标准化、服务高品质，更别说加盟店了，这使得扩张的步伐受限太多，影响企业的高速发展</td></tr>
<tr><td>方案说明</td><td colspan="3">（1）通过系统实现体检服务、管理流程标准化，保障直营、加盟门店服务标准化。
（2）通过业务组件化，数据集中、应用分布式部署，充分响应各门店个性</td></tr>
<tr><td>预期结果</td><td colspan="3">实现成功门店的快速复制，统一服务标准，提高用户满意度</td></tr>
<tr><td>频率</td><td>季度（扩张期）</td><td>厌恶度</td><td>强，现在属于行业困扰</td></tr>
<tr><td>可替代性</td><td colspan="3">当前处于新兴阶段，缺乏有力的研发公司，可选择性少；因此相对无太多替代品</td></tr>
</table>

表 3–3 避免物资供应脱节，为门店扩张提供后勤保障

<table>
<tr><th colspan="4">问题卡片</th></tr>
<tr><td>价值主张</td><td colspan="3">避免物资供应脱节，为门店扩张提供后勤保障</td></tr>
<tr><td>问题描述</td><td colspan="3">物资供应脱节现象时有发生，影响了门店的正常运转。
体检客户：因物资短缺而导致某些体检无法正常进行，或者无法及时得出体检结果，导致体检客户的满意度下降，出现客户流失，从而给公司造成损失。
体检科室：物资供应脱节直接影响业务运转，从而带来服务脱节。
物资供应中心：受到体检门店的指责，影响绩效指标</td></tr>
<tr><td>方案说明</td><td colspan="3">通过安全库存机制提升物资供应能力；统计物资的使用情况，优化预测能力</td></tr>
<tr><td>预期结果</td><td colspan="3">每个门店常规物资供应脱节次数低于 2 次 / 季度，特殊物资供应脱节次数低于 1 次 / 月</td></tr>
<tr><td>频率</td><td>周</td><td>厌恶度</td><td>强，影响业务运行</td></tr>
<tr><td>可替代性</td><td colspan="3"></td></tr>
</table>

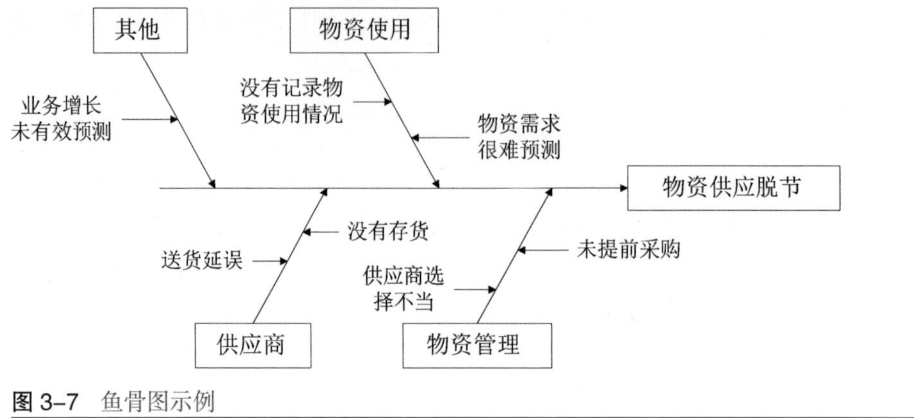

图 3–7 鱼骨图示例

3.5 剪裁说明

在实践中，你也可能遇到目标十分清晰、明确的项目，这时可以考虑跳过这一任务。最为典型的场景如下。

（1）因相关法规的改变，需要改造系统以适应新法规需求；这时监管部门、上级部门的验收标准就是目标。

（2）企业因开拓一项新的业务，需要改造系统以便提供支持；这时新业务上线就是目标。

（3）为业务服务提供一种新的渠道，如原来需要现场办理，现在增加了电话或网站办理渠道，这种情况也可以弱化目标分析工作。

由于目标分析是整个需求分析工作的灵魂和方向，因此在剪裁该任务时一定要谨慎。

干系人识别 4

对于任何产品、项目而言，都会涉及各种干系人，他们有着不同的诉求、关注点，甚至存在各种冲突。在需求分析过程中，识别出关键干系人是一件十分重要的事情。

4.1 任务执行指引

干系人识别任务执行指引如图 4-1 所示。

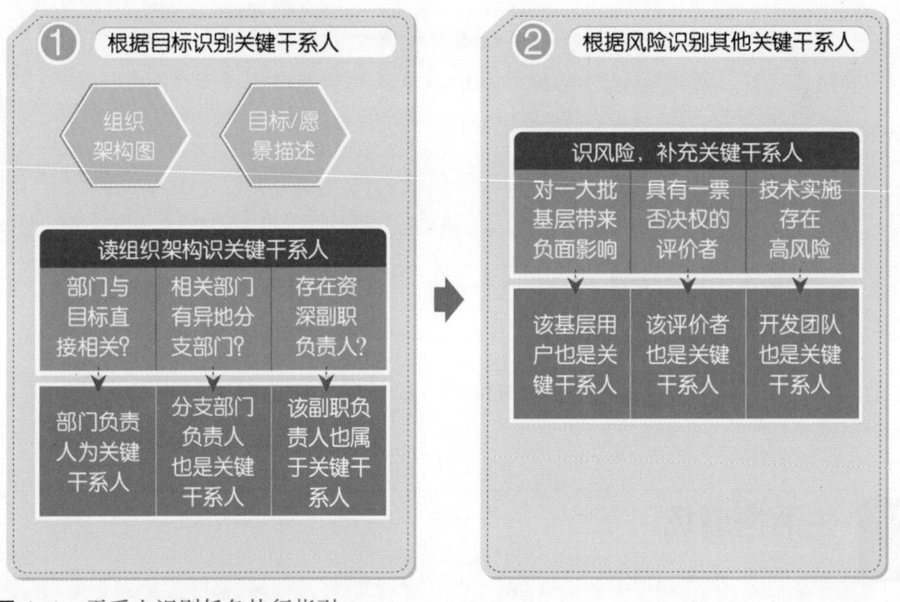

图 4-1 干系人识别任务执行指引

4.2 知识准备

“干系人”的英文原词是 Stakeholder，在各种中文文献中还常被译作涉众（RUP）、相关人员、利益相关者、风险承担人。而在金山词霸中给出了一个更加奇怪的翻译——“赌金保管者”，我们应该如何理解它呢？

Stakeholder 意为筹码持有人

案例分析

曾经有一位“道行不深”的项目经理，出于种种原因，使自己的项目陷入了泥潭：项目进度因不断变更而一误再误，项目验收时间也一拖再拖。系统投入试运行后一年都还没有结项。

他鼓起勇气找到业主的高层领导，希望能够先验收再结项。对方高层领导想了想，告诉他：“这个项目的确也拖了很长时间了，这样吧，你去找找我们的中层经理，我要求也不高，只要 60% 以上的中层经理同意验收，就启动验收流程。”

他只好开始分头找各个中层经理，结果绝大部分中层经理都和领导的口径高度一致，说只要 60% 的操作层认为系统能够基本满足日常工作，就同意启动验收流程。

当他硬着头皮找到操作层代表时，几乎每个人都告诉他，这事得由领导说了算，他们不好发表意见。

从上面的故事中，你有什么收获呢？如果能够向高层领导证明系统的价值，那么验收是否会顺利得多呢？如果能够向中层经理证明系统的价值又会如何呢？

是的，我们需要向客户证明系统的价值！而且向影响力越大的用户证明，项目的成功率越高！

生活悟道场

有一次在我刚接管某研发中心时，一走入办公区就听到一个开发人员和一个测试人员在争论。

开发人员说：“你真牛，一行代码居然能够挑出 6 个错误！”

测试人员回应：“那没办法，你本来就犯了 6 个错误呀！”

开发人员继续反驳道："那不管怎么说，也只在一行代码中，当然只能够算一个错误！"

测试人员冷冷一笑："我可不管，有几个错误就得算几个错误。"

……

听到这里，大家都能猜得出这个研发中心的考核体系：对于开发人员来说，要尽可能地避免出错，每出一个错误得扣多少分；对于测试人员来说，则要求测出尽可能多的错误，每找到一个错误可以加多少分。

这两个相互对立的考核指标决定了他们之间的"天敌"关系。为了解决这个问题，我修改了考核指标：两个部门的质量分改为系统上线的出错率，每出一次错，双方一起扣分。从此这两个部门成了兄弟一样的协作部门。

当然，这时新的"天敌"部门也就产生了，那就是研发部门和运维部门，因为他们之间的考核指标又形成了"相克"。

……

从上面的故事中，你又有什么收获呢？是的，项目涉及的各个部门之间可能会因为考核指标、诉求、利益点的不同，甚至是冲突，而提出完全"相克"的需求。

在我职业生涯中参与过的大大小小、各行各业的项目中，都无法实现每个 Stakeholder 都满意的完美结局，需要折中与平衡。

看到这里，我想你应该会产生很多思考，那么回过头来看，Stakeholder 应该解释成什么呢？我查阅了英英词典，确认它是一个复合词，Stake 表示赌注、赌金、筹码；Holder 意为持有人、保管人。

因此，我认为这个词实际上代表一个隐喻：提醒大家项目是一个博弈游戏，重要的是获得足够的筹码，也就是需要找到关键的筹码持有人（Stakeholder），赢得足够的筹码就可以赢得项目，并且你不可能获得所有的筹码。

不过，大家理解这个意思就好，毕竟这个词已经有 5 种翻译了，我可不想再添第 6 种翻译。

4.3 任务执行要点

干系人识别这一关键任务，主要包括根据目标识别关键干系人、根据风险识别其他关键干系人两个步骤。

4.3.1 根据目标识别关键干系人

在执行该步骤时，首先要收集客户的组织架构，然后根据目标、愿景判断。

如图 4-2 所示，执行这一步骤的关键在于完成三个判断。在判断之前，我们先根据目标、愿景把所有涉及的部门都标识出来，如图 4-3 所示。

图 4–2　根据目标识别关键干系人的典型策略

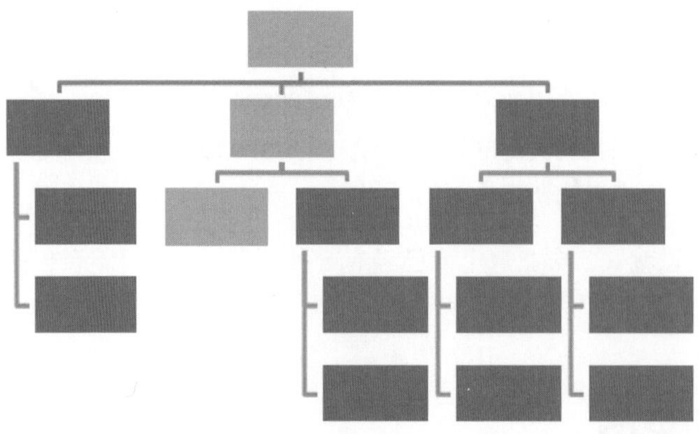

图 4–3　步骤 1：标识涉及的部门

如果这些部门都在同一个地方办公，那么只要将每个部门的负责人标识为关键干系人即可，如图 4-4 所示。

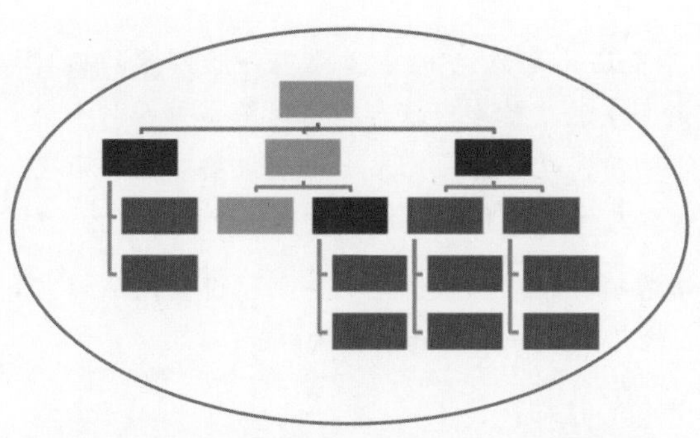

图 4–4 步骤 2：将部门负责人标识为关键干系人

如果这些部门是分支机构，也就是不在同一个地方办公，那么还需要将分支机构的负责人也标识为关键干系人，如图 4-5 所示。

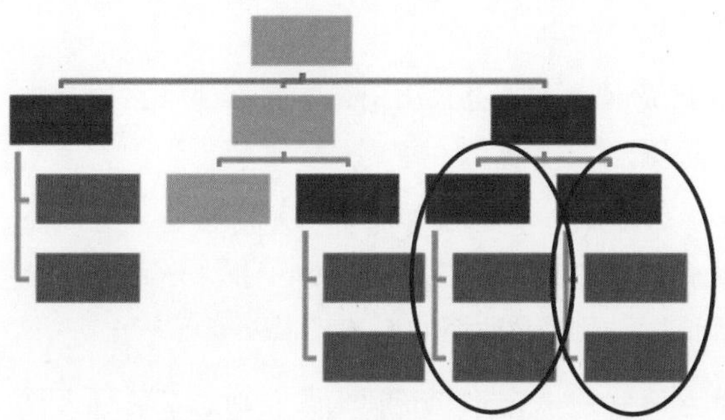

图 4–5 步骤 3：将分支机构的负责人标识为关键干系人

另外，如果目标所涉及的部门或分支机构存在资深的副职负责人，那么考虑到他在部门中的影响力，通常也需要将其列为关键干系人。

案例分析

在一次集团资金管控系统的项目中期汇报会上，客户各层级领导从各个角度都提出了相关的反馈与意见。

其中分管营销的第一副总在会上讲道：“你们整个系统界面的色调饱和度过高，人们在这种环境下工作容易产生疲劳感，不利于工作的开展，因此建议你们把色调统一调成淡绿色系，这样清爽些。”

会议结束后，我问项目经理：“你们觉得第一副总的那个需求反馈优先级如何？”项目经理疑惑地看着我，说道：“难道优先级是中？那可是他们的第一副总呀！”

我微微一笑，回答道："我甚至认为是低优先级，"看着一脸愕然的项目经理，我继续说道："不信我们做个实验，你今天傍晚下班时给接口人打个电话，就说这次记录了大量宝贵的反馈，也记得他们第一副总说要修改一下整体色调，但具体是什么色调有点不太确认，麻烦他再帮忙确认一下。"

第二天下午，接口人打电话给项目经理，告诉他第一副总说要改成淡蓝色！听到这个反馈，项目经理一脸茫然，一副不知所措的样子。

我乐着说："你看，一切正如我的预期！"

项目经理问："为什么会这样呢？他昨天明明说改成淡绿色呀！"

我告诉他："需求，有时不能只靠耳朵听，还要用心分析。这个项目和营销第一副总的直接相关度高吗？但他为什么参加这次会议呢？那是因为老总也出席了呀！你没看到在整个会议中，他都在忙自己的事情，并没有积极参与吗？这真是他内心关注的需求点吗？"

项目经理接着说："对，当时是接口人在会议上问他有什么需求，他才猛然抬头看了看，提出了这样的反馈！"

"孺子可教也，当时他身处那种环境是必须要提出一些反馈的，但实际上他也不会涉及该系统，因此就提出了一条边缘化的反馈，并且还充分地铺垫了一下，以增加需求的合理性！实际上他说完以后自己就忘记了……"

后来我遇到接口人，还特意问他："我怎么记得你们第一副总在会议上说的是要改成淡绿色，后来怎么变成淡蓝色了呢？"接口人听完拍着大腿回应："是呀，你一说我也想起来了！"

"所以领导的想法不能仅靠耳朵听，还需要用心领悟。"我继续说道。

从那以后，接口人经常告诉我领导是怎么说的，你觉得是什么意思呢？双方的沟通更加顺畅了……

从上面这个小案例中，你悟到了什么？在很多需求分析实践中，大家更多关注于干系人的影响度，而忽略了他与项目的相关度，从而造成关键干系人识别错误。

4.3.2 根据风险识别其他关键干系人

在上一个步骤中，我们是以相关度和影响度两个关键因子来识别出项目的一部分关键干系人的，而第二步则是从风险的角度来补充其他关键干系人，如图 4-6 所示。

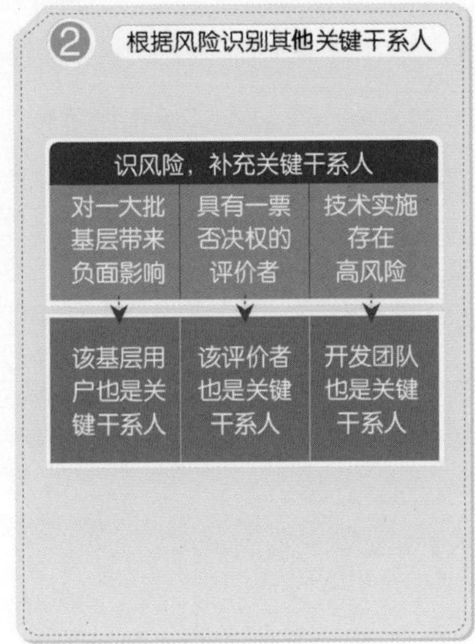

图 4–6 根据风险识别其他关键干系人的典型策略

1. 众多基层受影响

案例分析

某局新来了一位领导，有一天在政务大厅里看到了许多排队办理各种业务的群众，发现有一部分群众都排到了，却又到另一个队伍后面重新排。因此不解地问秘书，这是怎么回事。

秘书见怪不怪地说：“排错了，那一队不受理他要办理的业务！”

这位领导听后直摇头，马上指示道：“这可不行，马上对业务流程和相关系统进行改造，让所有窗口都能办理所有业务！”

就这样，我们得到了一个系统改造的项目。但负责这个项目的项目经理为难了，虽然这个改造从技术上来说并不困难，但是由于该局的业务种类繁多，因此改造后必然会给所有办事人员带来巨大的工作量提升，同时还需要学习各种新的业务，在实施时一定会遇到困难。

正如这个案例中所示，第一个典型的风险就是“众多基层用户会因系统受到负面影响”，那么我们应该把这些基层用户也标识为关键干系人，分析他们的主要诉求、担忧点，并做出相应的对策。

如果不存在这样的风险，那么一般不建议把基层用户列为关键干系人。谨记，并不是识别越多关键干系人越好。

案例分析（续）

我分析了一下，给项目经理制订了相应的策略。在向各级领导调研时，都先故意表示不理解，为什么要做这样的改造，这样基层用户的工作量不就大幅提升了吗?

果然，他们都给我们的需求分析人员做思想教育工作：我们实施一个系统当然不是为了员工，而是为了广大群众的利益。

当开始向基层用户做需求调研时，我们又故意说这个系统实施后将会使工作量上升，需要学习各种新业务的相关知识和办理流程。基层用户在调研阶段都不断地向他们的上级反馈，甚至抱怨。

经过我们之前强化之后，领导们仍然坚定地对他们做思想教育工作。很快，在一个多月后系统开始上线试运行了……

我们的项目经理回来说："今天可谓是'这里的黎明静悄悄'，并没有发生很明显的抵触，为什么会这样呢？"我笑了笑回答说："都抱怨一个月了，心中的怨气早已经消了不少！"

项目经理又说："还有一个用户真逗，直说都被他们吓坏了，这个系统也还好呀，好多地方比原来方便多了！"

我回应道："之前让你们识别出当前系统中大家使用最不方便的地方进行针对性优化，现在知道这个策略有什么作用了吧！"

针对这类问题，当然有很多对策，这个案例中使用的只是可选的对策之一。我们通过提前"管理预期"，在系统上线前降低预期，再创造系统上线后的部分超预期，使用户的满意度有所提升。

2. 一票否决的担忧

案例分析

有一次在一个专家系统项目中，客户指定了一名具有30多年业务经验的老专家作为项目负责人，结果几次沟通下来，我方的项目经理面带绝望的表情来找我说："惨了，这个项目将出现范围失控了！"

一番抱怨之后，他说道："这位老专家看起来恨不得将毕生所学全部固化到系统中，不管是否有用、是否常用、是否实用，我想他是想用这个系统来证明自己的专业水准！"

我看他那不知所措的样子，赶忙安慰他：“没事，我来帮你处理这件事！”第二天，我独自一人去拜访了这位老专家。

“您真是这个领域我见过的最强大的专家呀！有您在，这个项目的成功指日可待。”一见面先寒暄了两句。花了几分钟闲谈后，我开始切回正题：“不过，对这个项目我还有一些担忧！”

“有我在，肯定没问题！你们放开手脚大胆干！”老专家气定神闲地回答。

“我主要担心您这么多年积累的宝贵经验，那些年轻的业务人员一时半会儿掌握不了，反过来还将责任推到系统上，说系统不好用！我们受点挫折倒无所谓，连累您被他们指责，心中着实感到不安！”我回应道。

“你说的倒也存在一定的可能性，那你有什么针对性的想法吗？”老专家用相当专业的口吻淡淡地回复我。

“我有一个不成熟的想法，提出来请您指点一二，”我小心谨慎地说：“我建议先抽取大家马上能够应用起来的部分固化到系统里。当然，您多年的宝贵经验也不能浪费，我调两个做 Flash 动画的高手，把您的经验全部制作成动画，您以后给他们讲课时会用到，等他们学明白了，再固化到系统里也不迟啊！”

老专家听完大腿一拍，说：“你这个建议非常好！就这么办！系统应该一步步建，关键在于大家能够应用起来。”

项目经理后来告诉我，这位老专家的态度突然 180° 大转弯，原来是这也要那也要，现在常说“等等，这个估计他们也不会，先不在这期项目中实现了……”

试想，如果没有这样的沟通，那么项目的结果会怎么样呢？老专家的关注点是什么呢？他对项目的影响力体现在哪些方面呢？

老专家就是一位具有“一票否决权”的关键干系人，我们必须分析他的关键需求，然后提出针对性的、双赢的解决方案。

除了这样的领域专家，具有“一票否决权”的关键干系人还可能是财务、审计、法规、行业监管部门等，在识别关键干系人时一定不要忽略他们。

3. 技术实施存在高风险

在项目管理书籍中，列出的干系人很多，也包括开发团队、维护团队等。那么，他们是关键干系人吗？实际上，在最为典型的情况下，他们并不是关键干系人。

当然也有例外的情况，如果在技术实现、实施过程中存在困难或风险，那么开发团队将成为关键干系人。

同样的道理，如果系统的生命周期很长，那么上线之后的升级、维护、适应性修改、运营工作就显得十分重要，这时运营维护团队也将成为关键干系人。

4.4 任务产物

当我们通过上述两个部分识别出关键干系人后，可以按“干系人列表”的格式将其整理出来，放入需求规格说明书中相应的小节里。

4.4.1 干系人列表模板

推荐使用如表 4-1 所示的干系人列表模板来列出所有的关键干系人。当然，除了关键干系人，还可以将其他你认为重要的干系人也列出来。

表 4–1 干系人列表模板

类　型	名　称	说　明	相关度	影响度

这个模板由类型、名称、说明、相关度、影响度五个栏目构成。

（1）类型：包括出资人 / 发起人、使用者、评价者、其他四种类型。出资人 / 发起人通常不必列出，因为目标分析的产物就是他们的核心关注点。使用者就是未来会直接、间接使用系统的用户。评价者通常是财务、审计、法规、行业监管部门等会提出验收标准的，通常拥有一票否决权的干系人。而开发团队、维护团队、领域专家、技术专家等干系人就属于其他类。

（2）名称：该干系人的名称，通常会以职位的形式描述，也可能会以角色的形式描述。

（3）说明：简要说明他为什么是我们的关键或重要干系人。

（4）相关度：项目与他直接相关吗？涉及他的利益或责任吗？可以使用“高、低”两级评估或“高、中、低”三级评估。

（5）影响度：他对项目的方向、验收有很强的影响力吗？可以使用“高、低”两级评估或“高、中、低”三级评估。

请注意，相关度、影响度两栏通常仅限于开发团队内部阅读，不宜直接提供给客户代表阅读，以免带来不必要的麻烦。毕竟，如果客户代表质疑“为什么说我的相关度低、影响度低呢？”总归是一件不好解释的事情。

4.4.2 干系人列表示例

下面是一个简单的干系人列表示例，以便大家在实践中作为参考，如表 4-2 所示。

表 4–2 干系人列表示例

类　别	名　称	说　明	相关度	影响度
使用者	运营副总	预约撞单、物资供应脱节问题的关心者	高	高
使用者	业务副总	流程标准化问题的关心者	高	高
使用者	门店经理	确保通过系统实现体检业务流程标准化的关键岗位	高	高
其他	行政经理	系统开发的接口人	高	高
使用者	客服中心经理	直接与预约撞单问题相关	中	中
使用者	物资中心经理	直接与物资供应脱节问题相关	中	中

4.5 剪裁说明

干系人识别这一任务通常不宜被剪裁，毕竟它是从宏观的角度抽象出项目、产品中最核心的需求。

5 干系人分析

识别出关键干系人只是第一步，选择合适的代表进行调研，分析他们的关注点、阻力点，以及满足关注点、避免阻力点所需的功能、非功能需求也是一个重要任务。

5.1 任务执行指引

干系人分析任务执行指引如图 5-1 所示。

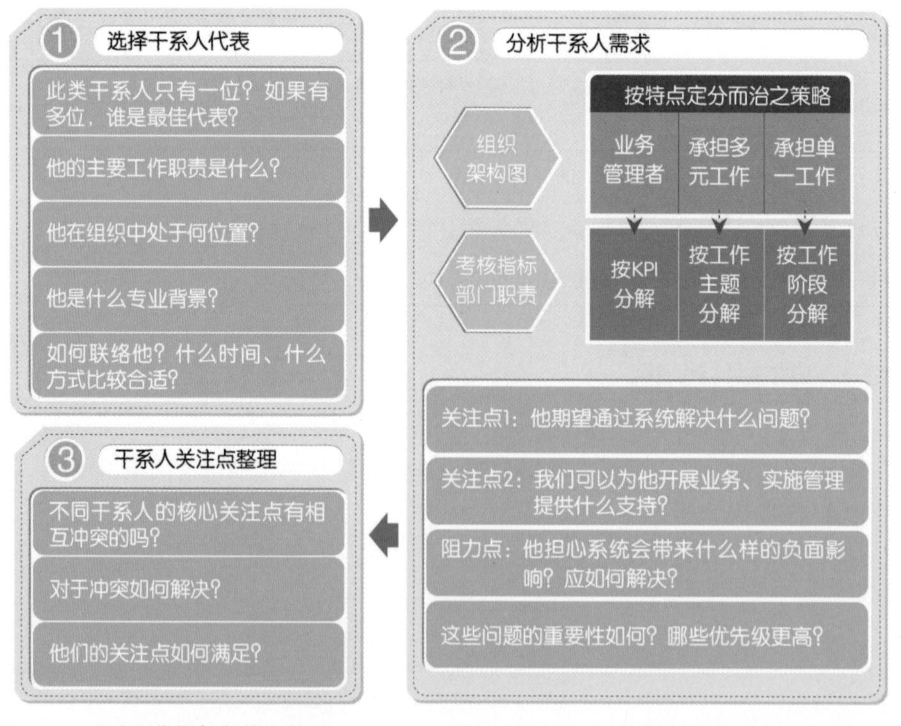

图 5-1　干系人分析任务执行指引

5.2 知识准备

很多干系人分析实践都侧重于他们的关注点，也就是正需求；但实际上他们的阻力点（或称之为担心点，即负需求）分析也是十分重要的。理解“干系人负需求”这个概念，是执行好该任务的关键。

干系人负需求

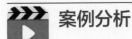

案例分析

很多年前，我参与了一些电子政务系统的开发，在一次省、市、县三级的“效能监管系统”项目中遇到了一件有趣的事情。

这个项目首先在省厅进行了需求调研，调研告一段落后，省厅领导让我们到 A 市——他们最有代表性的一个地级市进行深入调研。

去的那天，路上挺堵，我们一行三人到 A 市时马上就到下班时间了。让我们感动的是，A 市的局长亲自接待了我们，还安排了接风的晚宴。我们心想，省里的项目真不一样，市局如此重视，相信这次会很顺利。

在晚宴进行了 20 多分钟时，局长很关切地问：“小伙子们，吃得怎么样？”我们连忙回答：“很好很好，谢谢局长……”

话音还没有结束，局长打断了我们：“那就好好吃，晚上好好睡一觉，明天你们就可以回去了。”这边同行的小伙子没沉住气，惊讶地问：“局长，我们还没有调研呢！怎么就回去了？”

局长把脸一沉：“你们做的是什么系统，‘效能监管’那是说得好听，实际上就是省厅用来管我们的‘手铐’系统！那还假惺惺地调研啥需求，我们能有什么需求？你们直接问省厅就行了嘛！从来没听说过做副手铐还要问问犯人有什么需求。”

同行的两个小伙子惊得半天说不出话来，我也陷入了思考，突然脑子中闪出了 Stakeholder 这一关键词……一个应对之策瞬间产生。

“局长，您这个比喻太精妙了！不过冒昧地请教下，当贵局在业务办理方面出现超限期或质量问题时，被省厅知道了会怎么样呢？”我问道。

“能怎么样？客气时电话批评批评，严重时通报批评！”局长回答道。

“那您会如何处理呢？”

“把底下的人集中起来，批评一下，责令改进呀！”局长回答道。

我继续问：“那为什么不找到责任人，有针对性地提出改进呢？”

“呵呵，要想找出直接责任人费时、费力，还不一定能够明确！”

“局长，正如您刚才的比喻，这是一副‘手铐’。既然它可以成为省厅管理下级单位的‘手铐’，那么我坚信它也一定能够成为您管理下级的‘手铐’。”我坚定地说道。

局长想了想，回答道：“这样，你们几个明天到我办公室来，我们好好商量一下如何有效地利用这套系统收拾这帮小子……”

通过上面这个案例，大家应该对干系人的负需求有些感性认识了吧？负需求实际上就是项目给干系人带来的负面影响。大家在进行干系人分析时，一定要从正、负两个方面考虑。

5.3 任务执行要点

干系人分析这一关键任务可以分成三个步骤执行，如图 5-1 所示。

（1）选择干系人代表：如果有多个干系人，则应从中选择一位或多位典型的代表，以便聚焦。

（2）分析干系人需求：通过访谈等手段，收集原始需求信息及相关反馈，从中分析出关键的关注点和阻力点。

（3）干系人关注点整理：横向评估不同关键干系人之间的诉求、关注点的冲突，并制订相应的应对策略。

5.3.1 选择干系人代表

如果有多个关键干系人，则首先需要优选代表，然后明确其基本信息。

1. 优选代表

识别出来的关键干系人，有时只有一个，如营销副总；有时可能有多个，如分公司总经理。如果关键干系人有多个，则通常没办法一一调研到，因此需要优选一个或几个代表。

在选择代表时，关键要注意两点：一是代表性；二是典型性。这两个词看起来很相似，具体是什么意思呢？

（1）代表性：每个具体的干系人在专业背景、职业经历、个人价值观、组织地位、工作经验等方面都存在一定的特殊性，因此选出的一个或多个代表应该能够覆盖各种差异的干系人。

（2）典型性：如果只选择一个或很少比例的人作为代表，那么应该考虑到典型性，也就是说他们要能够代表较大比例的同类干系人。

2. 了解基本信息

正所谓“知己知彼，百战不殆”，了解了干系人才能够更好地调研、分析他们的需求。通常需要了解干系人以下三个方面的基本信息。

（1）职业角色：主要包括该干系人在组织中的位置，以及其核心的工作职责；了解该信息能够更好地理解其诉求、关注点、阻力点是基于什么样的角色来考虑的。

（2）个人特点：主要包括专业背景、职业经历，以便了解其个人的管理偏好、思考逻辑。

（3）联络信息：主要包括联络方式、工作时间、沟通方式偏好，以便知道什么时间、什么形式的沟通是最合适的。

5.3.2 分析干系人需求

选出干系人代表之后，就可以开展针对性的访谈，收集相关信息，以便对其关注点、阻力点进行分析，如图 5-2 所示。

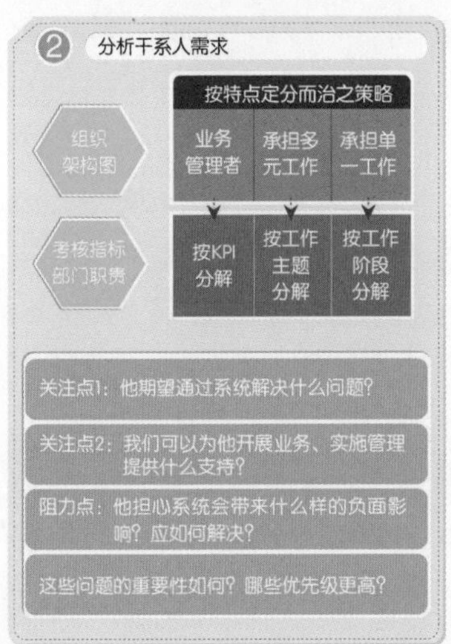

图 5-2 分析干系人需求的典型策略

1. 访谈干系人

在访谈干系人之前，应该根据“分而治之提问法”策略，先制订访谈提纲，即列出要访谈的内容树。通常有三种分而治之的角度。

（1）按 KPI 分解：KPI 指标体系通常直接体现了管理者的核心关注点，因此可以事先进行收集、归类，然后逐一切入，以发现潜在的关注点和阻力点。

（2）按工作主题分解：管理者通常会涉及多个不同的工作主题，如负责物资供应的经理会涉及领用、采购、仓储等不同主题。事先梳理出被访谈对象的工作主题，以便访谈时分而治之。

（3）按工作阶段分解：有些管理者的工作主题可能会比较单一，如销售主管，那么可以针对工作阶段进行分解，如分成售前、售中和售后。

在实际的应用过程中，可以根据需要组合使用不同的分解结构，如采用“KPI+工作主题”或“KPI+ 工作阶段”的双分解树；也可以先按工作主题分出一级，再按工作阶段分成二级等形式。更多的访谈方法与技巧可以参考《有效需求获取》一书。

2. 分析关注点

案例分析

在某通信运营商的一个省公司，我曾经实施了一个“VIP 客户保送”的小项目。当时该省公司的市场部发现存在一个潜在的 VIP 客户流失风险，由于现代人工作地点经常变化，当某个 VIP 客户因工作关系要从省内的 A 市调到 B 市时，就可能会更换手机号（因为当时还没有改归属地的服务，所以必须换号），这时就存在客户更换运营商的可能。

为了解决这个问题，他们讨论后提出了一个解决方案：针对 VIP 客户需要转网时提供一系列政策，包括 VIP 资格保留、积分保留、网龄保留（这样不影响积分的速度）、提供近似号码、免 SIM 更换费。

大家都以为这些政策能够对更换工作地点的 VIP 客户产生吸引力，但是该业务上线之后，实际办理客户可谓寥寥无几……在对这个项目进行复盘时，我们发现造成这种结果的原因是前期对干系人关注点分析不足。

我们发现原因之一是转出分公司的客户经理不向客户推荐该业务，当 VIP 客户来办理销户时，他们总会劝说客户办理停机保号之类的业务，尽量挽留。当客户拒绝之后，也就任由客户销户。

这是什么原因呢？后来发现他们有一个 VIP 流失率的考核指标，因此客户经理总是希望用户仍然留用原有手机号。也就是说，他们的关注点是希望该业务能够减少 VIP 流失率。如果在推行该系统时能够对该指标的计算方法进行修改，就必然能够促进该业务的推荐。

我们发现的另一个原因居然是转入方客户经理有时也拒绝客户办理该业务。深究原因发现，当该 VIP 客户积累了大量的积分，但其每月的贡献值（每月的消费量）较低时，他们会想办法拒绝，以减少其积分占用自己的市场费用。更甚者，还有一些客户经理以“你得回原公司开个证明”之类的借口激怒客户，以达到不办理该业务的目的。因此在推行该系统时，应该考虑“积分结算”机制，这样才能有效避免该问题的发生。

在上面这个案例中，大家应该能够体会到“负关注点”（或称阻力点）的意思。对于干系人而言，他们不仅存在希望系统解决的问题，而且经常还会担心系统带来一些负面的影响，这在进行干系人分析时一定要注意。

因此，在分析干系人关注点时要从两个角度出发：一是他们希望系统解决什么问题、提供什么业务支持；二是他们希望避免出现什么样的负面影响。这样才能够立体地完成干系人分析。

在描述分析结果时，可以包括两部分：第一部分是干系人关注点 / 担心点，也就是 Why 的部分；第二部分是相应的功能需求，也就是 How 的部分。

在写 Why 的部分时，要把握三个写作要点：一是从业务角度写；二是要以结果态写；三是必须体现价值。这些要点和目标描述是类似的。

5.3.3 干系人关注点整理

案例分析

某开发团队在承担某网上银行项目开发时，业务部门要求在客户开通网银后，新建一个影子账户以记录其所有网上交易；而技术管理部门在审核方案时表示新建影子账户这种做法存在安全隐患，因此否决了此方案。

项目经理单独与两个部门进行了沟通，但双方都相当坚持：业务部门说如果不提供这一机制，将不予验收，并且说安全性是技术管理部门负责的问题；而技术管理部门则强调该方案绝不能审批通过，谁也承担不了安全隐患的风险。

项目经理为了解决这个问题，希望邀请双方坐下来一起协调，但他们双方都拒绝了。这个棘手的问题就抛给了项目经理。

业务部门为什么坚持要影子账户呢？实际上是为了更好地统计网银上的交易。其实要实现这个目的并不一定需要使用影子账户，只需在客户每次交易时增加一个字段来记录渠道信息（网银、电话、柜台等）即可。当项目经理提出该方案后，双方的关注点都得到了满足，问题也就解决了。

从上面的案例中，我们会发现有时不同干系人的关注点会存在冲突，并且难以调和。因此，当我们分析出各个干系人的关注点后，还需要识别这种冲突，并提出相应的解决方案。

5.4 任务产物

对每个干系人分析完成后，可以按“干系人档案”的格式整理成文字，并放入需求规格说明书中的相应小节中。

5.4.1 干系人档案模板

推荐使用如表5-1所示的干系人档案模板来整理干系人分析结果。需要注意的是，每一张干系人档案只写一个干系人，有多个干系人就写多张干系人档案。

在这个模板中主要包括三部分内容：基本信息、核心关注点和备注。

（1）干系人基本信息：主要包括名称、类别（与干系人列表的类别相同）、相关度、影响度（这两项同样只给开发团队看，不直接提供给客户代表）、职责（该干系人的工作职责要点，以便更好地理解他的关注点）、代表（如果有多个干系人，则从中选择一个）、联系方式（以便找到他）。

（2）核心关注点：逐条写出该干系人的关注点（正需求）、阻力点（负需求），还可以考虑写出相应的功能需求；另外，对其编号以便跟踪，判断重要度（可以使用“高、中、低”或“关键、重要、有用、一般”进行评估）以便管理。

（3）备注：记录一些其他便于了解干系人的相关信息，诸如专业背景、职业发展过程等。

然后将每张干系人档案在需求规格说明书中作为一个小节，小节标题以“关键干系人名称”命名。

表 5-1 干系人档案模板

<table>
<tr><td colspan="2">名 称</td><td></td><td>代 表</td><td colspan="2"></td></tr>
<tr><td colspan="2">类 别</td><td></td><td>联系方式</td><td colspan="2"></td></tr>
<tr><td colspan="2">相关度</td><td></td><td rowspan="2">职 责</td><td colspan="2" rowspan="2"></td></tr>
<tr><td colspan="2">影响度</td><td></td></tr>
<tr><td rowspan="10">核心关注点</td><td>编 号</td><td colspan="3">内 容</td><td>重要性</td></tr>
<tr><td></td><td colspan="3"></td><td></td></tr>
<tr><td></td><td colspan="3"></td><td></td></tr>
<tr><td></td><td colspan="3"></td><td></td></tr>
<tr><td></td><td colspan="3"></td><td></td></tr>
<tr><td></td><td colspan="3"></td><td></td></tr>
<tr><td></td><td colspan="3"></td><td></td></tr>
<tr><td></td><td colspan="3"></td><td></td></tr>
<tr><td></td><td colspan="3"></td><td></td></tr>
<tr><td></td><td colspan="3"></td><td></td></tr>
<tr><td>备注</td><td colspan="5"></td></tr>
</table>

5.4.2 干系人档案示例

下面给出了两个干系人档案示例（见表 5-2 和表 5-3），以便大家在实践中参考。在示例中“阻力点”需求的描述形式是值得关注的，为了不影响客户阅读时的情绪，应该采用“避免”之类的词来间接描述。

表 5-2 运营副总（高层）

<table>
<tr><td>名 称</td><td colspan="2">业务副总</td><td>代 表</td><td colspan="2">×××××（具体人的姓名、职位）</td></tr>
<tr><td>类 别</td><td colspan="2">使用人</td><td>联系方式</td><td colspan="2">×××××（具体联系方式）</td></tr>
<tr><td>相关度</td><td colspan="2">高</td><td rowspan="2">职 责</td><td colspan="2" rowspan="2">来源于对方的岗位职责</td></tr>
<tr><td>影响度</td><td colspan="2">高</td></tr>
<tr><td>核心关注点</td><td>编 号</td><td colspan="3">内 容</td><td>重要度</td></tr>
</table>

续表

核心关注点	S101	彻底解决预约冲突，提升多门店资源协调能力	关键
	S102	通过系统，帮助销售人员建立标准化销售流程	重要
	S103	有效缓解物资供应脱节，为扩张奠定基础	关键
	S104	优化物资采购，实现价优质美；强化验收透明，控制成本	重要
	S105	实现财务电算化，减轻工作压力	有用
	S106	门店预约信息共享后，应避免产生恶性竞争（阻力）	关键
备　注			

表 5–3　客服中心经理（中层）

名　称	客服中心经理		代　表	×××××（具体人的姓名、职位）
类　别	使用人		联系方式	×××××（具体联系方式）
相关度	高		职　责	来源于对方的岗位职责
影响度	中			
核心关注点	编　号	内　容		重要度
	S201	避免多个销售人员打扰同一个客户		有用
	S202	避免预约安排出现撞单		关键
	S203	给销售人员提供足够的话术支持		重要
	S204	及时提醒销售人员向团队客户反馈体检结果，做好服务		有用
	S205	避免客服利用共享预约信息抢其他客服客户（阻力）		关键
备　注				

5.5　剪裁说明

干系人分析这一任务是干系人识别的延续，因此通常也不宜被剪裁。如果干系人相对少，关注点、阻力点简单明确，则可以剪裁掉《干系人档案》文档，直接在《干系人列表》的“说明”栏中写明关注点和阻力点。

价值需求分析总结 6

前面我们分别针对价值需求分析的“目标 / 愿景分析”、“干系人识别”和“干系人分析”三个子任务进行了详细讲解；但在实际的需求分析过程中，这三个子任务是同时执行的，因此本章将针对它们之间的关系进行梳理，并通过一个实际的案例帮助大家理解这一过程。

6.1 任务执行指引

价值需求分析总结任务执行指引如图 6-1 所示。

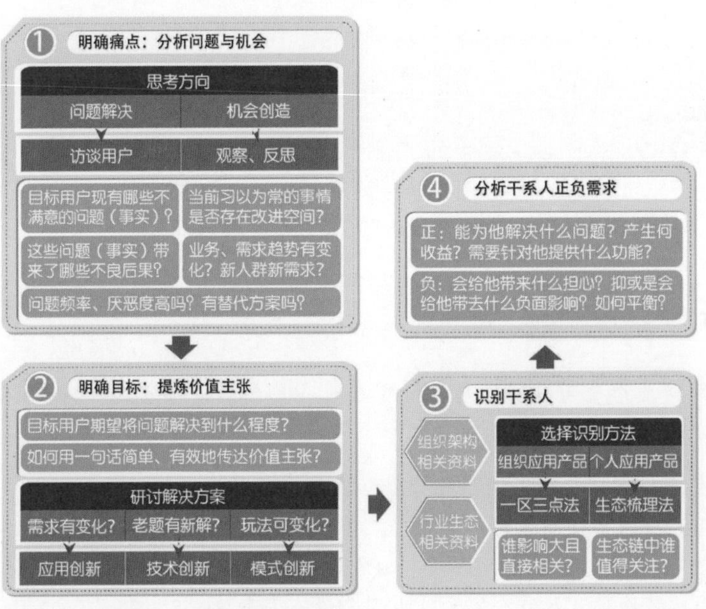

图 6-1　价值需求分析总结任务执行指引

在价值需求分析过程中，我们应该先找到一些有价值的痛点问题，厘清问题事实、分析业务后果，并初步拟定解决方案概念，展望系统 / 产品投产之后带来的价值；再围绕这一痛点问题，识别出解决方案涉及的干系人，并分析出其关注点（正需求）和阻力点（负需求），如图 6-2 所示。

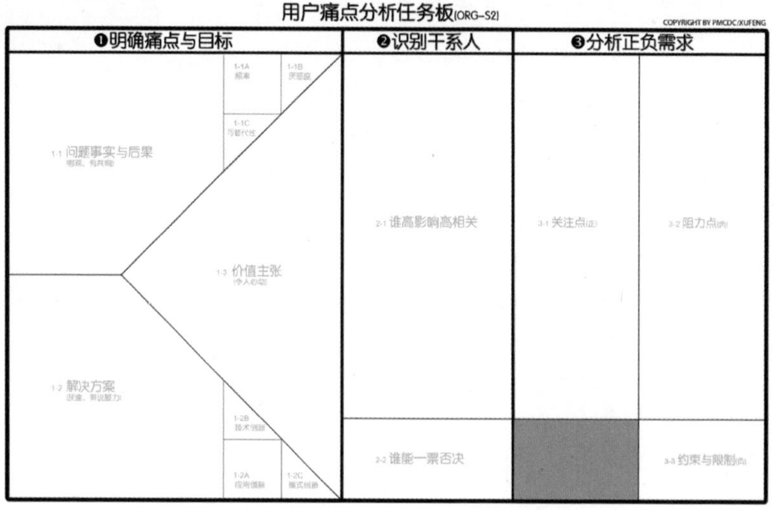

图 6–2　价值需求分析任务板

通常针对一个系统或产品，可能会找到多个痛点问题，因此该过程会重复执行多次。

6.2　案例示范

接下来，我们就通过一个具体的案例来示范一下整个分析过程。

案例分析

某大型连锁房地产公司的财务总监老翟在对各类合同进行分类、整理时发现了一个潜在的资产流失的问题。

由于各地在商品楼销售时，为了提升销售业绩，通常会装修几套精品房；而装修精品房的流程通常是销售部门向当地装修公司发出招标邀请，然后对投标的装修方案进行评审，为了方便比较，通常会要求装修公司以 xxxx 元 /m^2 的方式报价，因此装修采购的配套家具、电器都没有资产清单。

当销售期结束后，分公司的不同岗位就产生了这些资产被个人侵占的现象。虽然一个楼盘产生的资产流失总额不算太大，但全国所有楼盘加起来也是一个不小的数目。因此他找来信息部门的小赵一起探讨如何通过信息系统解决这个问题。

小赵和财务总监详细沟通之后，明确了问题事实和业务后果，在脑海里填下了第一组信息，如图 6-3 所示。

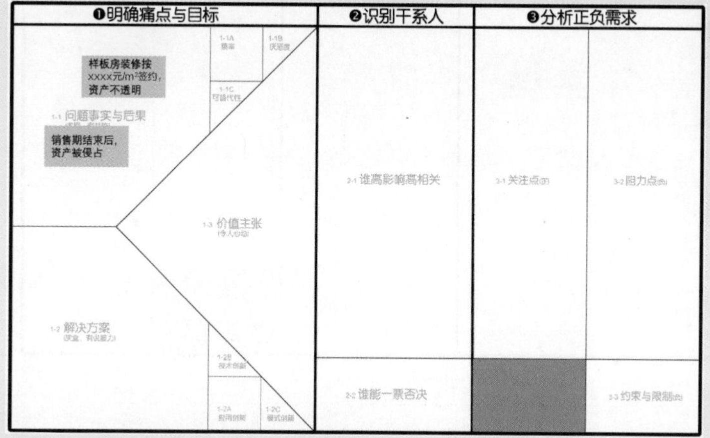

图 6–3　价值需求分析——明确痛点

然后小赵思考了一下，向财务总监提出了一个方案：建设一套移动端的资产登记系统，当样板房装修完成之后，让各地分公司的财务人员拿着手机或平板电脑登记一下相关的资产，这样就可以实现“资产清晰透明”，如图 6-4 所示。

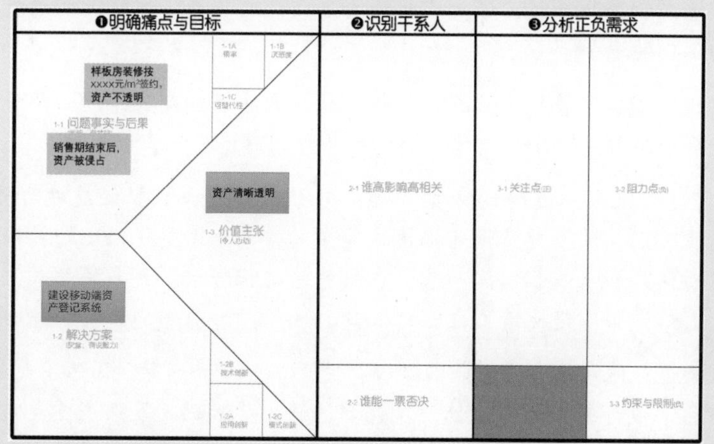

图 6–4　价值需求分析——抛出解决方案概念

小赵马上又补充了一句:“当移动端资产登记系统上线之后，对各分公司的财务而言，就是纯粹增加了工作量（见图 6-5），为了减少他们的抱怨，我建议应该尽量简化操作，例如拍张照片，简单地写上品牌、名称和大概价值。”

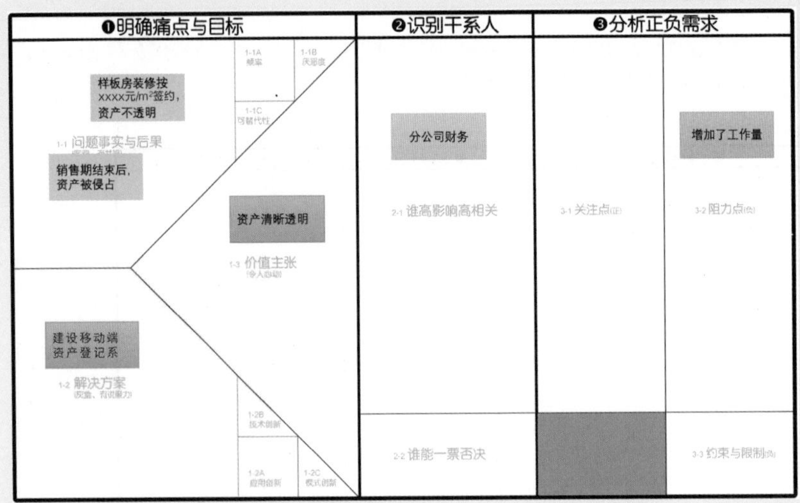

图 6–5 价值需求分析——干系人识别与分析

老翟喝了一口钟爱的茶，慢悠悠地说:“你考虑得虽然周全，但是这样做可能治标不治本。虽然有了资产记录可以在一定程度上避免资产被侵占，但这些资产会被闲置，我希望能够让这些资产复用起来，毕竟我们在一个城市中会持续有新楼盘，这些都是没用过的好东西呢！”

小赵想了想，回复说:“如果是这样，那么可以把这些资产系统的查询功能向样板房工程团队开放，让他们优先去复用这些资产，这样做的确能够给公司节约不少的资金。”

小赵说完心中隐隐觉得这样做样板房工程团队可能会有意见，毕竟这种复用可能会使工程更复杂，质量受到影响（见图 6-6）。

“不过，如果采用这样的方案，那么分公司的财务在登记这些资产时，工作量就更大了，需要更清晰地描述这些东西，甚至需要登记比较精确的尺寸。而且对于样板房工程团队而言，也给装修工程带来了更多的约束，可能收效不会太好！”小赵反馈了自己的担心。

老翟看了一眼小赵，淡定地回复道:“关于工作量的问题，你不用太担心，你尽量在系统设计时提升易用性，我也会通过一些激励政策来减少大家的抱怨。不过你说到样板房工程团队的问题，我倒觉得是个问题，因此我认为应该把复用的事提前到装修方案制作阶段！”

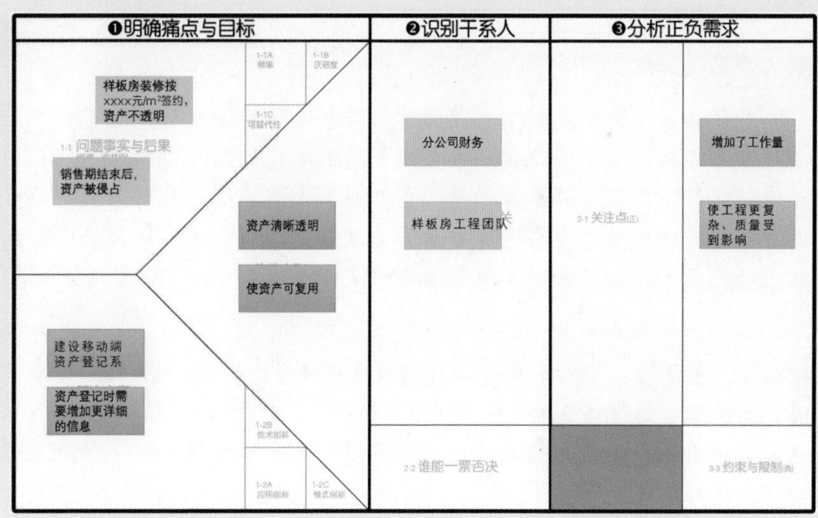

图 6–6　价值需求分析——提升业务价值

经过几轮对话，价值需求分析终于达成了共识（见图 6-7），系统的建设也就正式开始了，同时把相应的业务流程讨论稿分发到了各地分公司。

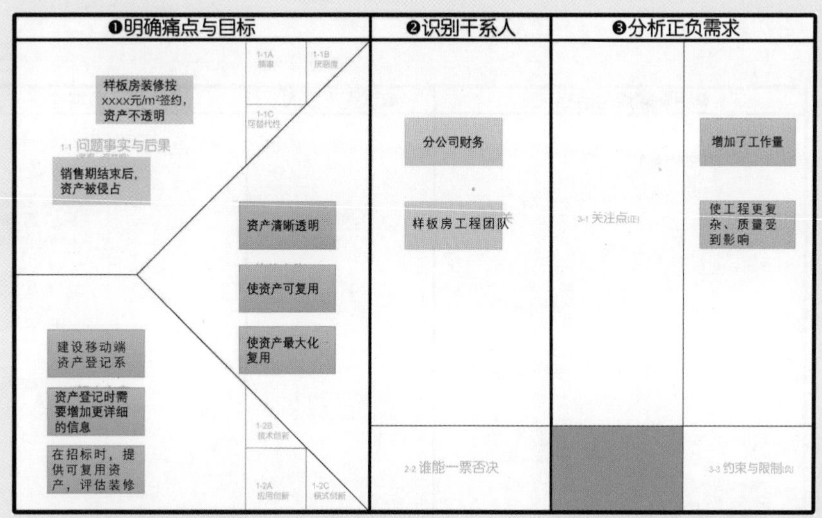

图 6–7　价值需求分析——优化解决方案

不久之后，财务部门口传来了公司的销售总监老李洪亮的声音："老翟呀，一段时间没交流，你过日子的水平又提高了好几个段位呀，看来老板应该给你发个奖，发个大奖，发个大公鸡奖杯，而且是铸铁的大公鸡奖杯……"

老翟尴尬地说："是什么风把你这个超级飞人吹来了？你这话里有话呀，我又哪里得罪你了……"

在说话间，老李走到了老翟面前，脸色逐渐晴转多云："你最近不是推行了一个关于样板房的资产复用政策吗？这的确能够给公司省不少钱，但你想过没，这样做出来的样板房质量有保证吗？如果影响了销售效果，导致销售回款变慢，那么这个责任是算在你身上还是我来负责呢？这样的损失和你省回来的钱比，孰轻孰重，我想你不难想清楚吧……"

刚好在财务部细化需求的小赵突然意识到了问题（见图6-8），赶忙上前贡献了一个想法："两位领导，之前的确是我没考虑周全；我建议这些资产在销售期结束后，通过内部拍卖的形式进行处理，这样既减少了闲置资产的浪费，又能够给员工提供一些隐性的福利（见图6-9）。如果消化不完，也可以向业主开放这样的拍卖资格……"

老翟马上回应道："这是一个好办法，这样分公司财务的工作量也可以减少了，前一段时间他们以各种形式向我发牢骚……"

老李听完也竖起大拇指说："小赵，你这个想法接地气！同时，我还得提个要求，你们在形成方案之前，应该充分考虑不同部门的关注点，做好分析，减少因方案不成熟而产生的负面影响……"

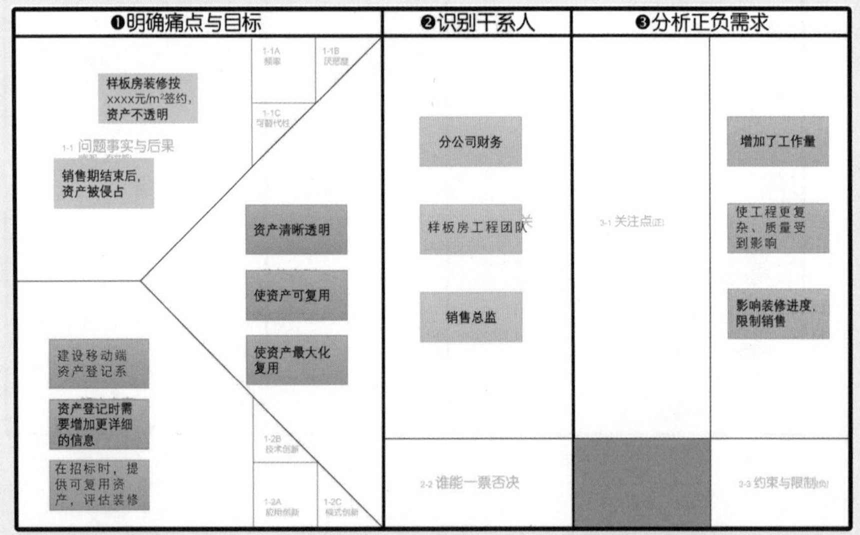

图6-8 价值需求分析——被忽略的隐性干系人

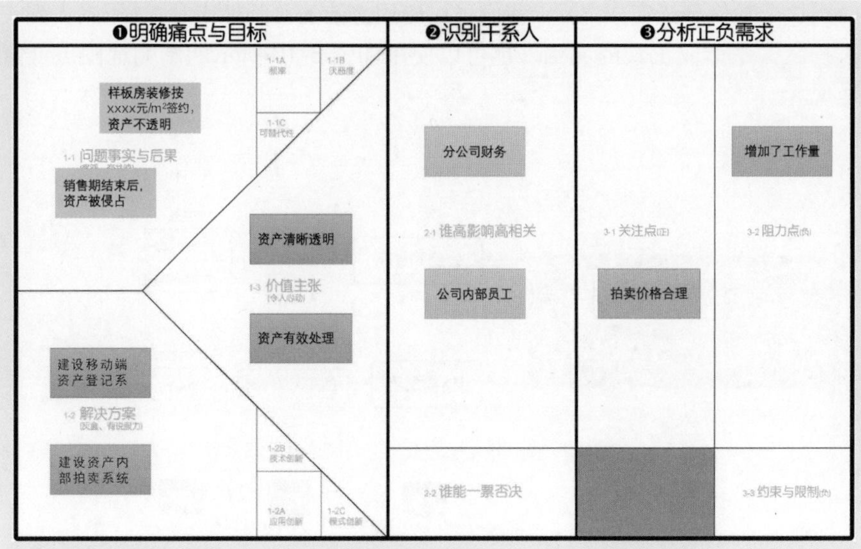

图 6–9 价值需求分析——接地气的多方平衡方案

相信大家从这个简单的案例中能够体会到“目标 / 愿景分析”、“干系人识别”和“干系人分析”三个子任务是一个有机的整体。而且干系人识别并不追求列得全，更重要的是列得准，围绕痛点问题和解决方案进行分析。

在这个过程中，有几点是需要大家在实践中反复体会的。

（1）财务总监为什么没有列在干系人列表里呢？因为第一列“明确痛点与目标”就是项目发起人 / 属主的关注点，所以无须重复在右边列出。

（2）负需求列出的意义是什么呢？负需求并不是负面的需求，更多的是系统建设带来的影响，我们需要在解决方案、功能设计上进行考虑，针对这些问题进行有效的缓解。

（3）为什么这里没有正需求呢？因为这里主要满足的是项目发起人 / 属主的关注点，而被卷入的干系人并没有直接获得价值，所以这里没有正需求。

（4）为什么“谁能一票否决”这一栏没有填呢？因为该项目没有涉及法规、监管、审计、领域专家，所以并没有这些角色带来的约束与限制。

因此大家在应用本书提供的任务板、输出物模板时一定要注意，它们是帮助大家理解应该从哪些角度进行分析的，而不是一定都从这些角度进行分析。当你用这样的思想去使用这些工具时，它们将对你形成帮助；如果试着将每栏都填上，那么你就成了这些工具的奴隶，不是你在用模板，而是模板在用你，切记！

当这个案例分析完成之后，我们可以使用之前的《问题卡片》《干系人列表》《干系人档案》来形成正式的文档，也可以使用如图 6-10 所示的影响地图（价值地图）来呈现。

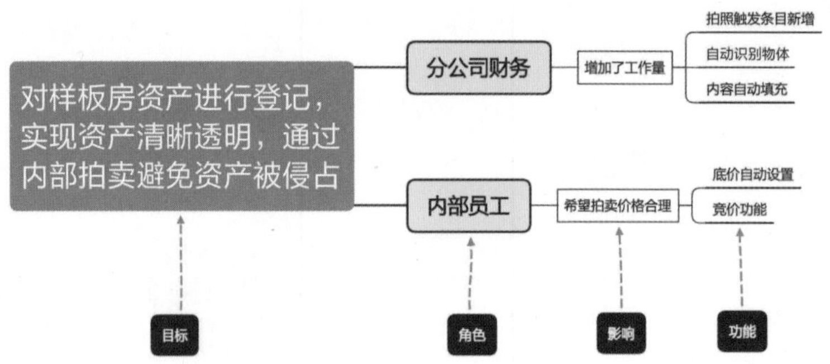

图 6–10 影响地图（价值地图）示例

Part 3

详细需求篇

系统分解子篇

7 业务子系统划分

待开发的系统有时相当复杂，涉及多种不同的业务，为了控制分析的复杂度，我们通常需要先将其分解成更小的部分。可以根据实现结构来划分，但在需求分析阶段更推荐根据业务来划分。

7.1 任务执行指引

业务子系统划分任务执行指引如图 7-1 所示。

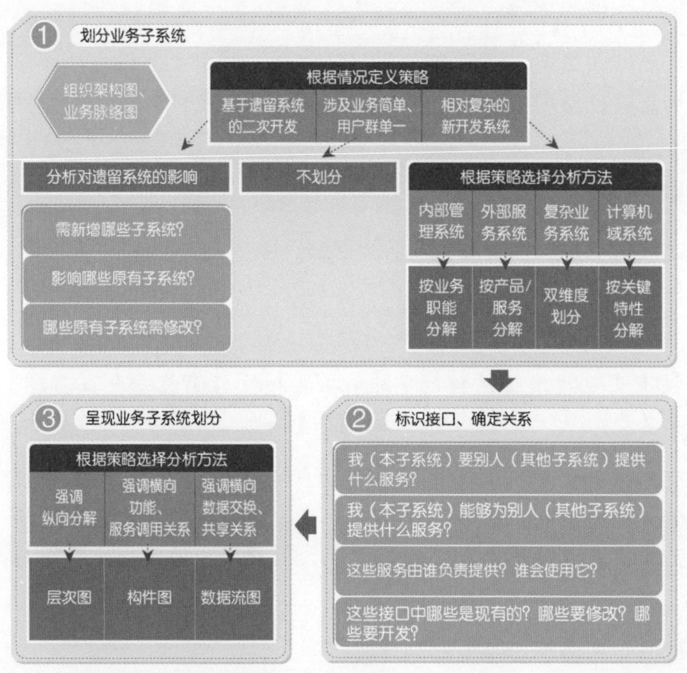

图 7-1 业务子系统划分任务执行指引

7.2 知识准备

从技术实现角度来划分子系统是比较典型和常见的做法，但这种做法并不利于“业务驱动”“以用户为中心”思想的落地。理解为什么要根据业务划分子系统，是执行好该任务的关键。

业务视角划分 vs 技术视角划分

生活悟道场

如果哪一天汽车也可以DIY，你可以自由地提出一些定制需求，那么你会对驾驶位提出什么样的要求呢？不妨拿出纸笔，先写出一些要求，然后继续看下面的内容。

我曾经在课堂上请一些学员来列举定制需求。有些需求是现有的：

（1）希望座椅能够在冷天自动加热。
（2）希望座椅能够记忆上次的调节。
（3）……

有些需求进行了合理的延伸：

（1）希望座椅能够在热天自动降温。
（2）希望座椅能够自动调节到最佳状态。
（3）……

还有一些需求是极具创造力的：

（1）提供一键弹射功能，以便在紧急时刻逃脱。
（2）将驾驶位移到车的正中间。
（3）……

但是却几乎没有听到过类似这样的需求：在驾驶位后面装一个液晶屏，以便后排乘客观看电影。

这是为什么呢？因为听到“会对驾驶位提出什么样的要求”，大家不自觉地进入了“驾驶者”的角色提出需求。检查一下你刚才列举的内容，是不是也是这样的呢？而安装液晶屏是车上娱乐需求，因此不容易被提出，因为它是另一项业务。

但程序员会说，它也属于“驾驶位”模块哦！

这个小故事或者叫小实验给你带来了什么样的启发呢？当你站在用户维、业务维的角度，看到的东西将会和技术维、实现维完全不同。而使用技术维、实现维的划分，用户很难参与，也就无法保证需求的完整思考。

生活悟道场

如果你有一个近 100 页的 PPT 演示文稿，每一页都使用了各种字体。标题用微软雅黑，正文用宋体，小提示用楷体。结果领导一看，要求把所有的宋体改成仿宋体。

你觉得怎么做速度最快呢？一页页用格式刷？当然不是！实际上，PowerPoint 提供了一个“替换字体”的功能，只需简单地将宋体替换成仿宋体就可以了。

但这个功能在刚开发出来时，被放在一个很怪异的位置上，导致很多人没有发现它！因为你要改字体，一般会在“格式”或“字体”栏中去操作，哪能想到它居然放在“查找与替换”栏中。

但如果站在程序员的角度来看，就会发现这不难理解：不管你查找、替换的是什么，它都是一种“查找与替换”。

在很多需求分析文档中，都是按“技术实现”来组织的，这样用户很难建立全局观，更难判断完整性。因此，我们建议用业务视角来划分子系统，以提升与用户的沟通效率、提高用户的参与度。

7.3 任务执行要点

业务子系统划分这一任务主要包括以下三个步骤。

（1）划分业务子系统：根据系统特点选择合适的划分策略进行分解。

（2）标识接口、确定关系：在分解完成后，必须明确各子系统之间的服务接口。

（3）呈现业务子系统划分：根据实际情况选择合适的图表来呈现划分结果，以便读者建立清晰、直观的理解。

7.3.1 划分业务子系统

划分业务子系统不是目的，而是一种手段，一种控制复杂度的手段。如果系统涉及的业务简单、用户群单一，那么就没必要划分。对于需要划分的系统，应采用合适的策略进行划分，如图 7-2 所示。

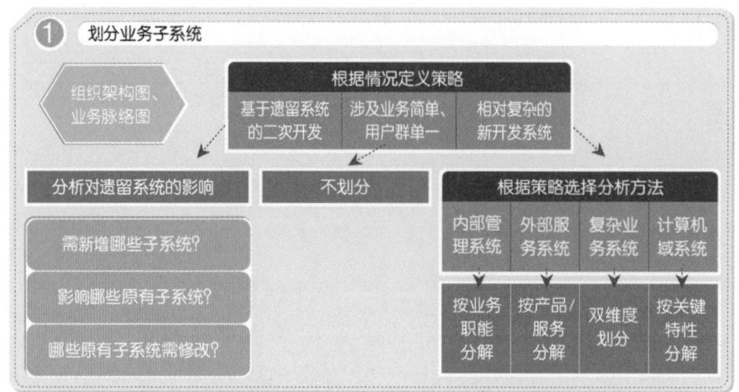

图 7–2 划分业务子系统的典型策略

对于相对复杂的新开发系统而言，最常用的策略包括按业务职能分解、按产品/服务分解、双维度划分、按关键特性分解。而对于基于遗留系统开发的系统而言，则不太建议全面转向业务角度划分，更为合适的方法是分析需新增哪些子系统、影响哪些原有子系统，以及哪些原有子系统需修改。

1. 按业务职能分解

案例分析

有一位朋友负责组建某电视台的电视购物频道，它的运营必须借助 IT 系统来支撑。当他找到一些此类系统的供应商沟通时，对方让他提出需求，但由于他对 IT 了解很少，因此自然很难提出需求。

为了解决这一问题，供应商居然给了他一本自家系统的“用户手册”，让他看看哪些功能需要，还缺什么功能。我这朋友翻了翻，根本找不到北，于是就请我给他出主意。我跟他说：“那我就帮你把提出需求的事分给你的属下，省得你一个人着急。”

我让他把筹备组的所有成员都集中起来开会，结果那天来了 20 多个成员，着实让我吃了一惊，看来真是“兵马未动，粮草先行”。我让他们先根据自身工作相似度分成几个小组。

然后我让各个小组讨论一个问题：“如何用一句话总结你们的工作使命？”很快，每个小组都给出了回答：

第一组说我们的使命就是发现更多消费者喜欢的商品；第二组说我们的使命就是向消费者呈现出商品最好的一面；第三组说我们的使命就是响应消费者的订购；第四组总结说我们负责将消费者订购的商品送到家。

接着，我给每个小组发了一张即时贴，让他们用四个字以内的文字概述使命，然后贴到白板上。不一会儿，白板上贴了四张贴纸："商品开发""节目录播""电话销售""物流配送"。

我最后总结说："现在每个小组将自己负责的这块业务的需求整理出来，具体方法我再给大家讲解；在这之前，我们再花点时间明确一下各小组之间的业务关系……"（我们将在第 7.3.2 节继续讲解该案例）

一般来说，对于这种支撑、管理业务的系统而言，最典型的业务子系统划分策略就是按"部门职能"进行划分。而部门职能最典型的就是产、销、供、管四个部分。

在划分之前，可以先画出与系统有关的组织架构图，然后根据组织、部门之间的相近度，划分出各个业务子系统。

案例分析

某健康体检机构是顺应健康体检开始从医疗服务中分离出来这一趋势投资成立的，创始人（院长）有着丰富的医疗从业经验，再加上创业团队在体检业务的各个方面都有很强的造诣，所以仅仅经过一年多的运作，其就已经成功地开设了 3 个门店，拥有了一定的客户群，建立了一个较完善的管理体系。

为了进一步扩展企业规模，该机构近期想通过直营、加盟等手段迅速增加门店数量，成为覆盖 A 市的连锁体检机构，从而探索出以城市为单位的、可复制的运营模式，为成为全国连锁性经营品牌奠定基础。

经过前期的调研，了解到该机构的组织结构如图 7-3 所示。

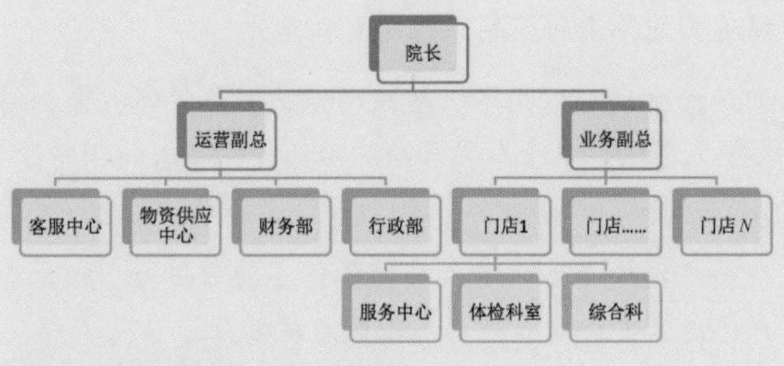

图 7–3 某健康体检机构组织结构

在需求调研时，明确了希望通过信息系统的建设达成以下三个目标，为后续的扩张奠定基础。

（1）目标一：固化体检业务流程，为门店扩张奠定基础。

（2）目标二：避免预约安排撞单，以提升多门店资源协调能力。

（3）目标三：避免物资供应脱节，为门店扩张提供后勤保障。

显然，目标一涉及的业务部门是各个"体检门店"，目标二涉及的业务部门主要是"客服中心"和"体检门店"，目标三涉及的业务部门主要是"物资供应中心"，另外"财务部"也有一定关联，如图 7-4 所示。

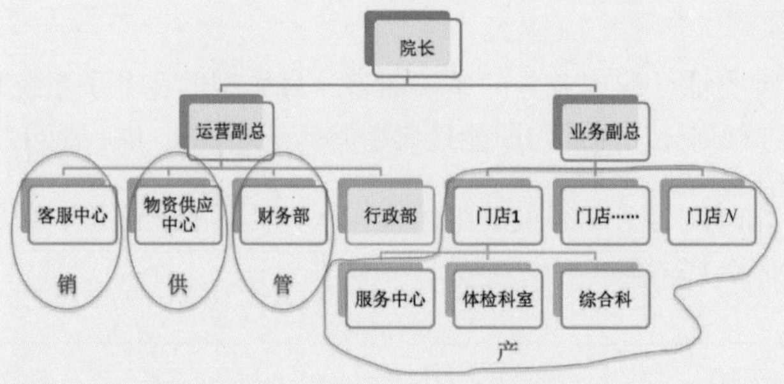

图 7-4　目标相关性分析

因此我们可以将这个系统分成客服管理子系统、物资管理子系统、体检业务子系统、财务管理子系统四个业务域。

2. 按产品 / 服务分解

案例分析

在大家接触和使用过的网上银行中，哪家的用户体验最好呢？我发现很多人会提到招商银行，而"四大行"反而并没有太多人提及。当然，其中的原因有很多方面，但从其主界面的布局上就能看到差异。

招商银行列出的是一卡通、信用卡、超级网银、财务管理、金融助手等客户视角的产品 / 服务（不过，我个人更喜欢原来的一卡通、信用卡、存折、投资……这种划分）。

而很多网银系统会从功能角度归类，如把各种查询都归为"账户查询"，这实际上并不是用户视角，更偏向于技术实现的角度划分。

通常在开发外部服务系统时，我们可以先梳理出"业务结构树"，然后以不同的

产品 / 服务作为划分线索。当然，在某些内部管理系统中，也可能采用这种角度来划分。

案例分析

在一次某集团企业的“通用审批平台”项目中，需求分析人员采用上面讲到的方法，先画出组织架构图，然后标识出相关的部门，结果便一筹莫展了。因为他们很难找到一个有效的合并机制。

我告诉他：“可别拿着锤子看啥都是钉子。对于这个项目，职能并不是合适的划分维度，而应该从产品 / 服务来划分。”

需求分析人员疑惑地说：“这里有产品 / 服务吗？这不是一个内部管理系统吗？不是说产品 / 服务是外部服务系统才使用的维度吗？”

“由于不同部门在不同的审批项目中扮演不同的职能角色，因此这里应该学会变通，以审批类型进行分解才合适，如资金类审批、物资类审批、行政类审批等。”我回答道。

3. 双维度划分

对于一些更复杂的系统，有可能需要采用“职能”和“产品 / 服务”双维度进行划分，先用其中一个维度进行一级划分，然后用另一个维度进行二级划分。

例如，对于一个大型综合性医院的管理系统来说，可以先用“产品 / 服务”划分成门诊、住院、体检等子系统，然后使用“职能”对每个子系统进行二级划分。

4. 按关键特性分解

如果待开发的系统是偏向“计算机域”的主题，那么就需要换一种策略进行分解，如安防系统、楼宇自动化控制系统等。

案例分析

例如，我们需要做“家庭安防系统”的需求分析，那么首先可以用一句话来概述其价值：这是一套能够实现家庭防盗、灾害预警（包括火灾、煤气泄漏等）、家庭看管的新一代家庭安全卫士。

通过这样的描述我们不难发现，最核心的三个特性就是防盗子系统、灾害预警子系统、家庭看管子系统。而传统基于技术视角的分解，则会得到诸如智能传感器系统、录像系统、报警系统、监控系统之类的结果。

简单地说，按关键特性分解就是从系统对用户的价值角度识别关键特性，然后逐一进行后续的需求分析。

5. 分析对遗留系统的影响

现在很多系统是基于原有系统的改造和升级，因此存在大量遗留系统。如果完全按照业务角度进行划分，则还将与遗留系统做二次映射，因此建议直接分析：新增哪些子系统、修改（源代码级）哪些子系统、影响哪些子系统（只需通过配置、加接口实现即可）。

案例分析

某企业希望开发一套“赠品管理系统”，以对销售过程中做促销的各类赠品进行有效的管理，并需要与原有系统进行良好的对接。那么我们就应该采用“分析对遗留系统的影响”策略来执行。

（1）赠品是在销售环节中用于促销的，而销售环节原由“销售管理系统”支持，因此我们需要修改它，以增加赠品发放相关的业务支持。

（2）赠品一样需要进行库存管理，而企业原先已有“库存管理系统”支持这类业务，因此我们需要配置一些新的品类以实现赠品的库存管理。

（3）赠送赠品是一种促销手段，需要系统对申请、采购等业务提供支持，这是原有系统没有的，因此我们需要新增这个部分。

综上所述，该系统将新增“赠品管理系统”、修改“销售管理系统”、影响“库存管理系统”。

7.3.2 标识接口、确定关系

案例分析

（接第 7.3.1 节第一个案例分析）在之前的电视购物频道系统案例中，我引导大家识别出“商品开发”“节目录播”“电话销售”“物流配送”四个业务子系统，接下来要整理这些业务子系统之间的业务关系。

我让各个小组玩了一次“快速相亲”游戏，即每个小组轮流与其他三个小组进行“面谈”，讨论的主题是“我们需要对方提供什么服务？我们能够为对方提供什么服务？”

我让大家每找到一项服务,就使用“动宾”结构命名它,然后说明谁提供、谁使用。

很快大家就完成了这次讨论,我接着告诉他们,以后每个部分的需求都由本小组独立思考、整理,但如果涉及与这些服务有关的,就需要两个小组一起讨论。

正所谓“哪里有分解,哪里就有接口”,通过前面案例中的这种讨论与分析,整理出两两业务子系统之间的“业务关系”“服务关系”是十分重要的一步。思考的要点如图 7-5 所示。

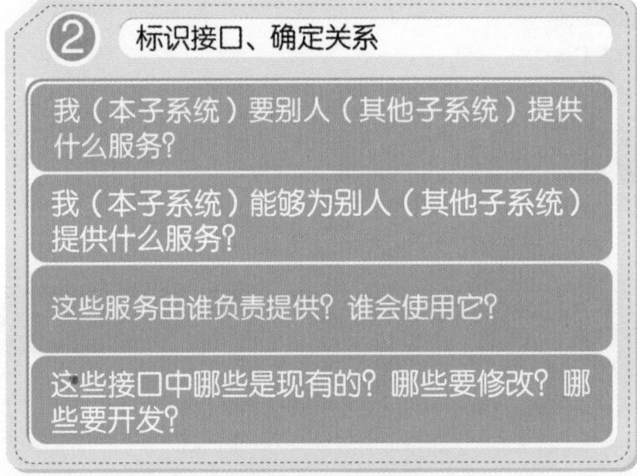

2
标识接口、确定关系
我(本子系统)要别人(其他子系统)提供什么服务?
我(本子系统)能够为别人(其他子系统)提供什么服务?
这些服务由谁负责提供?谁会使用它?
这些接口中哪些是现有的?哪些要修改?哪些要开发?

图 7–5　标识接口、确定关系的典型思考点

7.3.3 呈现业务子系统划分

完成前两步分析之后,我们需要选择一种合适的方法来呈现这种划分。当然,我们也可以直接使用文字列出划分结果,如下所示。

体检医院管理系统由以下几个子系统构成。

(1)体检业务子系统。

(2)客服管理子系统。

(3)物资管理子系统。

(4)财务管理子系统。

但这种方法也存在一些缺憾,一方面它显得不够直观;另一方面不能够直接有效

地体现出业务子系统之间的“业务关系”“服务关系”。这时我们可以借助一些模型、图表来呈现划分结果。

最常用的模型、图表主要包括层次图、构件图和数据流图三种。我们可以根据实际情况来选择，具体的选择原则如图 7-6 所示。

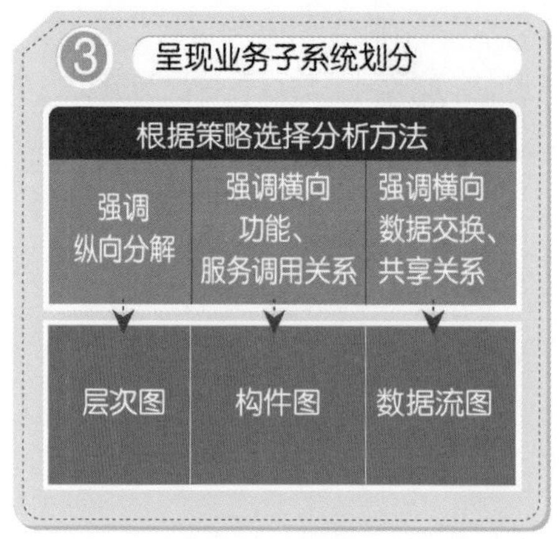

图 7–6 呈现业务子系统划分的主要方法

1）层次图

如果各个业务子系统之间的关系比较简单，你只想强调这种纵向分解，那么建议使用最为简单的层次图，如图 7-7 所示。

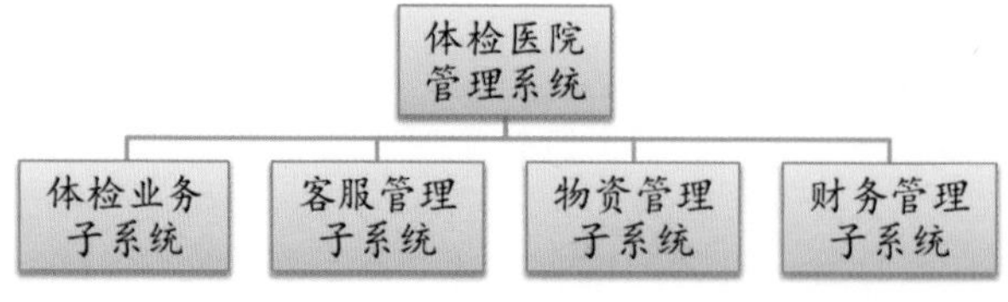

图 7–7 层次图示例

需要注意的是，图 7-7 所示的这种只有一级分解的情况，一般建议直接用列表呈现，通常在有两级、多级分解时才会使用层次图。

另外，我常把这种图比喻为“父子情深图”，也就是纵向分解结构清晰，但横向的业务关系并没有呈现出来。如果要呈现出横向关系，就应该选择数据流图或构件图。

2）构件图

如果各个业务子系统之间存在横向行为、服务、调用关系需要呈现出来，那么最合适的模型就是 UML 中定义的构件图。构件图标准中虽然定义了各种模型元素，但通常只需要用到四个元素，如图 7-8 所示。

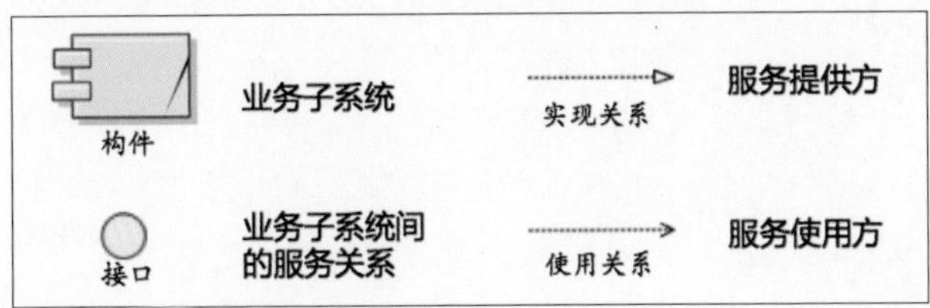

图 7–8　构件图的四个常用元素

需要注意的是，实现关系虽然应该使用带空心三角形箭头的虚线，但不知出于何种原因，各种建模工具（诸如 Rational Rose、EA、Together 等）都显示为实线，因此在看到图中的实线时应理解为“服务提供方”。

而关于构件图的实际案例，请参考第 7.4.2 节；更多高级使用方法，请参考 UML 相关书籍。

3）数据流图

如果各个业务子系统之间的“业务关系”“服务关系”主要是数据共享、数据交换形式（从技术实现上，通常会使用文件共享、数据库交换等形式实现），那么我会推荐使用 IDEF 中定义的数据流图来描述。

这种情况现在越来越少见，在此就不多对数据流图进行介绍了，当需要使用时，大家可以查阅相关书籍、资料。

7.4　任务产物

当业务子系统划分完成后，可以按“业务子系统描述”的格式整理成文字，并放入需求规格说明书中的相应小节中。

7.4.1　业务子系统描述模板

在业务子系统描述模板中，分为两个部分。第一部分是图表部分，选择合适的模型呈现业务子系统划分。下面我们以“构件图”为例呈现它的样式，注意，这里添加了图例信息，这样能够更有效地帮助读者理解模型的含义，如表 7-1 所示。

表 7–1　业务子系统描述模板（图表部分）

业务子系统描述（构件图）
图例： 业务子系统　服务接口　提供服务　使用服务

第二部分则是对模型中的业务子系统、服务接口的简要说明。业务子系统说明分为三部分，如表 7-2 所示。

（1）业务子系统：填写业务子系统的名称。

（2）类型：说明是新增、修改还是影响，或者是“建议另购”。

（3）说明：简单说明该系统涉及的主要使用部门及价值。

对于服务接口说明而言，则需填写四部分，如表 7-3 所示。

（1）服务接口：图中该接口的名称，通常使用动宾短语。

（2）提供者：提供该接口的业务子系统，只能有一个。

（3）使用者：该接口有哪些业务子系统，可以有多个。

（4）说明：简要介绍该服务接口的主要作用。

表 7–2 业务子系统说明

业务子系统说明		
业务子系统	类型	说 明

表 7–3 服务接口说明

服务接口说明			
服务接口	提供者	使用者	说 明

7.4.2 业务子系统描述示例

下面我们就以前面提到的“体检医院管理系统”为例，做一个简单示例，以便大家在实践中参考。需要注意的是，我们并没有把各个业务子系统之间的服务接口都一一列出，这里只在格式、形式上提供一个参考，如表 7-4 所示。

表 7-4　业务子系统描述示例

<table>
<tr><th colspan="4">业务子系统描述</th></tr>
<tr><td colspan="4"> 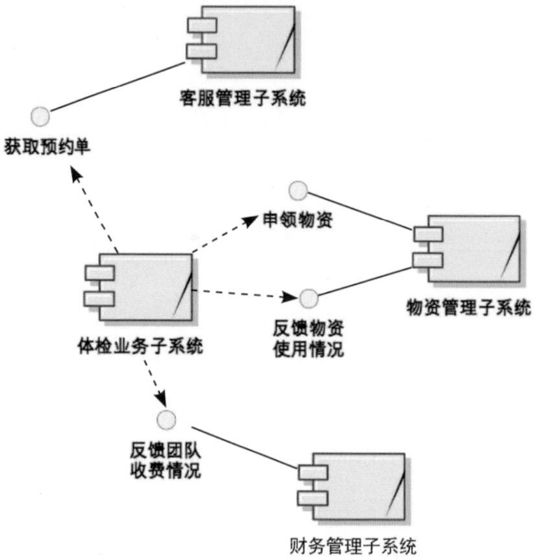</td></tr>
<tr><th colspan="4">业务子系统说明</th></tr>
<tr><td>业务子系统</td><td>类　型</td><td colspan="2">说　明</td></tr>
<tr><td>客服管理子系统</td><td>新增</td><td colspan="2">为客服中心提供预约、销售管理等工作支持</td></tr>
<tr><td>体检业务子系统</td><td>新增</td><td colspan="2">对体检门店的体检业务流程进行标准化，利于扩张</td></tr>
<tr><td>物资管理子系统</td><td>新增</td><td colspan="2">为物资供应中心日常业务提供支持，避免物资脱节</td></tr>
<tr><td>财务管理子系统</td><td>外购</td><td colspan="2">支持财务部门电算化管理</td></tr>
<tr><th colspan="4">服务接口说明</th></tr>
<tr><td>服务接口</td><td>提供者</td><td>使用者</td><td>说　明</td></tr>
<tr><td>获取预约单</td><td>客服管理子系统</td><td>体检业务子系统</td><td>获取预约客户的预约信息</td></tr>
<tr><td>……</td><td></td><td></td><td></td></tr>
</table>

7.5　剪裁说明

正如第 7.3.1 节中所说，划分业务子系统不是目的，而是一种手段，一种控制复杂度的手段。如果系统涉及的业务简单、用户群单一，那么就没必要划分，就可以剪裁掉该任务。

业务接口分析 8

标识出各个业务子系统之间的服务关系之后，就需要针对这些服务关系（业务接口）进行逐一分析。

8.1 任务执行指引

业务接口分析任务执行指引如图 8-1 所示。

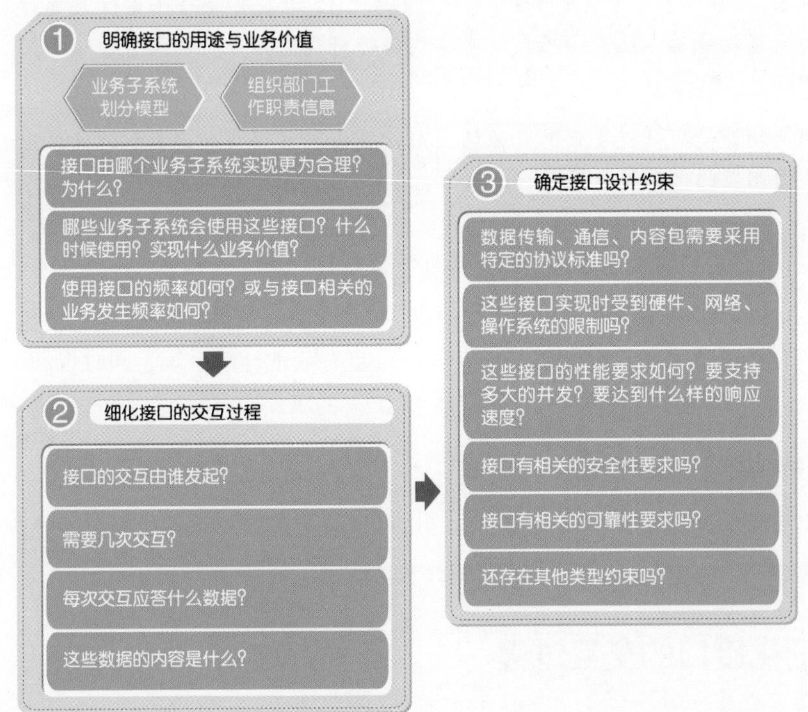

图 8-1 业务接口分析任务执行指引

8.2 任务执行要点

业务接口分析和系统接口设计有什么区别呢？首先，它们不是相同的概念，一个业务接口可以由一个或多个系统接口来实现；其次，内容不一样，业务接口分析只明确 Why（用途与业务价值）、What（交互过程）及约束，不涉及 How（解决方案）。

8.2.1 明确接口的用途与业务价值

如图 8-1 所示，业务接口分析首先要清晰地定义接口的用途与业务价值，也就是 Why 的问题。在这一步中，最重要的是厘清以下三个问题。

1. 接口由哪个业务子系统实现更为合理

对于这个问题，推荐采用“知行合一”原则来判断，即由“知”道接口所需信息的子系统来实现接口（“行”）。

案例分析

例如，“反馈物资使用情况”这样的接口，是由物资管理子系统来实现还是由反馈物资的体检业务子系统来实现比较好呢？建议由物资管理子系统来实现。

因为物资使用情况反馈的具体格式应该是由物资供应部门来制订的，因此就该由相应的子系统来实现。

2. 哪些业务子系统会使用这些接口？实现什么业务价值

一个业务接口可能会有多个业务子系统使用，逐一标识，并且说明为什么会使用，即达成的业务目的是什么。这样能够帮助开发人员更有效地理解系统，同时也利于测试。

3. 使用接口的频率如何

最好给出典型的频率值，可以是精确值，也可以是范围值，并且最好有一些相关的场景信息。

8.2.2 细化接口的交互过程

在细化接口的交互过程中，会使用到两种工具：一种是时序图，呈现接口的交互过程；另一种是数据词典，细化地定义每次交互过程中数据包的构成情况。

时序图源于 UML 规范，数据词典在结构化分析时代很常用，它们都不复杂，大家可以通过第 8.3.2 节的示例来理解它。如果还有疑惑，则可以寻找相关的资料来进一步了解。

8.2.3 确定接口设计约束

首先看客户的技术管理部门是否有要求使用特定的数据、通信协议，或者遗留系统带来的限制；其次对数据传输、数据查询、加解密方面的性能要求进行一些分析。

除此之外，还应该考虑系统的部署环境（如服务器、网络）、使用者特点（频率、操作环境）等方面是否会带来一些设计约束。

8.3 任务产物

当我们逐一分析了“业务子系统划分”任务中标识的业务接口之后，可以按“业务接口分析”的格式将其整理成文字，并放入需求规格说明书的相应小节中。

8.3.1 业务接口分析模板

业务接口分析模板可以分为三部分：接口概述、接口交互过程与数据包说明、接口设计约束，如表 8-1 所示。

（1）接口概述：包括接口名称、接口提供子系统及接口使用子系统信息（包括使用接口的子系统、业务目的、时机、频率）。

（2）接口交互过程与数据包说明：如果交互过程比较复杂，则可以考虑使用时序图来呈现，而数据包则可以使用数据词典来细化。

（3）接口设计约束：最典型的有协议要求（指定使用的相关协议）、性能要求（如响应时间等）、环境要求（如部署环境、用户使用环境等）及其他要求。

表 8-1　业务接口分析模板

<table>
<tr><td>接口名称</td><td colspan="3"></td></tr>
<tr><td>接口提供子系统</td><td colspan="3"></td></tr>
<tr><td colspan="4">接口使用子系统信息</td></tr>
<tr><td>使用接口的子系统</td><td>业务目的</td><td>时机</td><td>频率</td></tr>
<tr><td></td><td></td><td></td><td></td></tr>
<tr><td></td><td></td><td></td><td></td></tr>
<tr><td></td><td></td><td></td><td></td></tr>
<tr><td></td><td></td><td></td><td></td></tr>
<tr><td></td><td></td><td></td><td></td></tr>
<tr><td colspan="4">接口交互过程</td></tr>
<tr><td colspan="4"></td></tr>
<tr><td colspan="4">接口交互数据包说明</td></tr>
<tr><td>数据包</td><td colspan="3">内容描述</td></tr>
<tr><td></td><td colspan="3"></td></tr>
<tr><td></td><td colspan="3"></td></tr>
<tr><td></td><td colspan="3"></td></tr>
<tr><td></td><td colspan="3"></td></tr>
<tr><td colspan="4">接口设计约束</td></tr>
<tr><td>协议要求</td><td colspan="3"></td></tr>
<tr><td>性能要求</td><td colspan="3"></td></tr>
<tr><td>环境要求</td><td colspan="3"></td></tr>
<tr><td>其他要求</td><td colspan="3"></td></tr>
</table>

8.3.2 业务接口分析示例

下面是一个简单的业务接口分析示例，便于大家在实践中参考，如表 8-2 所示。

表 8-2 业务接口分析示例

<table>
<tr><td>接口名称</td><td colspan="3">查询体检进度</td></tr>
<tr><td>接口提供子系统</td><td colspan="3">体检业务子系统</td></tr>
<tr><td colspan="4">接口使用子系统信息</td></tr>
<tr><td>使用接口的子系统</td><td>业务目的</td><td>时机</td><td>频率</td></tr>
<tr><td>客服管理子系统</td><td>查询特定 VIP 客户或公司 / 团队客户的体检报告生成情况</td><td>（1）当用户打电话询问客服人员时
（2）当客服人员预计体检报告已经生成时</td><td>每个 VIP 客户、公司 / 团队客户都可能引发多次 (10 次以内) 查询
VIP 客户、公司 / 团队客户的体检次数大约是每月 500 次</td></tr>
<tr><td colspan="4">接口交互过程</td></tr>
<tr><td colspan="4"> 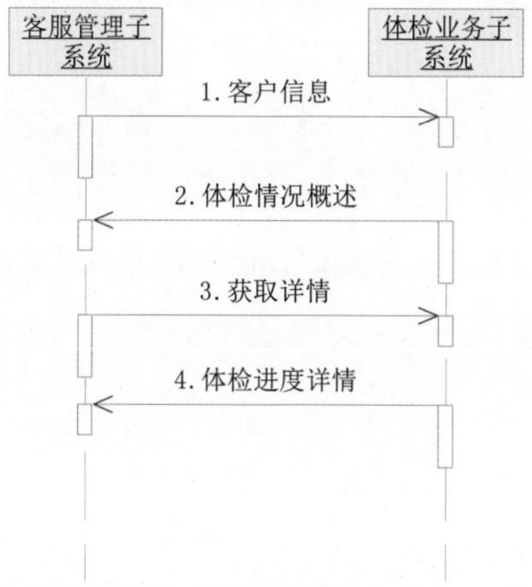客服管理子系统
体检业务子系统
1. 客户信息
2. 体检情况概述
3. 获取详情
4. 体检进度详情</td></tr>
<tr><td colspan="4">接口交互数据包说明</td></tr>
<tr><td>数据包</td><td colspan="3">内容描述</td></tr>
<tr><td>客户信息</td><td colspan="3">客户信息 = 客户标识 + 体检时间
客户标识 =[VIP 客户编号 / 公司 / 团队客户编号]
体检时间 =yyyy/mm/dd</td></tr>
<tr><td>体检情况概述</td><td colspan="3">体检情况概述 = 状态 + 总人数 + 未完成数
状态 =[已生成 / 未生成]</td></tr>
</table>

续表

获取详情	指令，无格式要求
体检进度详情	体检进度详情 = { 每体检人体检情况 }n　VIP 客户只有一条 每体检人体检情况 = 每体检人状态 +{ 体检项情况 } 每体检人状态 =[体检结果未完全生成 | 体检报告未生成] 体检项情况 ={ 体检项名称 + 体检项状态 }n　每体检项一条 体检项状态 =[已生成 / 未生成]
接口设计约束	
协议要求	
性能要求	希望在接听客户电话时能够快速查到体检结果
环境要求	客服管理子系统与体检业务子系统之间将通过广域网连接，ADSL 带宽受限
其他要求	

8.4 剪裁说明

业务接口是指不同业务子系统之间的服务关系，因此只要系统中存在多个业务子系统（也包括修改、影响的子系统），就需要执行该任务。

有时我们需要修改原有的业务接口，建议先说明原有的业务接口，再说明修改要求及修改理由。

功能需求主线子篇

——业务支持部分

9 业务场景梳理

正如第 1 章中所述，功能需求主线主要分为业务支持、管理支持、维护支持三个部分，而业务支持部分是重中之重。在分析业务支持所需的功能时，我们应该采用流程建模的思想，梳理出业务场景，再针对各个业务场景进行分析。而业务场景梳理可以细分为业务流程识别、业务流程分析与优化和业务场景识别三个子任务。

9.1 任务执行指引

业务场景梳理任务执行指引如图 9-1 所示。

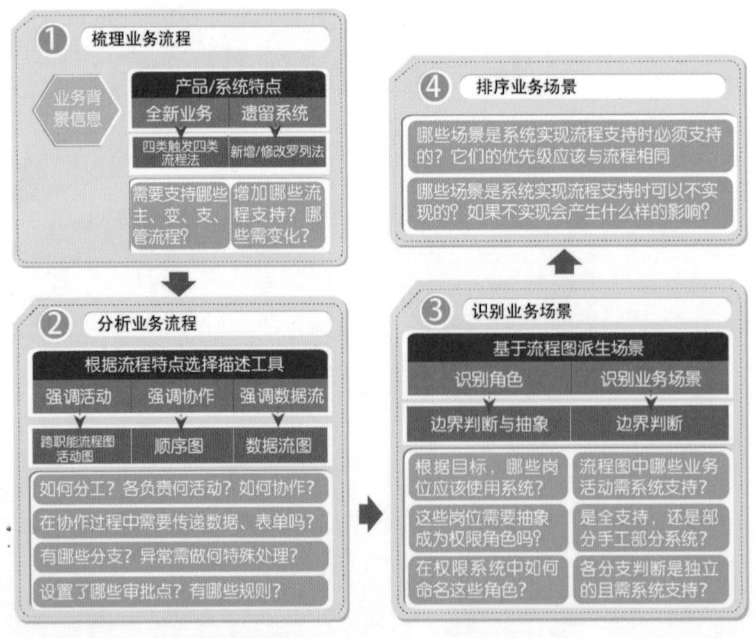

图 9-1 业务场景梳理任务执行指引

在梳理业务场景时，我们可以采用四类触发四类流程法和新增 / 修改罗列法来识别出系统应该涉及的业务流程；然后针对识别出来的业务流程逐一进行流程分析（受限于任务板有限的空间，画不下多张流程图，因此在图 9-2 中就不体现这一步了），并在流程分析结果的基础上识别出系统涉及的业务场景，对这些场景进行优先级排序，如图 9-2 所示。

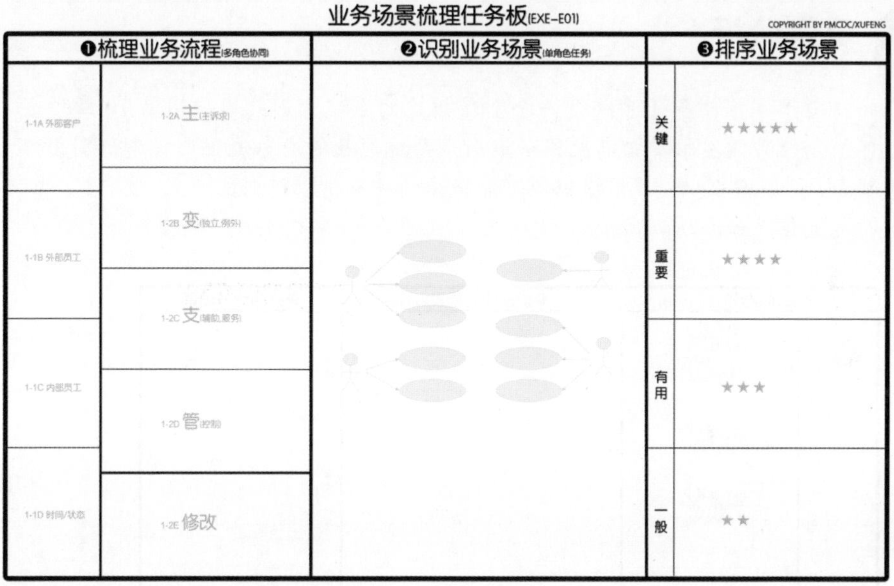

业务场景梳理任务板(EXE-E01)
COPYRIGHT BY PMCDC/XUFENG
❶梳理业务流程(多角色协同)
❷识别业务场景(单角色任务)
❸排序业务场景
1-1A 外部客户
1-1B 外部员工
1-1C 内部员工
1-1D 时间/状态
1-2A 主(主诉求)
1-2B 变(独立例外)
1-2C 支(辅助服务)
1-2D 管(控制)
1-2E 修改
关键 ★★★★★
重要 ★★★★
有用 ★★★
一般 ★★

图 9–2　业务场景梳理任务板

在这个过程中，最重要的是从业务流程到业务场景的梳理，我们可以根据如图 9-3 所示的问题，指导我们的思考和分析过程。

❶ 梳理业务流程
❷ 分析业务流程
❸ 识别业务场景
系统/产品需要新增哪些流程？修改哪些流程？
新增的流程是如何执行的？
修改的流程具体修改了哪些？
流程中哪些业务活动是需要系统支持的？
流程中哪些审批、分支判断是需要系统支持的？
新增或修改了哪些业务场景？

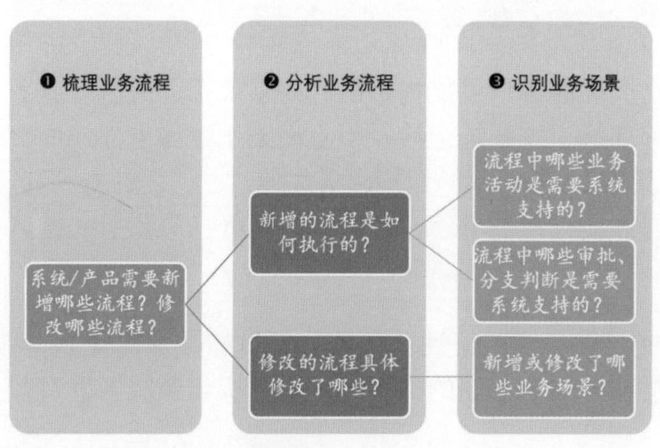

图 9–3　业务场景梳理关键思考链

9.2 案例示范

接下来，我们就以贯穿本书的案例中的“体检业务子系统”为例，简要讲解一下业务场景梳理的全过程。

案例分析

由于体检业务子系统是一个全新构建的系统，因此先采用第 10 章中会详细介绍的四类触发四类流程法识别出系统涉及的业务流程。首先识别出外部客户——体检者，然后根据他可能提出的服务请求识别出“主、变、支、管”四类流程，如图 9-4 所示。

图 9–4　业务场景梳理——识别外部客户的流程

当我们确认外部客户都已识别，外部客户可能提出的、与系统相关的所有服务请求都已罗列完成后，再识别出外部员工（系统会涉及但不属于系统属主部门的员工）、内部员工（系统属主部门的员工），然后逐一识别出潜在的“主、变、支、管”流程。例如，在本案例中，为了使体检过程更有序、客户体验更好，应该引入排队叫号机制，如图 9-5 所示。

值得注意的是，使用“主、变、支、管”识别业务流程，目的是保障识别全，而无须花时间争论它们属于哪种类型，因为不同的类型在需求分析与系统开发过程中是没有区别的。

如果针对遗留系统改造，那么还应该思考系统将要支持的新服务请求是否会对原系统中已经提供了支持的业务流程产生影响，如果会，则在“修改”框里填写受影响的业务流程。也就是说，新增、修改都是相对已投产系统而言的。

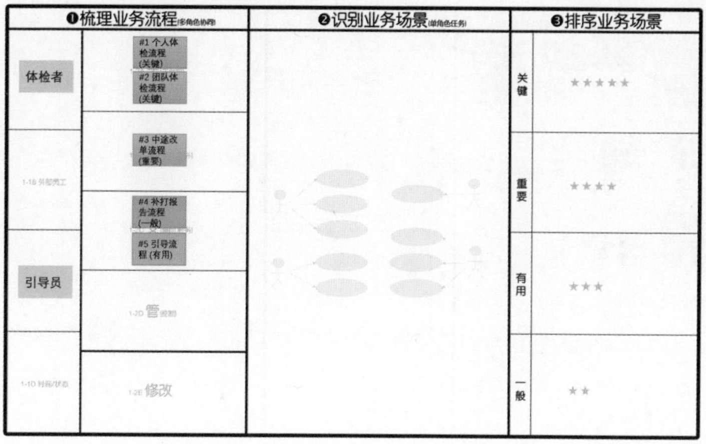

图 9–5 业务场景梳理——识别外部员工、内部员工的流程

当我们完成流程识别后，就可以通过流程分析识别出系统所涉及的业务场景；简单流程可以直接分拆成业务场景，而复杂流程最好先绘制业务流程图，再分拆成业务场景。

这些分拆出来的业务场景应该使用“角色：业务场景（动宾格式）”的形式来命名，每个业务场景通常是一个相对独立、可暂停、有价值、可汇报、通常不再分拆的业务活动。例如，我们针对“个人体检流程”进行分拆之后，就可以得到如图 9-6 所示的结果。

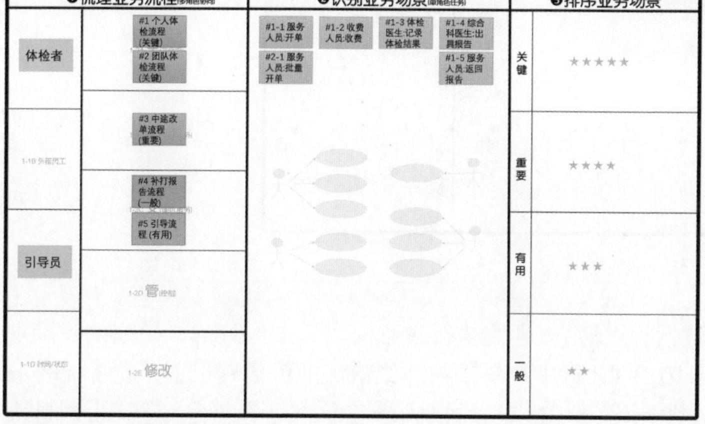

图 9–6 业务场景梳理——通过流程分析识别业务场景

以此类推，针对每个识别出来的业务流程，都通过流程分析分拆成更具体的业务场景，如图 9-7 所示。

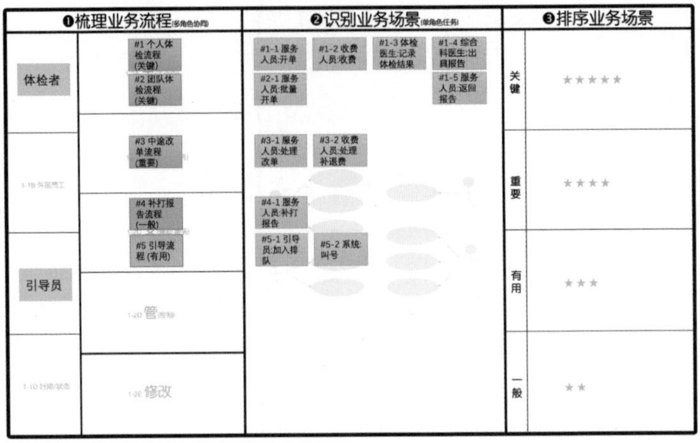

图 9–7 业务场景梳理——完成业务场景识别

最后，针对所有识别出来的业务场景进行优先级排序；排序的逻辑是，首先继续使用业务流程的优先级，然后根据业务场景是否必备、是否存在依赖关系进行相应的调整，最终得到如图 9-8 所示的分析结果。

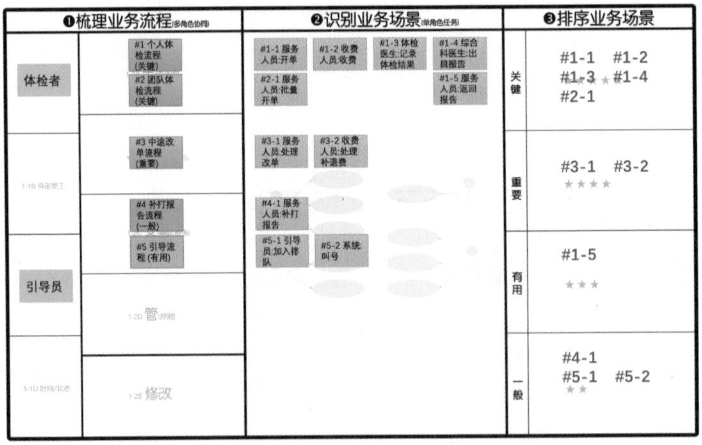

图 9–8 业务场景梳理——排序业务场景

看到这里，你应该对业务场景梳理的执行过程有了一个大致的、模糊的、宏观的了解，在接下来的第 10 ~ 12 章中，我们将详细讲解业务流程识别、业务流程分析与优化和业务场景识别三个子任务。当你完成这三章的阅读之后，建议再回过头来看一下本章，这样能够更好地理解这个过程。

业务流程识别 10

正如我们前面所说，信息系统的核心价值之一是支持业务，而业务支持的核心是对业务流程的固化、优化和重构。在进行需求分析时，识别出相关的业务流程是关键任务之一。

10.1 任务执行指引

业务流程识别任务执行指引如图 10-1 所示。

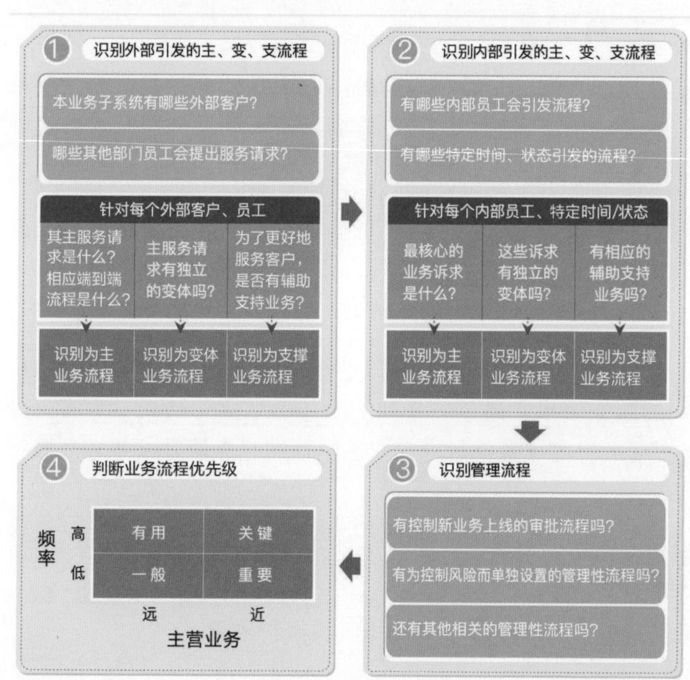

图 10-1　业务流程识别任务执行指引

10.2 知识准备

要想有效地识别出系统应该涉及的业务流程，首先需要深入理解什么是业务流程、什么是端到端流程。

10.2.1 什么是业务流程

生活悟道场

有一天，老李经过一个工地，看到了神奇的一幕：一个工人在地上挖了一个坑，过了一会儿另一个工人拿些泥土把坑填平，周而复始。老李心想，难道这两个家伙疯了吗？

第二天，老李再度经过这个工地，想着再看看那两个“疯子”还在不在。结果还在！第一个工人还是在地上挖了一个坑，不过今天多了一个工人，他在坑里放了一株树苗，另一个工人还是像昨天那样拿些泥土把坑填平。

老李终于看明白了，这是一个种树的流程。那昨天是怎么回事呢？原来昨天第二道工序的工人请假了，另外两个工人则继续兢兢业业地完成了本职工作，也就上演了荒唐的一幕。

在这个小故事中，你认为产生这一荒唐结果的根本原因是什么？我认为是业务流程管理不到位。业务流程是一个多人协作的过程，而且需要通过一些有效的规则来控制，才能达到预期的效果。

在上面的故事中，每个协作者都只记住了自己的职能，而忽略了协作关系，缺少必要的工作衔接，也就必将导致产生错误的结果。因此，业务流程管理对经理来说是一项很重要的技能。

那么我们应该如何去着手识别业务流程呢？可以借助一个定义：企业或组织的核心价值在于响应外部客户的服务请求，通过一系列的协作满足服务请求，为客户带来价值，同时为企业 / 组织带来价值。也就是说，业务流程的起点就是这些外部服务请求，如图 10-2 所示。

也就是说，企业、组织中每个成员的工作都属于某个流程，而且属于多个流程；我们应该寻找到线头，即流程的源头——服务请求，这时也就识别出了业务流程。而流程是由每个人的活动组成的，每个活动又会有相应的执行步骤。

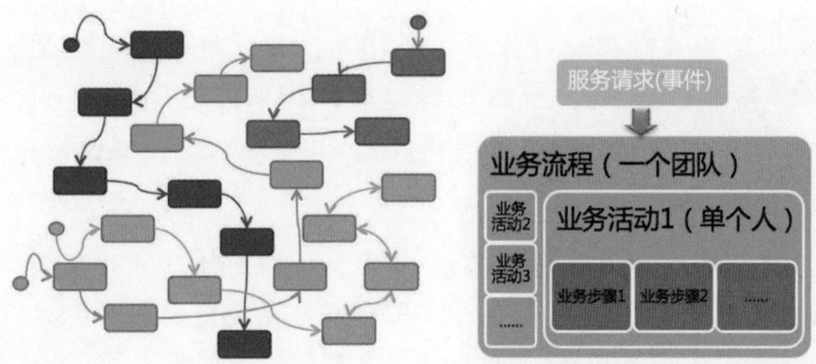

图 10–2 业务流程释义

或许你已经从中领会到“业务流程图只允许有一个起点，但可以有多个终点”背后的原因了。

10.2.2 什么是端到端流程

识别服务请求这一源头只是手段，我们的任务是识别出业务流程。那么显然就有一个问题要思考：业务流程到哪里是一个合适的结束点呢？这就需要理解“端到端流程”的概念了。

案例分析

在一次超市管理系统的开发中，需求分析人员识别出了一系列候选流程。我看完之后，指着客户购买商品、客户刷卡两个流程问：“你们觉得这两个都是合适的流程吗？”

需求分析人员疑惑地说：“这难道不是两件事？一件事是买东西，另一件事是刷银行卡，显然不同呀！”

我笑着问：“你如果不购买东西，会刷银行卡吗？”

需求分析人员回答说：“那肯定不会呀……”

我继续说道：“另外，购买东西不付钱能行吗？也就是客户购买商品应该包括付款环节吧？”

“哦，我明白了！不对不对，你让我再想想……”需求分析人员回答时脸上流露出各种不解。

“按照你这样的逻辑，那么客户购买商品也不合适呀！他在购买商品之前得先选，在选之前还得先来超市，在来超市之前还得在家里想想买什么东西……我知道了，应该改成客户想买商品。”需求分析人员继续说道。

“你会这样思考我相当开心！但你得注意边界问题，你这种思考是典型的业务模式，如果你准备做IT规划、产品规划，那么就应该这样做……”我故意停了一会儿，然后继续说：“但你现在只是在做需求分析，只要找出与系统边界直接接触的部分就可以了。”

“我明白了，我们要开发的是超市管理系统，而客户想买什么、开车来选购这些事情实际上是不会触发我们的系统的！只有客户在决定购买时，才会触发我们的系统，因此它是一个合适的起点……我理解得对吗？”需求分析人员的声调中明显带着几分兴奋。

从这个小案例中，你是否对端到端流程有了一些感性的认识呢？其实关键在于以下两点。

（1）完整：所谓的“端到端”，实际上就是服务请求从提出到满足的全过程。也就是判断一个流程是否完整，应该站在服务请求的立场，判断服务请求是否得到满足或者被拒绝。

（2）边界：在识别业务流程时涉及两种边界，一种是职能边界，也就是跨越了我们未涉及的业务域；另一种是系统边界，也就是不属于系统关注的部分。

案例分析

为了帮助需求分析人员进一步理解端到端流程，我把他们拉到了一起，希望能够通过几个典型的业务流程使他们加强理解。

“客户提出一个需求变更，对应这个服务请求的端到端流程应该到什么地方结束呢？”我提出第一个问题。

“系统上线！因为只有处理了这个变更，完成相应开发并通过验收上线，用户的请求才能得到满足……”小王脱口而出！

“太好了，你的理解是完全正确的。如果我们的系统只涉及需求部门，也就是提供需求变更、新需求管理，那么这时我们可以到什么地方结束呢？”我开心地回应。

“是不是当需求部门对需求变更做出处理决定后就可以理解为结束了呢？”小李小声地回答。

“为什么呢？”我追问。

“因为后面的事情已经不属于需求部门的职责边界了，我们的系统也将不会涉及那一部分……”小李说出了自己的想法。

“嗯，通过这个案例大家应该对‘边界’‘完整’有了更清晰的理解了吧？不过大家还要学会变通，有时我们为了更好地理解业务，也可能会适当地把边界外延，等分析完业务后，在识别业务场景时再去除与系统无关的部分……”我做了一些总结，然后马上提出了一个新问题：“用户投保一份意外险，到什么时候流程结束呢？”

“当然是保险到期……”小王抢答。

“是吗？再想想……”我回应。

“应该是出险吧？”小李还是那么小声。

“客户购买意外险的目的是出险，还是给自己一份保障呢？”我继续引导。

“应该以保单生效为流程结束点……”几位需求分析人员异口同声地给出了正确答案。

10.3 任务执行要点

在需求分析工作实践中，我们需要对各个业务子系统逐一进行业务流程识别。在识别过程中，通常会采用先外后内、先业务后管理的顺序进行，具体可分为以下四个步骤。

（1）识别外部引发的主、变、支流程：业务流程大多会响应外部客户、外部员工的服务请求，因此先识别它们。

（2）识别内部引发的主、变、支流程：有些服务请求是由内部员工主动发起的，诸如销售流程，还有一些服务请求是在特定时间、状态下发起的，因此识别完外部的流程还需要从内部进行补充。

（3）识别管理流程：有一部分业务流程是为了实现控制、监督、管理等意图，因此需要单独识别。

（4）判断业务流程优先级：业务流程是信息系统交付的最小单元，因此对业务流程进行优先级判断有利于做出更合适的迭代计划。

10.3.1 识别外部引发的主、变、支流程

案例分析

在一次酒店管理系统的开发中，项目组成员聚在一起，针对“门店管理子系统”识别业务流程，大家决定从外部引发的主、变、支流程开始。而在做这件事之前，还需要把外部客户、外部员工识别出来。

“对于门店而言，外部客户显然只有一个，那就是住店客人，这一点大家没有异议吧？”小王首先抛出观点。

“嗯，我也觉得是。对于外部员工而言，会主动找门店的其他部门应该主要是总部 Call Center 的客服坐席人员吧？”小李认同并指出了外部员工。

接下来，大家决定先从住店客人开始识别业务流程。我首先抛出引导问题：“大家觉得住店客人来到门店，最核心的服务请求是什么？这个请求到什么时候是完整的端到端流程呢？”

“那显然就是来住宿呀！至于端到端流程，那应该是拿到房卡吧？”小李首先提出了自己的观点。

“我认同住宿是最核心的服务请求，但我认为应该到退房才算完成了住宿这件事……”小王马上提出了自己的见解。

经过大家的细致讨论，我们都认为小王的观点更合理一些，因此就记录下识别出来的主业务流程——住宿流程（从办理入住到退房的全过程）。

“那么，针对这个主业务流程存在什么独立变体吗？也就是随时可能发现、无法直接整合到住宿流程图中表示出来的？”我继续提出了引导问题。

“换房应该算一个，毕竟在住宿过程中可能随时发生，但在一张图中是无法表示的。”

“续房也算一个，情况与换房相似……”

“提前退房？不对不对，那只是退房的一种情况，不算独立……”

大家你一言我一语，很快就识别出了换房流程、续房流程两个变体流程。我继续提出了新的引导问题：“好的，那么对于门店而言，想更好地服务住宿客人，满足其住宿需求，还会开展哪些辅助性、支持性工作呢？”

“得响应投诉、受理咨询吧？”

“还应该有房间引导、行李寄存、代办购票等业务吧……”

“对了，还应该提供客房内消费、代叫出租车等服务……”

“很好！大家找到的这些就属于支撑业务流程，我们可以结合项目目标、干系人关注点，明确哪些需要由系统提供支持，就可以完成整个识别工作！”我很开心地做了一个小结，并写了出来，如表 10-1 所示。“接下来按照这样的方法把客服坐席人员引发的流程梳理一下。”我交代他们。

表 10–1 住店客人引发的主、变、支流程

发起人	住店客人
主业务流程	住宿流程
变体业务流程	换房流程、续房流程
支撑业务流程	投诉流程、咨询流程、客房内消费流程、行李寄存流程、代办业务流程、房间引导流程

注：带下画线的流程与系统相关

在上面这个案例中，我们使用的识别思路如图 10-3 所示，先识别出外部客户，然后分别思考主业务流程、变体业务流程和支撑业务流程。

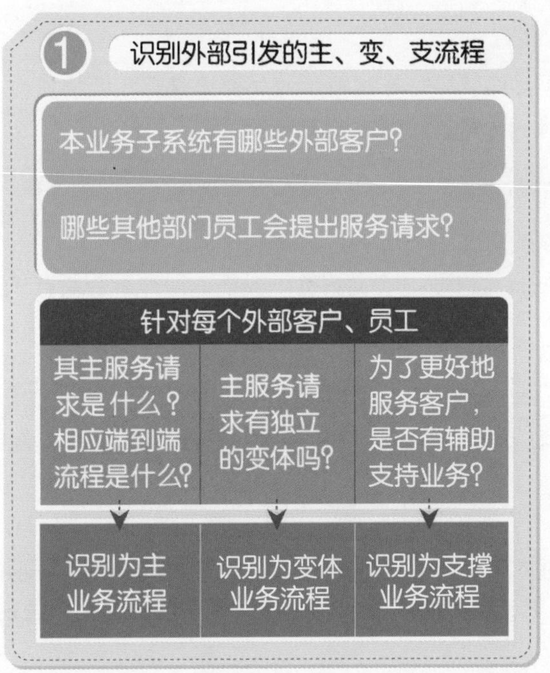

图 10–3 识别外部引发的主、变、支流程的典型策略

主业务流程体现了外部客户的主诉求，而变体业务流程实际上属于主业务流程，但由于其相对独立，不容易整合到同一张流程图中，因此我们通常将其识别为一个单独的业务流程。

支撑业务流程则提供一些边缘的、辅助的业务支持，属于一种锦上添花的业务。

10.3.2 识别内部引发的主、变、支流程

案例分析（续1）

“刚才大家识别出了外部引发的主、变、支流程，这只是其中一部分，有些流程是由内部引发的。有可能是内部员工引发的，如销售流程（销售人员主动销售）；有可能是特定时间、状态引发的，如信用卡月账单处理流程。”我先给大家进行了一些基本的概念输入。

“也就是说，接下来我们需要识别出内部引发的主、变、支流程，是吗？这个过程也需要先识别出内部员工、特定时间或状态是吗？”小王问道。

我微微一笑，小李马上会意地说：“前台服务员这个内部员工会引发交接班流程，对不对？”

“很好！那么它还有独立的变体吗？有辅助性的配套流程吗？其他内部员工会引发其他流程吗？”我问大家。

大家根据这些问题一一识别出了由内部员工引发的各个主、变、支流程。

“客人押金不足处理流程是不是一个由状态引发的内部流程呢？”小王抛出了自己的观点。我看着他，反问道：“你觉得呢？如果是，那么它是由什么状态触发的呢？”

“当客人押金不足时触发的！”小王自信地回答。

“是的，你说得对！就照这个思路继续把特定时间、状态引发的流程一一识别出来吧！”

我们回顾一下识别内部引发的主、变、支流程的主要思考要点，如图10-4所示，其中最关键的步骤是识别出内部员工、特定时间或状态，然后逐一梳理出其引发的流程。

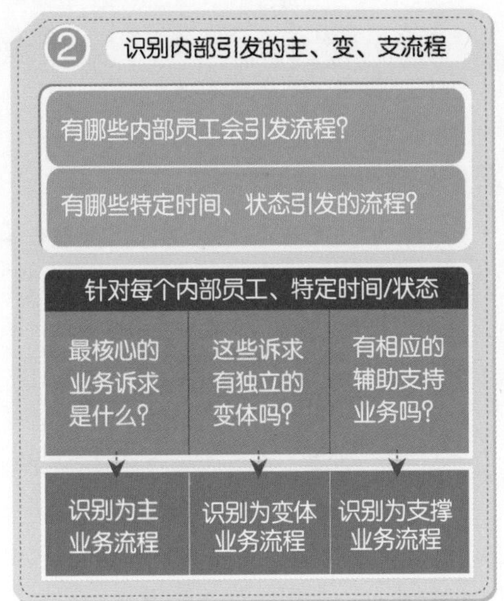

图 10-4 识别内部引发的主、变、支流程的典型策略

另外，要注意的是，主、变、支流程的分类是为了帮助大家更好地识别流程，不要陷入它属于哪类流程的细节争论中；而且识别出来后还要判断其是不是端到端流程，如果不是，则应该进行相应的整合。

10.3.3 识别管理流程

案例分析（续 2）

“主、变、支流程相对而言还是很容易找到头绪的，但管理流程总让我觉得难以理解！因为这些业务流程中都有一些诸如审批之类的管理手段，它们与管理流程有什么区别呢？”小李一脸茫然地提出自己的疑惑。

“是的，管理者为了控制业务开展、规避风险、控制结果，需要采取一些管理措施。最典型的管理措施有三种：一是用于事先预防的管理流程，二是用于事中控制的审批、规则，三是用于事后分析的报表、数据分析。”为了大家能够理解，我给大家提供了一些全局性的思路。

“明白了，在主、变、支流程中也存在管理意图的审批活动，而管理流程是相对独立的！”小王回应道。

“听起来有些明白了，但还是感觉不知道从哪里着手！”小李仍感迷茫：“你能举个例子吗？”

"例如，对于仓库管理系统而言，月度盘点流程就是一个典型的管理流程，它是用来及时发现库存意外损耗的……"我给大家举了一个例子。

小李听到这里，马上大声说道："我明白了，前台收银日结流程也是一个管理流程，用来控制资金安全，避免资金出错产生的影响……"

"很好，你们找到感觉了，继续罗列吧！不过大家一定要注意，内部研讨之后，有机会的话，一定要找相关客户代表进行补充、完善，你们的讨论结果可以用于抛砖引玉哦！"说完我转身离开了现场。

管理流程的识别相对而言会是一个难点，不过在实战中不会产生太大的影响。其中有两方面原因：一是管理流程通常不会太多；二是可以通过与客户代表的交流快速地补充出来。

当然，如果做的不是项目而是产品，就会更少有机会面对真实客户，这时最好能够引入相关领域专家，从管理的角度来预先识别典型、常用的管理流程。

管理流程的识别可以从以下几个角度来思考：①业务上线类的审批控制；②人、财、物、资源的管控；③进度和异常的控制。当然，学习一些管理学知识能够有效地提升这方面的能力。

10.3.4 判断业务流程优先级

我经常说，业务流程是信息系统交付的最小单元，只有实现了一个完整的业务流程支持，系统对于用户而言才是有增量价值的。因此，我极力推荐以业务流程来制订迭代计划，我们应该在识别完所有流程之后，对它们的优先级进行系统的评估。

在评估业务流程优先级时，推荐根据它是否为主营业务、发生的频率高低来进行综合评估，如图 10-5 所示。

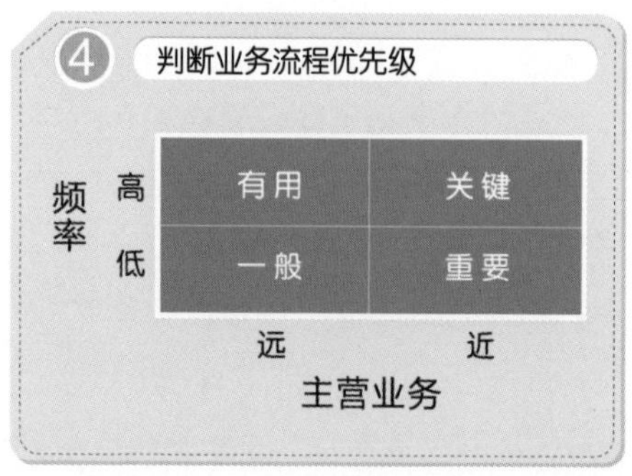

图 10-5　判断业务流程优先级的典型策略

案例分析（续 3）

在大家识别完所有业务流程之后，应按主营业务 / 频率两维度进行分析，以判断业务流程的优先级。

（1）住宿流程：主营业务、频率很高，应为关键流程。

（2）换房流程：主营业务、频率次之，应为重要流程。

（3）客房内消费流程：非主营业务、频率较高，应为有用流程。

（4）代办业务流程：非主营业务、频率次之，应为一般流程。

（5）投诉流程：非主营业务、频率不高，应为一般流程。

（6）前台服务员交接班流程：主营业务、频率很高，应为关键流程。

（7）押金不足处理流程：主营业务、频率次之，应为重要流程。

（8）前台收银日结流程：主营业务、频率很高，应为关键流程。

……

10.4 任务产物

在需求分析实践中，应该针对每个业务子系统进行一次业务流程识别，然后整理成“业务流程列表”，放入需求规格说明书中的相应小节中。

10.4.1 业务流程列表模板

推荐使用如表 10-2 所示的业务流程列表模板来整理识别出的业务流程，每个子系统使用一个业务流程列表。

业务流程列表模板由类型、流程名称、简要说明、优先级四个栏目构成。

（1）类型：说明该流程是主业务流程、变体业务流程、支撑业务流程，还是管理流程。由于这只是一种识别过程中的思考框架，因此也可以考虑删减本栏。

（2）流程名称：业务流程的名称。需要注意的是，我们只通过识别服务请求来寻找流程，而不要直接把服务请求写入，应转成合适的流程名称。

（3）简要说明：说明该流程的起始点，以便读者更好地理解本流程。

（4）优先级：包括“关键”“重要”“有用”“一般”四个等级，根据是否为主营业务、业务发生的频率进行判断。有时还可以引入最低的“镀金”级。

表 10–2　业务流程列表模板

类型	流程名称	简要说明	优先级

10.4.2　业务流程列表示例

表 10-3 所示是一个简单的“业务流程识别”任务的输出结果示例，以便大家在实践中作为参考。

表 10–3　业务流程列表示例

类　型	流程名称	简要说明	优先级
主业务流程	个人体检流程	体检者从申请体检到获取体检报告的全过程	关键
主业务流程	团队体检流程	针对公司组织的团队体检流程变体	关键
变体业务流程	补打报告流程	体检者报告遗失后补打	一般
支撑业务流程	引导流程	通过排队叫号使体检更有序	一般
支撑业务流程	投诉流程	处理体检者的各类投诉	一般
管理业务流程	日收费结算流程	处理收费人员每天上交的收费现金，以及收费对账的全过程	关键
	……		

10.5　剪裁说明

业务流程是由一系列角色协作，以满足服务请求的闭环。如果你开发的系统是诸如 POS 机之类的只存在单一用户、主要以人机交互为主的系统，那么可以跳过“业务流程识别”“业务流程分析与优化”这两个任务，直接执行“业务场景识别”任务。

业务流程分析与优化 11

在标识出相关的业务流程之后，接下来的关键任务就是逐个流程进行了解与分析，绘制出流程图，并对关键流程进行适当的优化。

11.1 任务执行指引

业务流程分析与优化任务执行指引如图 11-1 所示。

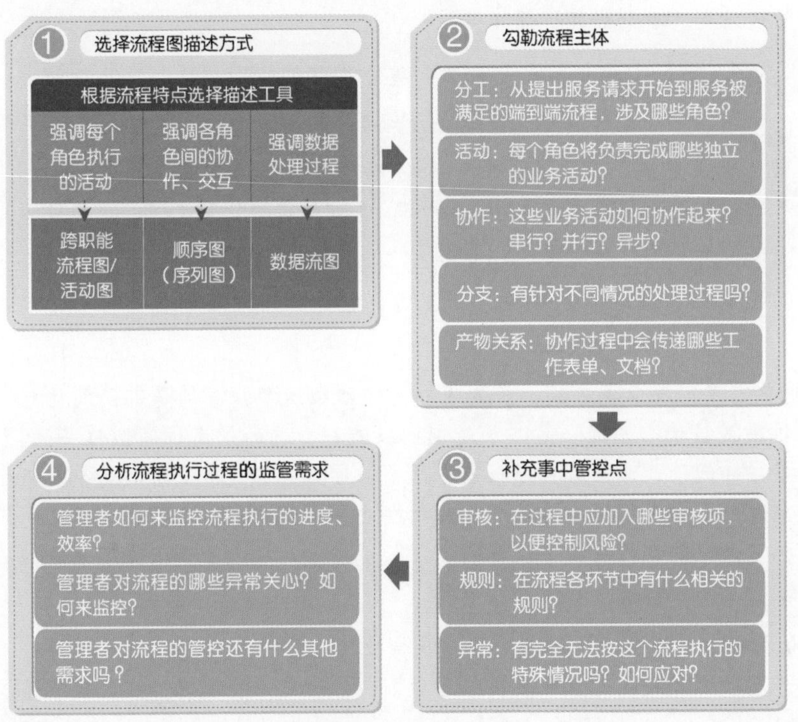

图 11-1 业务流程分析与优化任务执行指引

11.2 知识准备

要想做好业务流程分析与优化，首先要深入理解两个概念：第一，业务流程是分层的；第二，业务流程分析的关键是厘清业务流程八要素。

11.2.1 分层业务流程

案例分析

“老大，为什么我画的业务流程图客户代表总说太过复杂，根本不愿意看呢？”小王有次特意到我办公室找我答疑解惑。

“呵呵，你终于发现这个问题了！每次看到你画的那些电路图式的流程图，我都不由得皱眉头！我怀疑你自己都不愿意再去看它们。”我乐着回应道。

小王一脸无奈地说：“我也不想这样，流程本身就这么复杂，我也没办法！”

我盯着他说：“亏你还是写程序出身的，这点道理都没想透！我问你，如果给你一大段代码，里面的分支里有分支、循环里还有循环，你读代码时是看到分支进分支、看到循环进循环吗？”

“当然不会呀！应该先把整个分支、整个循环的意图厘清，然后理解其主逻辑，再逐层细化，否则不把自己绕进去才怪呢！”小王连忙辩解说。

我转头喝了口水，继续数落他：“那你画流程图时怎么都是这样处理的呢？一次就把所有细节都表述出来，不对它进行有效的分层处理，还要让客户代表去看！正所谓‘己所不欲，勿施于人’嘛！”

小王突然大声说道：“我明白了！不过，具体如何分层你能够再具体说说吗？”

“业务流程可以分成三层，最宏观的是组织级流程，画的是部门间协作关系，供决策层读者阅读。第二层是部门级流程，画的是岗位间协作关系，供管理层读者阅读，业务流程分析应在这个粒度上进行。第三层则是个人级流程，画的是一个岗位的工作步骤，应该在业务场景分析时再细化。我们先来看一张不合适的部门级业务流程图吧！”说着，我找来了一张并不复杂但却不合适的业务流程图，如图11-2所示。

“为了不让你损伤过多的脑细胞，我特意给了你个简单的！但就画得这么简单，实际上都没能有效地应用分层原则！你看看，能发现吗？”我边递给他边说。

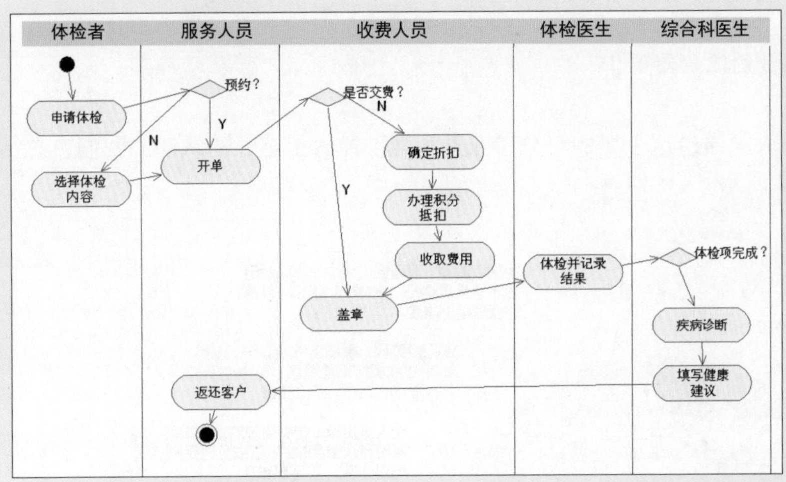

图 11-2　过细的部门级业务流程图

小王认真地看了一遍后说："收费人员这个部分的内容是不是属于一个岗位的具体工作步骤，应该考虑合并？对了，还有综合科医生的那个部分，好像也可以合并！"

"很不错嘛！一点就透，在判断业务流程图是否画得过细时，实际上有两个重要的原则：一是是否与协作无关；二是是否不是独立可汇报的工作单元！"我总结道。

"我理解了！例如，疾病诊断、填写健康建议这两件事是与协作无关的，只是综合科医生的分内事；而且它们并不独立，只做完其中的任何一项都不完整，因此它们应该属于个人级的操作流程！"小王一边回答，一边将图修改了一遍，如图 11-3 所示。

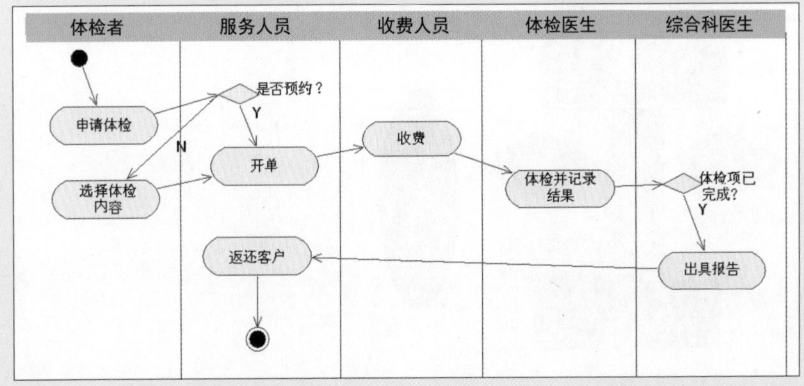

图 11-3　合适的部门级业务流程图

我满意地说："很好，你完全理解了！以后一定能够画出清晰、客户愿意阅读的流程图了！"

相信大家通过这个案例对分层业务流程已经有了感性的认知，我们再总结一下，如图 11-4 所示。

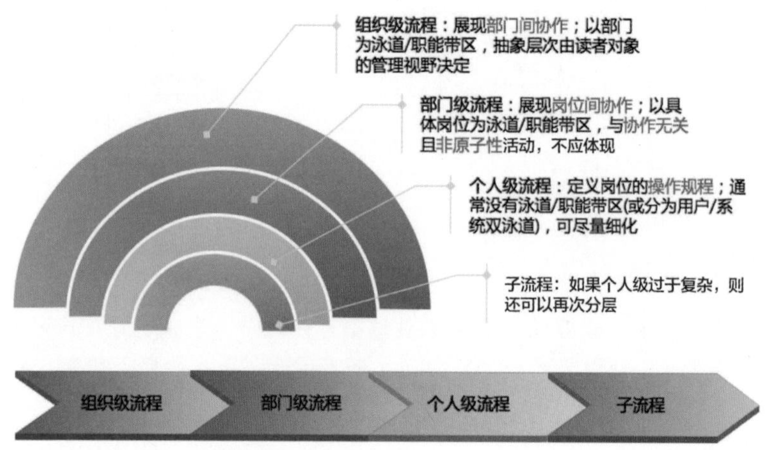
组织级流程：展现部门间协作；以部门为泳道/职能带区，抽象层次由读者对象的管理视野决定
部门级流程：展现岗位间协作；以具体岗位为泳道/职能带区，与协作无关且非原子性活动，不应体现
个人级流程：定义岗位的操作规程；通常没有泳道/职能带区(或分为用户/系统双泳道)，可尽量细化
子流程：如果个人级过于复杂，则还可以再次分层
组织级流程
部门级流程
个人级流程
子流程

图 11–4 分层业务流程的参考框架

11.2.2 业务流程八要素

业务流程分析最重要的是厘清如图 11-5 所示的业务流程八要素，包括五个基本要素（分工、活动、协作、产物关系、分支）和三个管理要素（审批、规则、异常）。

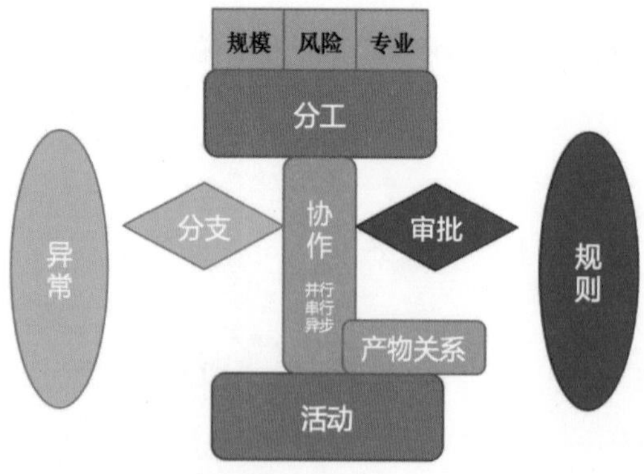
规模
风险
专业
分工
异常
分支
协作
并行
串行
异步
审批
规则
产物关系
活动

图 11–5 业务流程八要素

生活悟道场

大家想想，对于一个个体户企业而言，需要进行业务流程规划吗？显然不用，因为所有事情都是他一个人负责的，自己进货、自己销售、自己发货、自己记账……最多需要一个“待办事项”的管理。

当他的生意越来越好，自己一个人显然忙不过来时，就需要雇佣员工了：他叫来了张大爷，让他帮忙订货、发货、管理仓库；叫来了大姑，让她帮忙记账、收钱、管钱。这时，这个小小的企业就出现了分工，也就必然需要引入业务流程。

当然，他可以不正式地画出流程图，但会交代张大爷必须等大姑收到钱后才能发货，否则就会出问题！也就是说，必须规定好各岗位间的协作关系。

那么分工是如何产生的呢？在这个例子中是因为“规模”，除此之外，还有两种典型的原因。

又过了一段时间，营业额越来越大，老板觉得大姑虽然是亲戚，但她万一眼红，在账上做做手脚拿走一些钱也是麻烦事。因此，他又叫来了大姨，让她们一人管钱、一人管账，相互监督。这就是因为“风险”带来的分工。大家可以思考一下，你见过的业务流程中有因风险带来的分工吗？

后来这个小小的企业日益发展，开始和税务局打交道，但大姑能够记清账就不错了，根本没法做这件事！怎么办？只好再找一个专业的会计来负责这件事。这就是因为“专业”带来的分工。

1. 五个基本要素

通过这个小故事，大家应该能够理解业务流程的基本价值，也能够理解分工是流程中相当重要的要素。而当一个流程中有了分工时，必然会将之前一个人负责的事拆分成一系列更小的、相对独立的工作任务，这就是“活动”。

因此，当我们分析一个业务流程时，首先需要明确整个流程中涉及哪些分工，每个角色负责执行什么活动，然后选择合适的流程图将其表示出来。当然，这些活动之间不是独立的，存在顺序执行、并行执行、异步执行等多种可能，这就是“协作”关系，在流程图中表示为各个活动之间的连线。

而且协作过程不是一成不变的，还需要根据实际情况来进行处理，这就是流程中的“分支”。这也是流程图中的一个重要的要素。

另外，在协作过程中，各分工之间需要传递工作产物，流程管理者会制订一些表单、单据格式以明确职责，这就是“产物关系”。在流程图中“产物关系”通常以“数据流”或“文档”的形式来表示。

这就是一个流程中五个基本要素之间的关系，除此之外，管理者还会在流程中引入一些用于控制风险、监控进程的管理要素。

2. 三个管理要素

在三个管理要素中，“异常”应该是最好理解的，在流程执行过程中可能会出现一些意外、异常，因此事先需要制订一些备案，以备不时之需。通常可以另附文字说明，处理过程复杂的话也可以另绘一张异常处理流程图。

但“审批”和“规则”两个管理要素则看似简单，其实却暗藏玄机。关于“规则”我们将在第 20 章进行详细的探讨，这里先就“审批”进行一些更深入的讲解。

我曾经要求自己的团队在绘制流程图时，禁止使用“岗位名称 + 审批”的样式命名一个审批，如部门经理审批、科长审批等，为什么呢？

生活悟道场

有一个孩子的爸爸，每周都给自己的孩子 100 元钱的零花钱，用于买早餐、购买零星的文具，有时也根据孩子下周可能的开支变化、上周的余额情况来调整发放额。这就是一个“孩子汇报开支→爸爸发放零花钱→孩子使用”的简单流程。

但过了一段时间，爸爸发现孩子的购买欲望很强，有时会一天就把钱全部花完了，后面几天都没钱买早餐，因此爸爸决定要采取一些管理措施。他告诉孩子，从下周开始，如果每笔开支大于 10 元，就要得到爸爸的同意。

我们可以理解为爸爸在流程中增加了一个审批项！但如果对流程理解不透，则很可能会把这个审批写成“爸爸审批”，这并没有道出本质。我们继续这个故事……

又过了一段时间，爸爸被这个购买欲望十分强烈的儿子烦得不行，一会儿一个电话，问这个可以买吗？那个可以买吗？因此他决定变一变，回家后他又告诉孩子，以后这事儿不用问我了，问爷爷就可以了。

流程发生重大变化了吗？有人说当然呀，爸爸不审批了，改成爷爷审批了。实际上我认为变化不大，因为他们审批的内容是一样的！其实就是“资金使用额度审批”，只是换了审批人。

也就是说，在分析流程时，应该识别出审批内容、审批意图，这样才能真正分析到位。

案例分析

在一次“物资管理系统”的开发中，需求分析人员小张针对物资采购流程整理了以下文字：一个物资申请，可能需要经过直接主管、部门经理、区域经理、IT 中心经理、仓管中心经理、采购经理的审批。后来设计人员也不求甚解，直接通过流程引擎提供了灵活的可配置方案。

当在 A 分支机构试运行之后，开始到 B 分支机构部署，这时 B 分支机构的老大问：“你们是不是脑子有问题，采购要仓管中心经理批什么？马上给我去掉！”

“这是 A 分支机构提出的，如果你们觉得不需要，我想办法通过配置来帮你解决这个问题吧。”我们的实施团队只好做出了让步。

后来在项目复盘时，我告诉他们问题的根源在于对“审批”没有真正理解。我问小张，当时为什么没厘清这些审批？小张辩解道：“我问了，问他们什么时候要经过谁审批，客户代表告诉我说有太多种情况了，每种物资都不一样！”后来，我重新做了一次简单的沟通，发现：

（1）为什么要直接主管审批呢？因为要确认是否必要，因此应该写为“采购必要性审批”。

（2）为什么要部门经理审批呢？因为预算由他负责管理，因此应该写为“预算内审批”。

（3）为什么要区域经理审批呢？因为有时预算已经超了，但物资又必须采购，因此应该写为“预算外审批”。

（4）为什么要 IT 中心经理审批呢？因为最新型号都到 X2000 了，还有人采购 X1000，因此应该写为“设备选型合理性审批”。

（5）为什么要仓管中心经理审批呢？因为有时采购回来发现还有库存，因此应该写为“是否无库存审批”。

（6）为什么要采购经理审批呢？因为要由他来决定通过哪个渠道来采购，因此应该写为“采购渠道审批”。

这样每个审批节点上用户所需要的信息、可能的关联操作就不言自明了，这才是真正理解了审批。后来，遇到 B 分支机构的老大，他看到了“是否无库存审批”，马上感叹道：“你们考虑得真细致呀！我们也出现过这个问题，这个地方的确值得重视一下！”

11.3 任务执行要点

业务流程分析这一关键任务可以分成如图 11-1 所示的四个步骤执行，对于极为重要的流程，可以在分析完成之后对其进行适当的优化。

（1）选择流程图描述方式：根据读者、流程类型选择合适的流程图来描述流程分析的结果。

（2）勾勒流程主体：厘清业务流程中的分工、活动、协作、分支、产物关系五要素，搭出流程的主体框架。

（3）补充事中管控点：厘清业务流程中的异常、审批、规则。

（4）分析流程执行过程的监管需求：根据管理者对流程的进度、异常等方面的管控，识别、补充一些辅助的相关需求。

11.3.1 选择流程图描述方式

我经常遇到一些“UML党”“IDEF党”把“画XX图”当作关键任务，我更愿意说：我们在做业务流程分析，而不是画活动图、数据流图，这些图只是分析的一种结果。

生活悟道场

小李在学习 UML 的过程中，总觉得活动图和顺序图（也称为序列图）很相似，总是不能理解什么时候应该用什么图。有一次碰到我，他把我拉到白板边，先画了一张活动图草图，如图 11-6 所示。

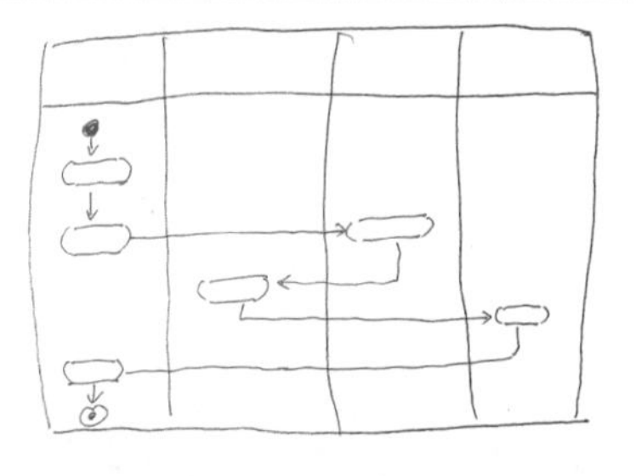

图 11-6 活动图草图

“这是一张活动图，我接下来给你画另一张！”小李边说边在白板上又画出如图 11-7 所示的顺序图草图。

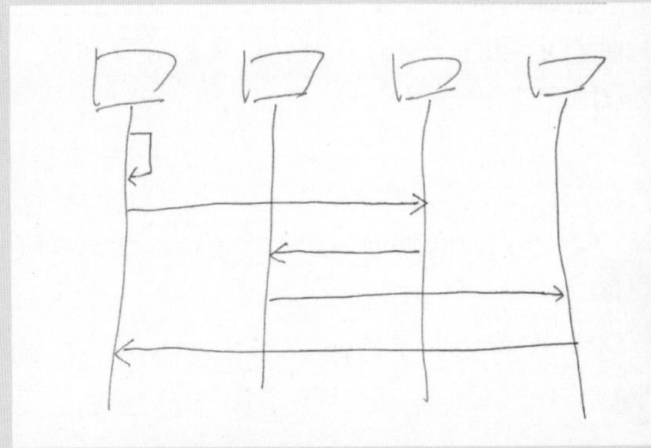

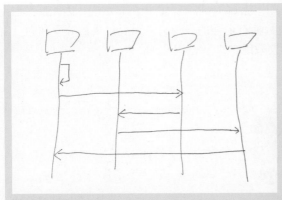

图 11–7 顺序图草图

“我觉得这两张图完全一致呀！用活动图可以画出的，用顺序图也一样可以，那什么时候用什么图呢？它们之间的本质区别是什么呢？”小李一脸的疑惑。

对于小李的困惑，你有什么看法呢？有人说，活动图通常用于需求阶段，而顺序图通常用于设计阶段，你觉得呢？

我告诉小李：“它们的本质区别就是，前一个是活动图，后一个是交互图（顺序图和协作图统称交互图）！”

小李更加茫然了：“你这么说是什么意思呀？我当然知道它们分别是活动图和交互图呀！”

我呵呵一笑，接着说：“我就不和你打哑谜了，你想想，在一张活动图上，我们通常会把字写在哪里呢？是不是写在表示活动的框里？因此，强调的是每个角色执行什么活动。而顺序图的字又写在哪里呢？强调了什么呢？”

“写在线上，强调它们之间的交互关系！我明白了，选择什么图的关键在于看我想强调什么。”小李一脸的欣慰。

“孺子可教也……”

我们可以根据意图来从四种典型图表中选择合适的描述方式，如图 11-8 所示。

如果分析的是业务流程图，那么大部分时候我们需要强调的不仅是分工，还包括每个角色所要执行的活动，因此应该选择跨职能流程图或活动图。

① 跨职能流程图：在 Visio 中就提供了相应的绘图模板，它是 20 世纪 60 年代商业建模规范中定义的一种图表，绝大部分管理者能够看懂甚至绘制这样的图，它与业务代表的沟通是最无缝的。

② 活动图：它是 UML 规范中定义的一种图表，出现得更晚，因此语义也更加丰富，对异步流程、复杂并行流程拥有更强的表现力，而且绝大部分管理者只需简单介绍就能看懂，因此我更加建议采用它。

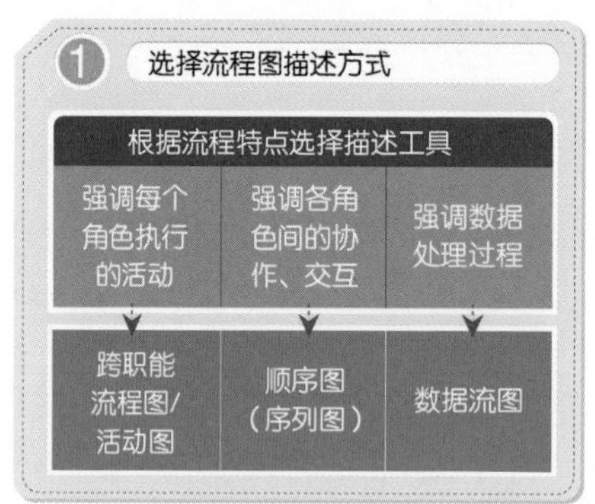

图 11-8 选择流程图描述方式的典型策略

如果涉及系统间的业务流程，如“银证转账”“支付网关”等，则通常需要强调交互过程，建议采用顺序图。如果强调的是数据处理过程，如“计费流程”等，则建议采用数据流图。

11.3.2 勾勒流程主体

案例分析

在实践中，我经常推荐在业务流程分析过程中找到客户代表或业务专家，通过“一听二问三读”的方法完成整个流程图的绘制。首先请客户代表或业务专家讲述流程，可同步在纸上画出流程的主脉络，这时只需要明确分工、活动，以及最基本的协作关系，得到如图 11-9 所示的草图。

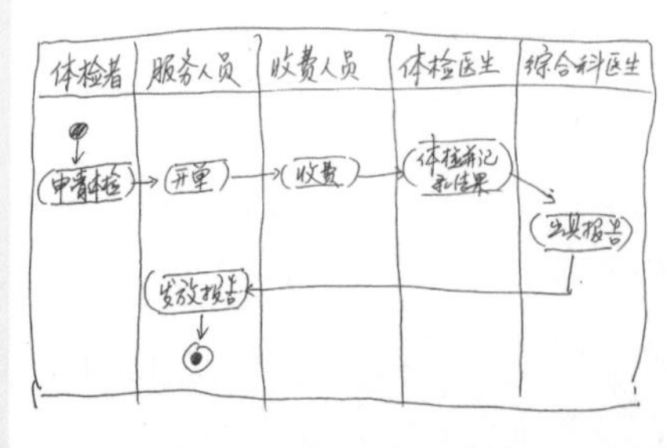

图 11-9 绘制流程图：厘清主脉络

第一步是“听”，要做到不打断、不陷入细节，以最简单的方式勾勒出主脉络，把分支、产物关系、异常、审批、规则都放在一边，得到上面这张草图。

第二步是“问”，先沿着流程进行发问，看看是否存在分支的情况，然后边问边修正，得到如图 11-10 所示的中间稿。

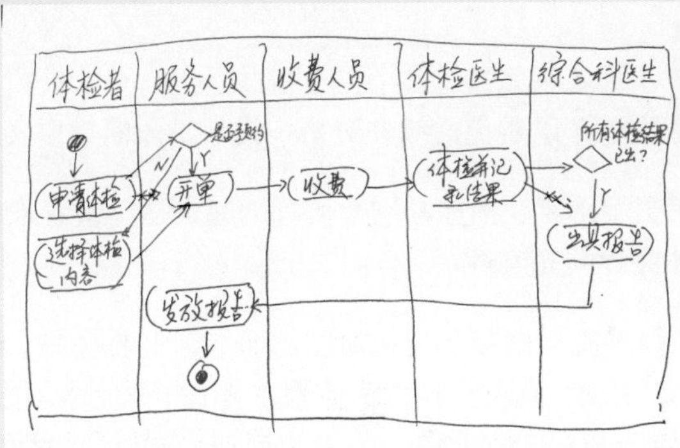

图 11–10　绘制流程图：梳理分支

除了要问分支，还应该问问各协作之间的产物关系，然后将其补充出来，得到如图 11-11 所示的初稿。

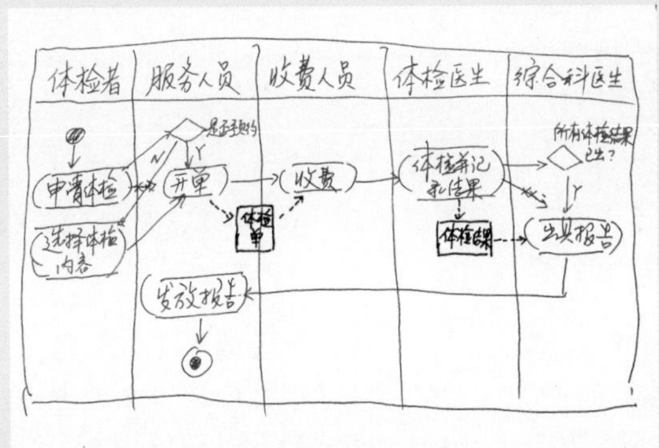

图 11–11　绘制流程图：补充产物关系

接下来你还可以针对异常、审批、规则等管理要素进行发问（思考点参见第 11.3.3 节）。

第三步是“读”，也就是你讲一遍流程，与客户代表或业务专家达成共识。

在上面的这个案例中，我们用一个小例子简单地示范了流程图从草图到初稿的演化过程。在业务流程图绘制的过程中，还有几个要点需要提醒大家注意，具体如下。

（1）分工应平级：也就是说，要么全是岗位名称，要么全是部门名称，不建议混合使用；如果使用部门名称，那么应该尽量保证所有的部门都是平级部门。

（2）活动的命名应该采用动宾结构：每个活动都是一个工作任务，因此不能够使用名词或名词短语命名。

（3）在业务流程绘制时暂时不要考虑系统边界：在绘制过程中，不是只画与系统有关的部分，而是要画出业务全过程，以避免后续在分析、设计阶段断章取义。

（4）流程应该从服务请求者开始画起：例如，这个流程的起点是体检者来申请体检，因此要从这里画起，以保证流程的完整性。

（5）主从活动只留一个：在很多流程中存在主从活动，如本例中的收费、体检并记录结果、发放报告。体检者交费→收费人员收费、体检者体检→体检医生执行体检并记录结果、服务人员发放报告→客户领取报告。这时不应该把主从活动都画出来，而是只应该留一个。

那么留哪一个呢？关键看流程图给谁看。我们绘制的流程图通常是给业务执行方看的，因此就留下各岗位做的部分；如果是画服务大厅的客户指引，那么就应该只留客户做的那个部分。

11.3.3 补充事中管控点

勾勒出流程主体之后，也就厘清了业务过程；接下来可以花时间通过沟通、讨论，对流程事中控制的管理要素进行分析。这主要包括异常、审批、规则。在实战中，建议按照以下步骤来补充这些事中管控点。

首先和业务专家、客户代表就“异常”进行交流，主要的思考方向是“是否存在完全不能够按这个业务流程执行的情况？如果存在，那么应该怎么处理呢？”诸如“应急流程”“绿色通道”等都是典型的“异常”处理流程，建议用文字或另一张流程图来描述它们。

其次把重心放在“审批”上，可以询问“现在有哪些审批点？还有哪些环节存在执行风险？需要增加什么样的审批？由谁来审批合适呢？”等问题来收集相关信息。

最后沿着流程思考一下是否需要设置一些规则。从类型的角度来划分，规则主要分为两类，包括“决定是否能够执行、如何执行”的行为规则，以及操作权限、数据构成等数据规则。具体在实战中可以从以下几个角度逐一思考、梳理。

① 协作间规则：也就是用于控制流程协作的规则，如“物资管理员应在每个月 5 日前向采购部门汇总本月物资采购申请单”。

② 业务活动执行规则：也就是在执行各个业务步骤时需要遵循的规则，如“在体检科室，只对盖章的体检单进行体检”。

③ 数据规则：针对表单、文档、生成产物的格式、内容进行限制的规则，如“所有金额取小数点后两位”。

11.3.4 分析流程执行过程的监管需求

案例分析（续 1）

小李找到了 A 体检门店的赵店长，两人就图 11-11 所示的流程所需的监管需求进行了讨论。

“对于这个流程，您觉得如何才能有效地监控执行进度和效率呢？”小李问赵店长。

赵店长抬起头，向后微微一仰，回答道：“在这个流程中，最容易导致进度延误的是体检医生和综合科医生，他们需要及时地完成体检、记录结果、出具最后的诊断报告；因此我之前给他们定了完成时限，如果系统能够根据完成时限进行自动催促，就比较理想了！”

小李想了想，回应道：“那让系统根据你设置的完成时限自动向他们发出提醒，如何？当然，您还可以动态地改变这些完成时限设置。”

赵店长满意地点点头，继续说：“另外，如果能够搞个排队叫号系统就更好了，这样服务窗口、收费窗口的效率就更有保障了。”

小李愣了一下，回答说：“我会将你的这个设想与提议反馈给贵公司项目负责人，看看是否投入这些硬件设备！另外，对本流程有担心的异常执行情况吗？应该如何控制呢？”

“说实在的，我就怕综合科医生在工作量大时‘走江湖’，在体检结果没有全部出来的时候，就直接写诊断报告了！毕竟来这里体检的大多数是亚健康人群，一套就行！”赵店长说着说着，脸上浮现出了略显尴尬的表情。

小李马上回应道：“这简单，我们在‘出具报告’这个功能中加入一个检查，只要体检结果没全部出来，就限制出具诊断报告！这样行吧？”

……

小李继续问："除了我们刚才提到的，针对该流程，您还有哪些管控需求呢？"

赵店长回答道："我一直希望能够根据客流量的规律有效地动态调整各个岗位的人员安排，如果系统能够提供一些支持，那就太好了！"

"好的，我明白了，关于这点我们会组织专人研究，看看能否提出行之有效的解决方案。"

……

正如这个案例所示，管理者为了更好地监督、控制流程的执行，会有一些相应的管理需求，而这时也会产生一些功能性、非功能性需求，因此我们在流程分析完成后，可以就这方面进行交流与探讨。

该方面的分析主要着手点有三个，在这个案例分析中我已经用下画线标出来了：进度与效率、执行异常、其他管控需求。

11.3.5 业务流程优化

在需求分析实践中，通常只需要对业务流程进行分析，但有时不可避免地要对部分关键流程进行一些优化，毕竟信息化之后有必要对原有的手工流程进行适当优化。

案例分析（续2）

小李拿着如图11-11所示的流程图来到我的办公室，问道："在这次项目中，这个流程算是关键流程之一，你能够以它为例告诉我流程优化应该从哪儿着手吗？"

我扫一了眼，告诉他："这的确是一个值得优化的流程！通常最常用的优化思考就是带着假设场景穿越流程，发现问题、探索优化策略！"

"带着假设场景穿越流程？听起来很酷，具体怎么做呢？"小李充满了兴趣，有点跃跃欲试了。

我指着流程图，用启发式的语言说道："第一种逻辑就是寻找无效/低效流程环节，具体到这张流程图，你可以设想如果自己去做一次体检，整个流程下来，你至少要排几次队呢？哪一次觉得最没意义呢？"

小李思考了几分钟，谨慎地回答："排队找服务人员开单、找收费人员收费，体检科室则是每个体检项目排一次队，最后还要排队到服务人员那里拿最后的报告！至少排四次队，真不容易！最让我觉得没意义的是开单和收费要排两次队，真浪费时间。"

"正所谓'存在即合理'！既然你都觉得这样的安排浪费时间，那为什么这么多企业还在使用这种模式呢？你记得吧，医院里经常会排队划价，再排队交钱！想想为什么呢？或者说，管理者们在担心什么呢？"我继续启发他。

"我知道了！这样可以避免监守自盗，开单/收费、划价/收费的分离，可以避免他们从中做手脚！"小李脸上不免露出一丝得意的笑容。

我很满意地回应："不错！那你认为有什么可选的对策呢？当然还必须保证不产生这种担心。"

"我想想……如果不直接收钱，而改成用 IC 收费如何？"小李提出了一个设想。

"挺好，这就是一种自动化烦琐的优化策略。但在这个例子中，你要想到这样做将引入开卡、充卡、退卡等新的流程，会不会让客户更不方便，是需要另行分析的。另外，还有一种整合依赖的优化策略，也就是在一个窗口中安排一名服务人员、一名开单人员，也就是将他们整合在一个窗口中！当然这也会产生新问题，你能发现吗？"我点评完他的方案后，又提出了新的方案。

"会使得每个人的处理时间变长，队伍的吞吐率会降低……"小李回应道。

"嗯，第二种逻辑就是场景假设，具体到这张流程图，你可以设想如果团队体检客户过来，会发生什么？"我继续启发。

"哈！这太不合理了，每个人都去服务人员那里开单，然后去收费人员那里确认下已经交过钱，这太低效了吧？"小李兴奋地指出了问题。

"嗯，那你觉得应该如何处理呢？"我轻声地提出新的思考。

"我觉得应该建议客户针对团队体检客户采用不同的流程，安排一个团队服务人员窗口，批量生成大家的体检单，你觉得对吗？"小李思考了一下，就给出了一个对策。

看到小李这么迅速地给出了对策，我很欣慰地回应道："我觉得很好呀！这样既减少了团队体检客户的排队时间，又可以避免因为他们排队而带来的不必要的客流，还能够有效地减少服务人员、收费人员的工作量，是一个一举多得的好办法。通过这个案例，你对流程优化有些感觉了吧？"

"是的，很受启发，以后我再多试试，有什么问题再麻烦您！"小李说完开心地离开了……

业务流程优化实际上是一个很大的话题，如果深入阐述，则可以专题成另一本书。而在此，我只希望通过一个简单的案例给大家带来一些启发。对于流程优化而言，最典型的策略有四个，俗称“ESIA”。

（1）E（清除无效）：找到流程中不产生效能的、浪费的、低效的环节，然后想办法清除。

（2）S（简化高频）：对频率最高的环节进行优化，流程效率将上升。

（3）I（整合依赖）：将相互依赖的环节整合在一起，提高效率。

（4）A（自动化烦琐）：把人做起来麻烦的事交给电脑来干，提升效率。

当然，这些都是找到问题之后的应对策略，要想解决问题，首先要发现问题。在这个过程中，建议以“同理心”转换到客户角度，通过穿越流程的方法来识别问题。在上面的案例中，我们实际上进行了两次穿越：

（1）第一次以个人体检者的角度穿越，我们发现了多次排队的问题。

（2）第二次以团队体检者的角度穿越，我们发现了无效环节的问题。

11.4 任务产物

在需求分析实践中，应该针对每个业务流程来进行分析，必要时还可以进行流程优化，然后整理成“业务流程描述”，放入需求规格说明书的相应小节中。

11.4.1 业务流程描述模板

在业务流程描述模板中，分为两个部分，如表 11-1 所示。第一部分是图表部分，包括三栏：①业务流程名称，明确该流程的名称；②流程简要说明，描述流程的起点和终点及流程目标概述；③业务流程描述，选择合适的模型呈现业务流程分析的结果。在流程图中，将呈现分工、活动、协作、产物关系、分支、审批六个要素。

第二部分是附加描述部分，首先可以根据需要对协作间的产物关系进行详细的说明（流程相关文档 / 表单）：①文档 / 表单名称，流程中传递的文档 / 表单的具体名称；②流程环节，说明该表单是由哪个流程环节生成的；③说明，简要介绍该表单、文档的作用，从哪里可以获得该表单、文档的格式等相关信息。其次应该对该流程中相关的规则进行描述，包括类型、规则描述及备注。最后，如果该流程存在一些异常、例外、潜在的变化可能，则整理在第三栏“变化可能与关键例外”中。

表 11-1 业务流程描述模板

<table>
<tr><td>业务流程名称</td><td colspan="2"></td></tr>
<tr><td>流程简要说明</td><td colspan="2"></td></tr>
<tr><td>业务流程描述</td><td colspan="2"></td></tr>
<tr><td colspan="3">流程相关文档 / 表单</td></tr>
<tr><td>文档 / 表单名称</td><td>流程环节</td><td>说明</td></tr>
<tr><td></td><td></td><td></td></tr>
<tr><td></td><td></td><td></td></tr>
<tr><td></td><td></td><td></td></tr>
<tr><td></td><td></td><td></td></tr>
<tr><td></td><td></td><td></td></tr>
<tr><td colspan="3">流程相关规则</td></tr>
<tr><td>类型</td><td>规则描述</td><td>备注</td></tr>
<tr><td></td><td></td><td></td></tr>
<tr><td></td><td></td><td></td></tr>
<tr><td></td><td></td><td></td></tr>
<tr><td></td><td></td><td></td></tr>
<tr><td></td><td></td><td></td></tr>
<tr><td></td><td></td><td></td></tr>
<tr><td colspan="3">变化可能与关键例外</td></tr>
<tr><td colspan="3"></td></tr>
</table>

11.4.2 业务流程描述示例

下面是一个简单的业务流程描述示例，以便大家在实践中作为参考，如表 11-2 所示。

表 11–2　业务流程描述示例

<table>
<tr><td>业务流程名称</td><td colspan="3">体检流程</td></tr>
<tr><td>流程简要说明</td><td colspan="3">体检者从申请体检到获取体检结果的全过程</td></tr>
<tr><td>业务流程描述</td><td colspan="3"> 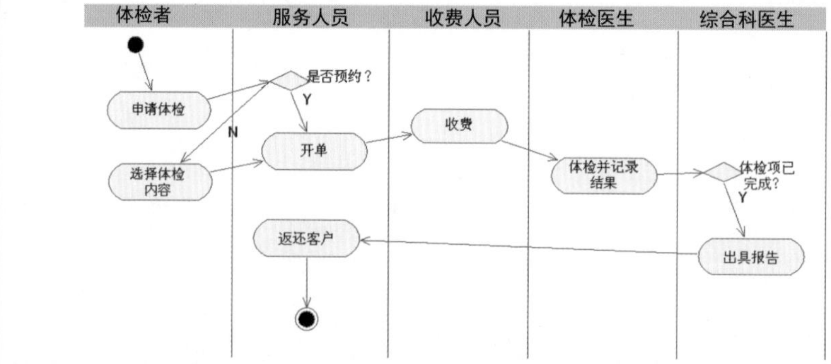体检者
服务人员
收费人员
体检医生
综合科医生
申请体检
是否预约？
Y
N
选择体检内容
开单
收费
体检并记录结果
体检项已完成？
Y
出具报告
返还客户</td></tr>
<tr><td colspan="4">流程相关文档 / 表单</td></tr>
<tr><td>文档 / 表单名称</td><td>流程环节</td><td colspan="2">说明（包括获得方式）</td></tr>
<tr><td>体检单</td><td>开单</td><td colspan="2">描述用户选择的体检项目（可从服务中心获得）</td></tr>
<tr><td>账单</td><td>收费</td><td colspan="2">描述用户交费情况（可从服务中心获得）</td></tr>
<tr><td>体检结果单</td><td>体检</td><td colspan="2">记录用户体检的结果值，不同的体检项目有不同的格式（可从体检科室获得）</td></tr>
<tr><td>诊断报告</td><td>出具报告</td><td colspan="2">由综合科医生根据各个体检结果进行疾病诊断，并提供相应的健康建议（可从综合科获得）</td></tr>
<tr><td colspan="4">流程相关规则</td></tr>
<tr><td>类型</td><td colspan="2">规则描述</td><td>备注</td></tr>
<tr><td>行为</td><td colspan="2">在体检科室，只对盖章的体检单进行体检</td><td></td></tr>
<tr><td>行为</td><td colspan="2">×××、××× 等项目在开单时要确保用户未吃早餐</td><td></td></tr>
<tr><td>……</td><td colspan="2">……</td><td></td></tr>
<tr><td colspan="4">变化可能与关键例外</td></tr>
<tr><td colspan="4">对于团队客户，我们建议另外开设一个窗口，为其提供批量开单的服务，让团队客户派一位代表领取所有人的体检单</td></tr>
</table>

11.5 剪裁说明

在“业务流程识别”任务中找到的业务流程有时并不涉及多个岗位（或其他角色，如系统）参与，这时整个业务流程将退化成一个业务场景。

针对这种情况，通常无须再对这种业务流程进行分析，直接将其标识为业务场景即可（参见第 12 章 业务场景识别）。

12 业务场景识别

识别出系统相关的业务流程，然后对这些流程进行详细的分析、优化，接下来就需要识别出这些流程中存在哪些和系统相关的业务场景。这也是以业务为中心需求分析方法的重要任务。

12.1 任务执行指引

业务场景识别任务执行指引如图 12-1 所示。

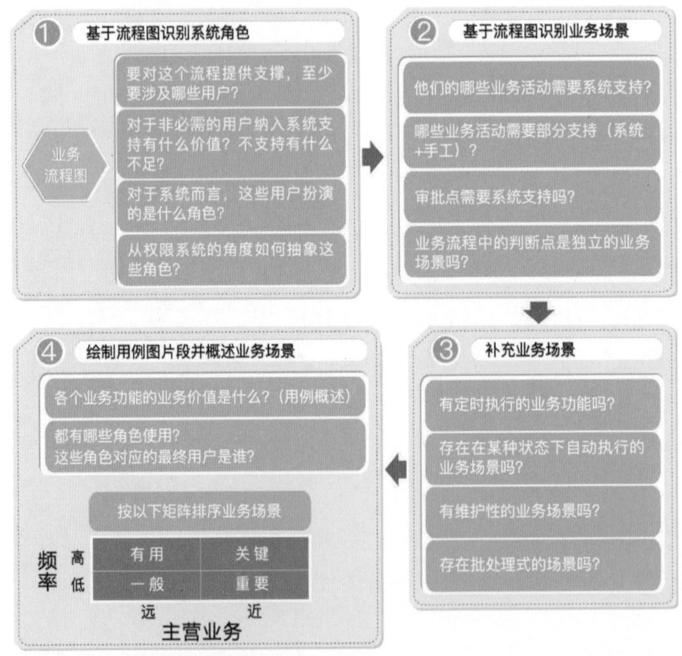

图 12-1 业务场景识别任务执行指引

12.2 知识准备

用例、用户故事等现代需求分析技术很多人都耳熟能详了，但在实践中，却经常“以用例、用户故事之名，行功能分解之实”。实际上，它们的精髓在于“用户视角”，在于“业务场景 / 使用场景”。它要求你不再关注系统提供什么功能，而是用户在什么场景下需要系统提供支持。

要想完成好业务场景识别任务，首先要深入理解业务场景 / 使用场景的思维角度，理解用例、用户故事的本质。

12.2.1 业务场景 / 使用场景 VS 功能

生活悟道场

外婆 70 岁生日那年收到了一个神奇的礼物：一台数码相机，因而我和表弟接受了一个相当有挑战性的任务：教会外婆使用它。外婆是一位识字不多、长年生活在村镇的老人，我不由得陷入了纠结中……

就在我陷入思考之时，表弟拿起相机就去教外婆如何使用了：“外婆，这里是开关，这里是快门，这里是回放……”外婆一边回答一边走开：“外婆老了，这些东西记不住的！”从外婆的神情中，还能够感觉到她实际上毫无兴趣。

开关、快门、回放，这不就是典型的功能吗？用户的使用场景是什么呢？我突然找到了一些灵感。

我和表弟说：“你的方法和蹩脚的用户说明书有什么区别，一来就画个相机图，然后边上标注每个按键的用途，大部分用户是会的不用看也会，不会的看了也不会！我看我来……”

我拿过相机塞到口袋里，找到外婆告诉她：“我想教您给我们拍照，然后教你如何看自己拍的照片。”

外婆饶有兴趣地说：“好呀……”

在上面这个故事中，是什么打动了外婆呢？枯燥的、非用户直接相关的功能性描述只能被人拒之千里之外，最终导致与用户沟通不畅，影响需求的获取与理解。而生动的、用户视角的使用场景、业务场景描述才能与用户产生共鸣，实现“以用户为中心”的需求获取与理解。

或许你对接下来如何教外婆使用相机很感兴趣，我们将在第 13 章中继续这个故事，并从中揭示出“业务场景分析”的核心思考角度。

12.2.2 用例的本质

1. 什么是用例

案例分析

在一次图书馆管理系统项目中，需求分析人员小赵针对图书管理员绘制了一张如图 12-2 所示的用例图片段。

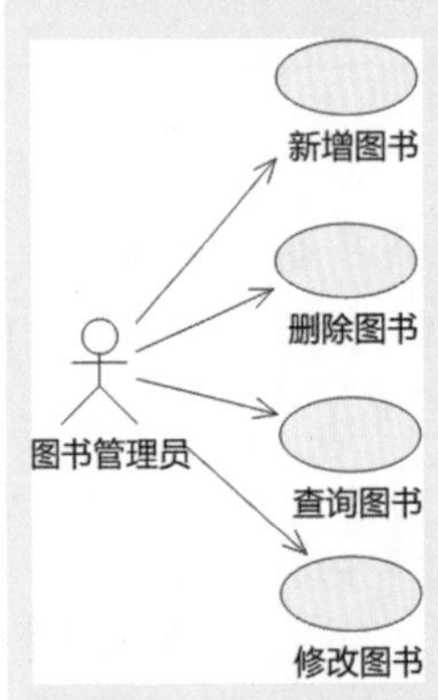

图 12-2 图书馆管理系统用例图片段（存在问题）

他的同事小王一看就乐了，对他说：“你真是‘初哥’呀！连 CRUD 原则都不知道，还搞出一个如此奇葩的图来！你应该把新增、删除、查询、修改合并成管理，也就是只需要一个用例，命名为管理图书就可以了！”

小赵很困惑地看了看他的这位同事，说道：“哦？应该这样合并吗？那我这个系统按这种合并法，就会得到管理图书、管理订单、管理客户……这和传统的方法有什么区别呢？”

同事小王尴尬地笑了笑，继续辩解道：“是呀！我一直觉得用例图就是个噱头，要求画就画嘛！再说整成一个不是可以写得更少些吗？”

我在边上听不下去了，过去告诉他们：“小赵画的用例图中所有的用例都是技术动词＋业务名词命名的伪用例！而小王一改，则朝着错误的方向大步前进，堪称 CRUD 原则最经典的误用！”搞得小王和小赵你看看我、我看看你，无言以对！

我让他们静静思考了一小会儿之后，继续说："当我们使用新增、删除、查询、修改、打印这样的技术动词时，通常呈现的都是系统功能；而转变思维只隔一层窗户纸，你们想想，图书管理员为什么要新增、为什么要修改呢？"

小赵马上领悟过来，连忙回答说："他不是新增，而是办理图书入库，或者是办理遗失图书返库……"在他分析的同时，我很开心地在白板上画出了如图 12-3 所示的用例图片段。

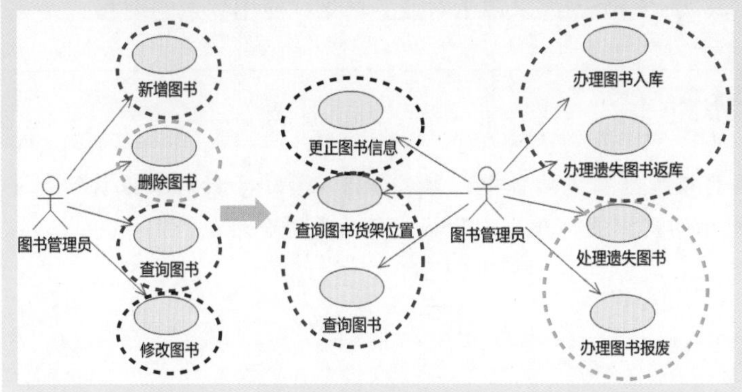

图 12-3　图书馆管理系统用例图片段（修正过程）

开发出身的小王听到这里，一脸笑容地说："呀！这样我们就能够看到用户的场景了！就不会仅仅将其映射成 INSERT、DELETE、SELECT、UPDATE 语句了！"

"嗯，这实际上就是用例的本质。正如 Ivar 博士所说，他有一次突然想为什么老在系统内思考要什么功能，而不站在系统外来看看呢，因此也就创造出了'用例'这一全新的方法。它不仅仅是用例图，用例的本质在于思考方式呀！"我在开心之余还是想让他们彻底改变观念。

搞明白这些道理之后，小赵调侃地说："小王，现在没法 CRUD 了吧？"小王一头雾水地说："是呀，那 CRUD 原则有什么用呢？任何时间都不允许在用例名称中使用新增、删除、查询、修改等技术动词吗？"

"一个问题一个问题解决。"我耐心地回答道："首先能否在用例中使用技术动词呢？当然可以，只要这些技术动词体现了用户的意图，这通常会在计算机域、工具类软件中出现，但也建议尽可能使用用户化的语言！"

我喝了一口水，继续解答第二个问题："CRUD 原则，实际上是一个挺边缘化的原则，但被有些人放大了！管理购物车就是 CRUD 原则的典型应用，我们随时可以往购物车里添加商品、删除商品、修改商品的数量、看看已经有哪些商品，但这些都是一个目的，因此建议合并。"

正如上面的案例所示，用例分析技术的核心在于“用户视角”的需求观，强调了目的、场景的重要性，而用例图本身并不是本质。简而言之，用例即业务场景、使用场景。

2. 用例的粒度

多大才是一个合适的用例？也就是用例的粒度应该如何把握呢？这是一直以来困扰很多实践者的问题。特别是《编写有效用例》一书中提出的“分层用例”之说更让人感到困惑。其实，这个困惑来源于对业务场景、使用场景的理解。

案例分析

在一次超市收银系统项目中，需求分析人员小于针对收银员绘制了一张如图 12-4 所示的用例图片段，然后找我评价是否合理。

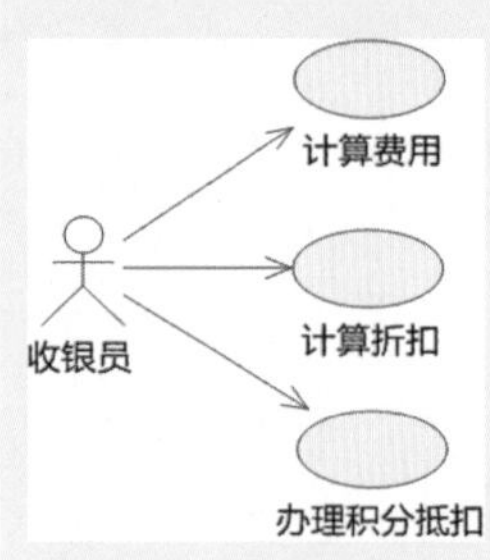

图 12-4 超市收银系统用例图片段（存在问题）

我看了一眼，抬头看了看小于，问他：“你自己感觉如何呢？你觉得合适吗？或者说你觉得哪里不太对劲呢？”

小于说：“首先，我感觉这不是从功能角度而是从场景角度来画图的！其次，总体来说感觉挺合适，但有人说太细了，我总是搞不清粒度的问题！”

“我经常和你们强调用例即业务场景，而一个完整的业务场景应该是独立的、可汇报的、可暂停的单元。”说到这儿，我故意停了一小会儿，让小于有些思考的时间，然后继续说：“你想想，如果你去超市买东西，收银员扫完所有商品的条码之后告诉你总共 235 元，接着转身去喝水，你会有什么感觉？”

小于听到这里一乐，回应道：“我会把她叫回来，告诉她事情没干完，怎么能够这么不负责任呢？”

我顺着他的思考继续引导：“既然如此，那么你觉得这个场景完整吗？再想想，她的领导问她今天做了哪些工作，她会说我今天计算了 300 次费用吗？”

小于猛地一抬头，情不自禁地说："我明白了！让我自己改一改！"一会儿，他在原来的图的右边画了一个新的用例图片段（见图 12-5），然后小心谨慎地问我："您看这样改对吗？"

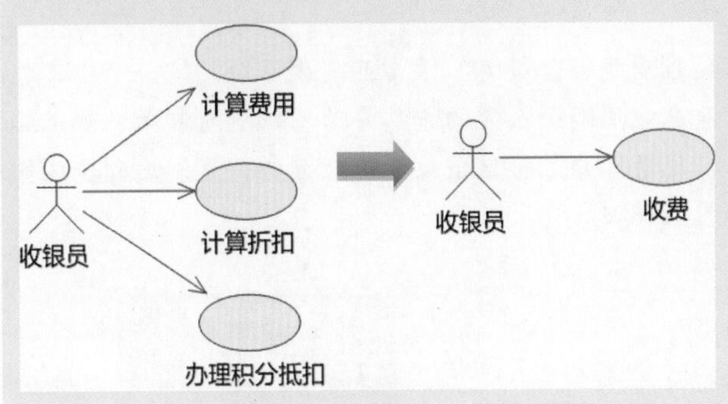

图 12–5 超市收银系统用例图片段（修正过程）

我看到小于那不太自信的样子，乐着说："怎么，觉得只剩一项有点不太对劲是吗？自信点，你的修改结果是完全正确的！"

在一个信息系统中，业务流程是指不同岗位之间通过协作满足外部服务请求的过程；而业务场景则是以某岗位为主完成的、相对独立的、可以汇报的业务活动。因此，从某种角度而言，粒度是由组织分工决定的。

对于不带业务流程的项目或产品来说，用例就是一个用户的使用场景，也是一个相对独立的、可以暂停的场景。例如，你不会在搜索引擎上输入一个关键词就离开，即使离开，也肯定是临时有事，因此输入关键词就不是一个完整的使用场景。

12.2.3 用户故事的本质

用户故事是一种轻量的、有效的用户需求描述方式，它希望用户或用户代表以"作为 ×××（角色），希望通过系统 ×××（解决方案、功能要求），以便达成 ××× 业务目的、解决业务问题"的形式提出需求。因此，用户故事在本质上还是"用户视角"，也具有业务场景的特性。

案例分析

假设我们要开发一个类似于 51job 这样的人才招聘网站，如果使用用户故事这种方法来梳理需求，那么首先要识别出所有的"角色"，如求职者、招聘方、广告主等。

然后为每个角色寻找一个“现场客户”，可以是真实的客户，也可以是间接的客户代言人，然后由他以故事的形式提出需求。但他可能一上来就给你提出一个巨大的故事：“作为求职者，希望通过网站找到理想的工作，以便提升自己的价值。”

那么这个故事的粒度是否合适呢？通常开发团队会约定一个以工作量为基础的粒度，如有人喜欢用两个人周的工作量为基础进行判断。如果超过了这个粒度，就要求“现场客户”将这个故事进行分拆，直到达到合适的粒度为止，整个过程如图 12-6 所示。

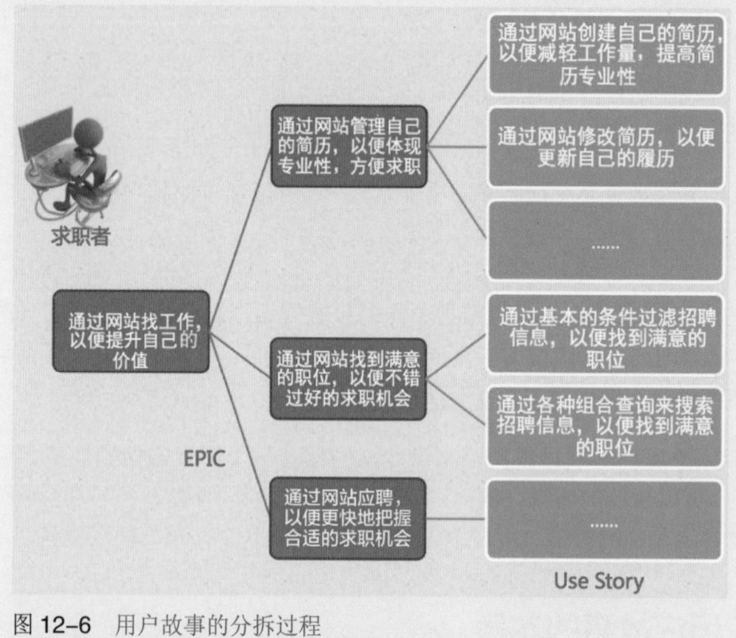

图 12-6　用户故事的分拆过程

在早年间，实践者一般只留下最后粒度合适的用户故事，但后来发现这些过程中的大故事也有价值，它可以用来组织故事。因此，后来就把它们也留下了，并且将其命名为 EPIC（史诗，很长很长的故事）。

12.3　任务执行要点

在对业务流程进行分析、优化之后，识别系统所需支持的业务场景将变得十分简单，只要基于流程图来识别出角色、场景，然后补充一些特定时间、状态触发的场景，最后选择合适的模型将其呈现出来即可。

12.3.1 基于流程图识别系统角色

案例分析

（接第 11 章最后一个案例分析）小李和 A 体检门店的赵店长就体检业务流程的各个要素进行了深入沟通之后，就基于如图 12-7 所示的流程图开始着手识别业务场景。

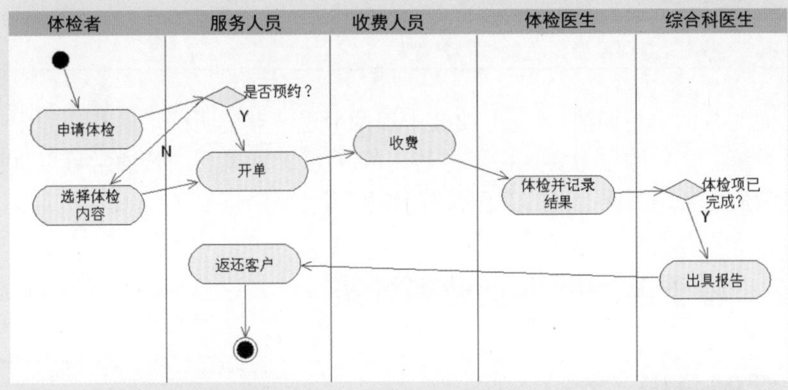

图 12-7 体检业务流程图

首先是从业务流程图中识别出系统的角色。因此小李问赵店长："您认为如果让系统来固化、支撑这个业务流程，哪些角色将使用系统呢？我觉得体检者应该不用！"

赵店长思考了一下，点着头说："我觉得体检者也与系统有关呀！我们可以让体检者通过网络、现场的自助终端来申请体检，使得他们的体验更好些。"

小李微笑地回应："赵店长说得对！不过我担心在第一阶段，内部从手工作业转变为电子化流程，还需要一段时间习惯和磨合，如果马上引入自助服务，则可能会带来一些管理上的麻烦。加上这次项目院里更加重视内部管理的提升，以便未来的门店扩张，因此我还是建议暂时不考虑它们，您的意见呢？"

听到这里，赵店长也觉得有一定道理，认同地说："那就先这样处理吧，不过你们得预先考虑到这些东西哦……"

上面这个简单的案例展现了通过业务流程识别业务场景的第一步。在这一步中，对于项目而言需要和客户代表协商，对于产品而言则应根据产品定位来明确边界。在执行这一步时，思考的着手点如图 12-8 所示。

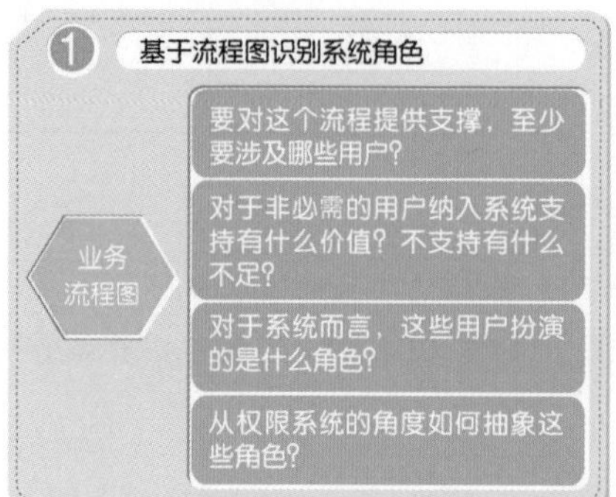

图 12–8 基于流程图识别系统角色的典型策略

在上面的案例中我们演示了图 12-8 中前两个思考点，明确了业务流程中哪些岗位将涉及系统。之后的思考要点在于将其“角色化”，而基层岗位通常可以直接使用岗位名作为角色名，因此上面的案例没有继续讨论。

12.3.2 基于流程图识别业务场景

案例分析（续）

当明确了体检者不纳入系统范围之后，小李就将这一列直接忽略掉了（见图 12-9），然后逐一分析其他各列的活动、审批、分支，以抽取业务场景。

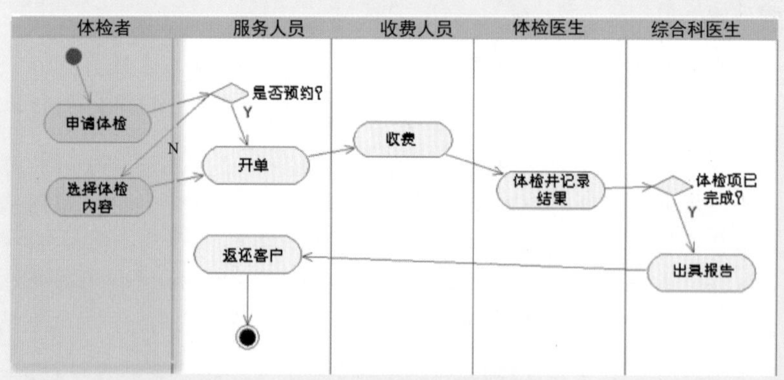

图 12–9 体检业务流程中与系统相关的部分

首先判断各个活动，如果它们需要系统支持，就是系统相关的业务场景，否则则忽略。当然，还存在部分支持的情况。显然，开单、收费、出具报告、返还客户（发放报告）都需要系统提供支持。体检并记录结果则需要半支持，体检属于系统外的，记录体检结果属于系统内的，如图 12-10 所示。

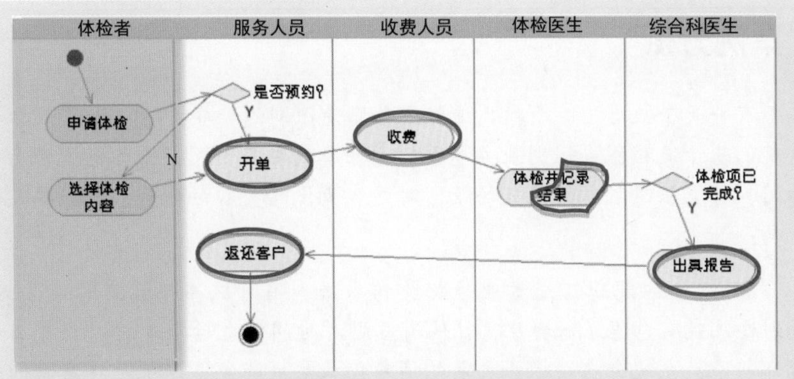

图 12-10 识别出系统要支持的活动

由于该流程中没有审批，因此接下来需要对各个判断点进行分析，看它们是否是独立的："是否预约"这个判断点显然是开单的一部分，因此无须独立抽取；"体检项已完成"这个判断点则显然是出具报告的前提，因此也无须独立抽取，如图 12-11 所示。

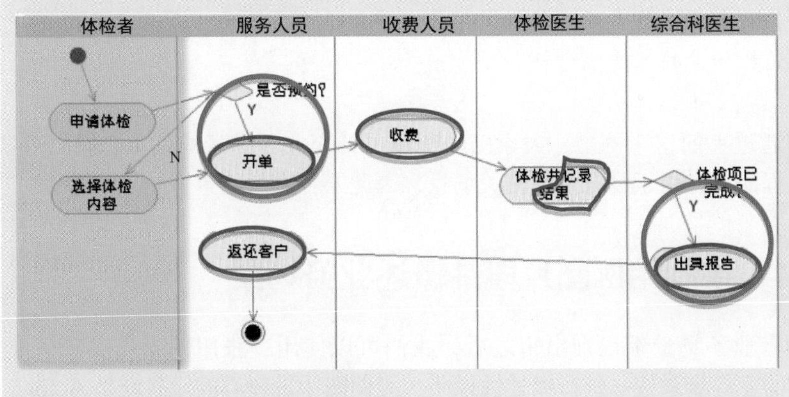

图 12-11 识别出系统要支持的判断点

从上面的案例分析中，大家应该可以理解，这一步骤应沿着流程过程对每个活动、分支、判断点进行分析和思考：哪些业务活动需要系统支持、哪些业务活动需要部分支持，审批点是否属于系统内，判断点是否为独立环节。

12.3.3 补充业务场景

除了由人触发的业务场景，还存在特定时间、特定状态触发的业务场景，它们可能没有在流程图中体现出来。因此，在完成前两步之后，还有必要再花一点时间补充出这类易于遗漏的业务场景。

案例分析

有一天午饭后，小李找我请教业务场景识别的一些技巧。他说："你之前教我们基于流程图来识别业务场景的方法真的相当好用，但你说过还有特定时间、特定状态触发的业务场景，对这我倒没啥直观的理解，你能举几个例子吗？"

"好吧，你想想信用卡业务相关的系统，有什么事情会定时发生呢？"说到这儿我有意停了一会儿，让他有些思考时间，之后接着说："每个月的记账日到了，系统会自动根据之前的消费记录生成账单，这就是特定时间触发的业务场景呀！"

小李马上领悟到了，开心地说："我知道什么是特定状态触发的业务场景了，当某个客户连续一段时间没有还信用卡账单，甚至连最低还款额都没有还时，就需要冻结账户！这个场景就是特定状态触发的。"

我笑着回答说："完全正确，你已经理解了！当然，并不是每个流程、每个系统都存在这种业务场景，因此在使用这个方法时，千万不要抱着非得找出这种场景的想法哦！"

相信通过上面这个例子，大家已经理解了补充业务场景的基本思路。对于之前的体检流程而言，由于没有发现相关场景，因此未补充新场景。

12.3.4 绘制用例图片段并概述业务场景

当所有业务场景都识别出来之后，我们可以使用一张用例图片段来呈现结果，并对里面的业务场景逐一进行概述性说明。用例图中最核心的元素就是 Actor（角色、参与者）与用例，下面重点讲解它们之间连线的含义。

1. Actor 与用例之间的关系

Actor 与用例之间只有两种连线方式：一种是 Actor 指向用例，另一种是用例指向 Actor，如图 12-12 所示。

图 12-12 Actor 和用例之间的关系示意图

（1）Actor 指向用例：读作“某 Actor 可以执行该用例”，表示该系统角色可以通过系统完成相应的业务。

（2）用例指向 Actor：读作“该用例将调用系统 / 通知某 Actor”。如果 Actor 是由人扮演的，则一般指用例在执行过程中会通知他；如果 Actor 是系统扮演的，则一般指用例在执行过程中将调用该系统。

2. Actor 与 Actor 之间的关系

Actor 与 Actor 之间只有一种关系：泛化，表示角色权限继承。当一个低权限的 Actor 能够执行一部分用例时，一个高权限的 Actor 除了能够执行这部分用例，还可以执行一些其他用例，如果直接连线，就容易出现交叉线（见图 12-13 的左图）；这时建议使用泛化关系表示（见图 12-13 的右图），读作“某某 Actor 继承了某某 Actor 的权限”。

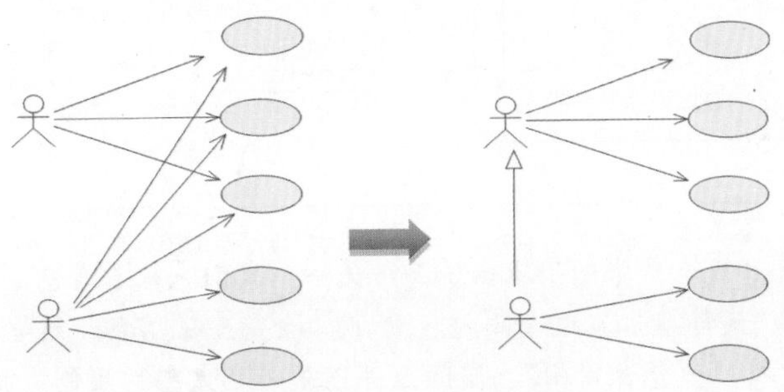

图 12–13　Actor 和 Actor 之间的关系示意图

在任何时候，Actor 与 Actor 之间都不应直接连接。如果它们之间有协作，那么可以思考这种协作是否与系统有关。如果有关，就在它们之间加一个用例；如果无关，就不用操心，毕竟那属于系统外。

3. 用例与用例之间的关系

用例与用例之间的关系是许多实践者最迷糊的地方，误用、乱用的现象时有发生。用例与用例之间只有三种关系是有效的：包含、扩展和泛化。注意，并不存在“使用”关系，至于为什么，可以参考本节中的“5. 用例图给谁看”。

案例分析

需求分析师小赵带着一脸困惑来找我，问道：“用例之间的包含和扩展关系有什么区别呢？泛化这种关系有用吗？我总是稀里糊涂的，您能和我讲讲吗？”

"呵呵，这几种关系实际上非常简单，关键在于把握它们的本质。"说着我就在白板上画了一张如图 12-14 所示的用例图。

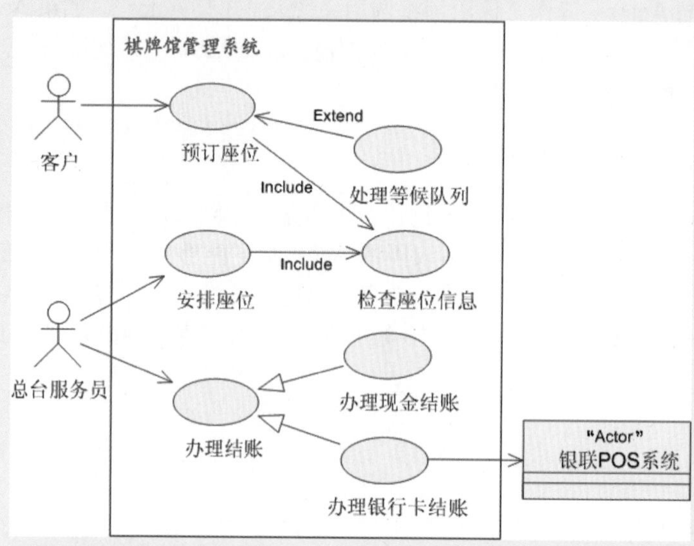

图 12-14　用例图示例

画完之后，我接着说："我在这张图里凑出了三种关系，我们先来看看包含关系吧！在这张图里，'预订座位'这个用例包含了'检查座位信息'这一被包含用例。注意，它叫'被包含用例'，实际上并不是一个完整的用例。你思考一下，在预订座位的过程中，是不是一定会执行检查座位信息呢？"

"一定会执行！"小赵坚定地回答。

"说得对！"我一边回应一边在白板上画出了如图 12-15 所示的示意图，然后接着问："那为什么我们不把它直接当子事件流写在预订座位用例中，却将其抽取成独立的被包含用例呢？"

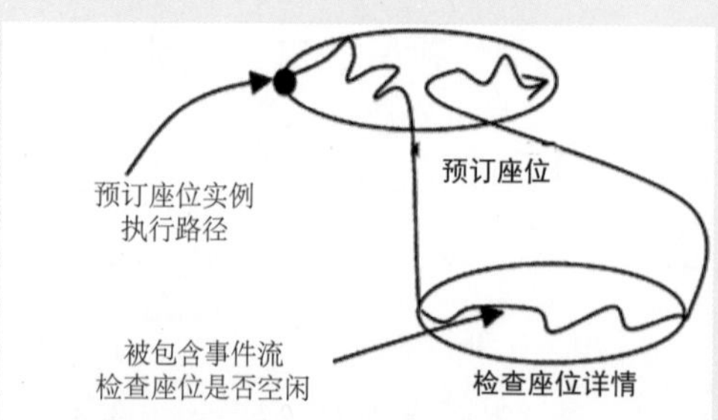

图 12-15　包含关系示意图

“因为预订座位、安排座位两个用例都有这个部分！”小赵很快回答道。

“完全正确！因此包含关系表示的是一定会执行的公共子事件流，而且这一信息通常只有开发团队关心，所以在给用户看的用例图中可以省略这个关系，甚至我们可以在写用例描述时再抽象出该关系。”

“明白了！那扩展关系和它有什么区别呢？”小赵继续问道。

“在刚才那张图里，也存在扩展关系，那就是处理等候队列扩展了预订座位。同样的道理，处理等候队列称为扩展用例，也不是一个完整的用例。照例，你思考一下，在预订座位时，一定会执行处理等候队列吗？”我继续引导他。

小赵略微思考了一下，回答说：“我觉得不一定会执行！”

“完全正确！因此，扩展关系表示的是不一定会执行的扩展事件流。”我边说边在白板上又画了一张扩展关系的示意图，如图 12-16 所示。

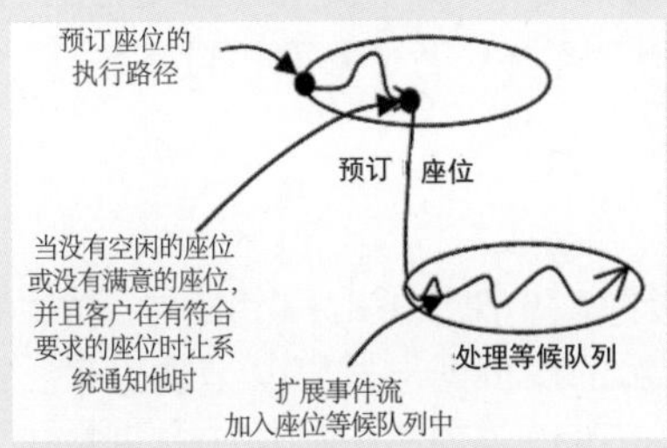

图 12-16 扩展关系示意图

小赵虽然听懂了这个解释，但仍然疑惑地问：“那为什么不直接写在用例的扩展事件流中，而要单独抽取出来呢？”

“太棒了！”我高兴地给予了鼓励，然后解释说：“通常只有在两种情况下我们应该这么做，一是这个扩展的部分具有极强的独立性；二是它的实现优先级比较低，抽取出来告诉用户我们将放在第二步实现！”

“那就是说，扩展关系通常会呈现给客户看，是吗？”小赵问道，我微笑着点了点头。“那泛化关系又有什么用呢？”小赵继续提出新的问题。

“你看，在这个用例图中，办理现金结账、办理银行卡结账两个用例的事件流是不是有很多公共的地方？这就是使用泛化关系的时候了。我们可以使用泛化关系来表示公共的事件流，抽取出‘办理结账’这个泛化用例。”我解释道。

听到这里，小赵连忙问：“公共的事件流、公共的子事件流，包含关系和泛化关系有什么区别？”

“不错不错，你听得好仔细！”我一边表扬他一边在白板上画出了一张新的示意图，如图 12-17 所示。

看到这张图，小赵马上领悟道：“我知道了，泛化关系抽取的公共事件流是不连续的！泛化用例就像用例模板一样！”

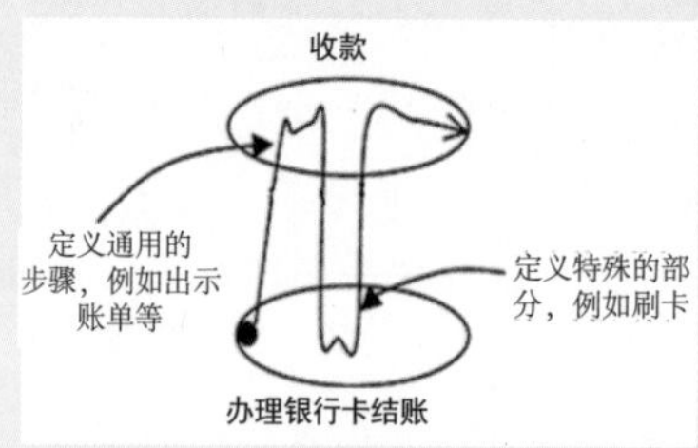

图 12–17　泛化关系示意图

我开心地点了点头，说：“太棒了！就是这样。在使用过程中，我们有两种选择，一种是直接给出两个抽象前的用例；另一种是把抽象前后的用例都呈现给用户，但千万别只给出泛化用例，那样容易使用户感到疑惑。”

4. 用例图片段整理与说明

当我们基于业务流程图识别出 Actor、用例，并补充了由特定时间、特定状态等触发的场景之后，就可以使用如图 12-14 所示的用例图形式将其呈现出来。这时可以适当地抽取出一些扩展关系、泛化关系，也可以等到写用例描述时再精化。完成用例图片段之后，还应该从以下三个角度进行补充说明。

（1）Actor 与最终用户的映射：由于 Actor 是相对于系统的角色，可能是从权限系统角度来抽取的，因此如果引入了新的命名，则应该说明扮演这些 Actor 的是哪些最终用户。

（2）用例概述：针对每个识别出来的用例（除被包含用例、扩展用例、包含用例外），应该用一句话概述它的目的，以便读者快速理解。

（3）用例优先级：根据该用例是否为主营业务、执行频率、是否必备三个方面进行评估，赋予其相应的优先级，建议采用“关键、重要、有用、一般”四级。

5. 用例图给谁看

对于信息系统而言，很多管理者用户都不喜欢看到用例图，怎么办？为何用例与用例之间不应存在“使用”关系？接下来我们来解答这些疑问。

案例分析

需求分析师小李一脸气愤地回到办公室，愤愤不平地说：“这些客户真是太‘弱’了，居然说用例图逻辑混乱！我告诉他这是最先进的需求分析技术，他居然告诉我不管先进不先进，都别再拿这东西给他看！还是中层经理呢，这素质可真够可以的！”

“别生气了，我来看看发生了什么，把你的用例图给我看看！”我一边安慰他，一边拿过来他手中的图，然后圈出左上角的一小部分，如图 12-18 所示。

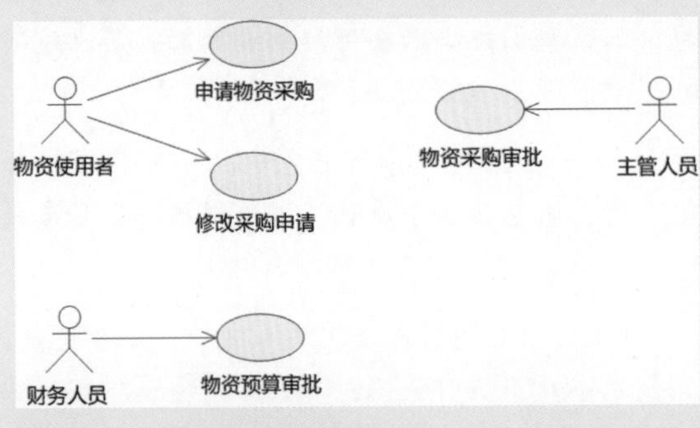

图 12–18　用例图片段示意图

接着我问：“你想想，当管理者客户看到这张图，看到第一个申请物资采购用例时，会想到什么呢？一定是想申请完应该进行物资采购审批，然后在一堆圈圈里进行寻找，找到物资采购审批这个用例之后，会接着找物资预算审批这个用例。而用例图的布局，会使他感觉用例东放一个西放一个，对吧？”

小李听到这里，轻声地回应道：“应该是这样！那我们用使用关系把它们连接起来不就行了吗？”说完他拿起笔将申请物资采购和物资采购审批两个用例用一个箭头线连接在一起。

“继续呀！”我马上回应。小李这时皱了皱眉头，说：“不好继续了，这时有分支，如果审批通过，则转到物资预算审批；如果审批未通过，则转到修改采购申请！这可怎么办？”

我笑了笑，说：“没关系呀，我把表示分支的菱形借你用就行了！”小李听到这里，开心地继续完成了连接，得到了如图 12-19 所示的结果。

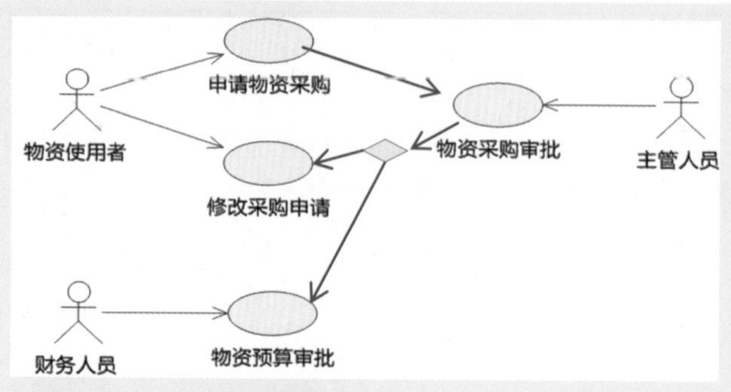

图 12-19　修改后的用例图片段

看到他改完的图，我望着他的眼睛，一字一句慢慢地说："我们现在一起变个魔术，你在脑子中想，如果我们把小人全部移到最上面，那么这时会变成什么？"小李惊讶地说："呀！变成流程图了！"

我接着他的话马上问道："一张用例图中可能包含几个流程呢？如果是一个子系统的用例图，是不是应该包含多个流程？那这样画将会带来什么结果呢？"

"我明白了！难怪你反对在用例之间引入使用关系呢！"小李恍然大悟，可又马上追问道："那用例图岂不是不适合使用？"

"呵呵，管理层用户关注事到事的逻辑，因此更愿意看到流程图；而操作层用户则更关注人到事的逻辑，因此用例图适合他们阅读。所以，我们应该结合使用！"为了加深他的理解，我画了一张说明两种视角的示意图，如图 12-20 所示。

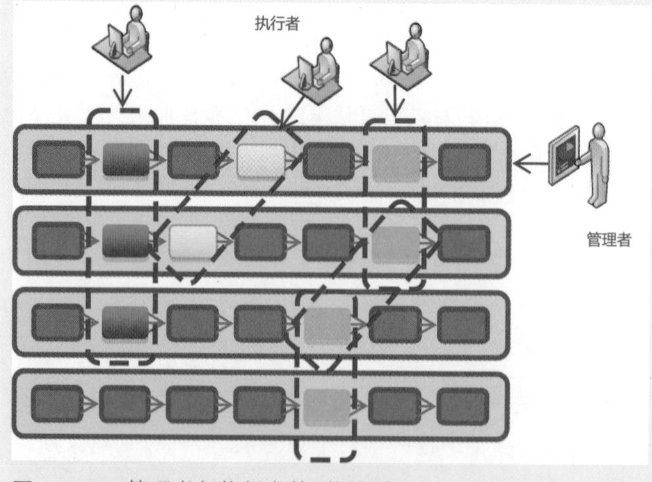

图 12-20　管理者与执行者的不同视角

12.3.5 对无业务流程的系统识别业务场景

如果你分析的是弱流程的信息系统（如 POS 机系统），那么可以采用“第 10 章 业务流程识别”中的方法标识出服务请求，只不过这些服务请求不再需要进一步进行流程分析，直接将它们标识为业务场景即可。

12.4 任务产物

在实践中，我们应该针对每个业务流程识别出系统所需支持的业务场景，然后通过用例图等模型对结果进行整理、呈现，并整理成“业务流程内业务场景描述”，放入需求规格说明书的相应小节中。

12.4.1 业务流程内业务场景描述模板

在业务流程内业务场景描述模板中，分为两个部分。第一部分是图表部分，选择合适的模型呈现出业务场景识别的结果。而我比较推荐在此选择使用用例图，因此在下面的模板中提供了相应的图例，如表 12-1 所示。

表 12-1 业务流程内业务场景描述模板（图表部分）

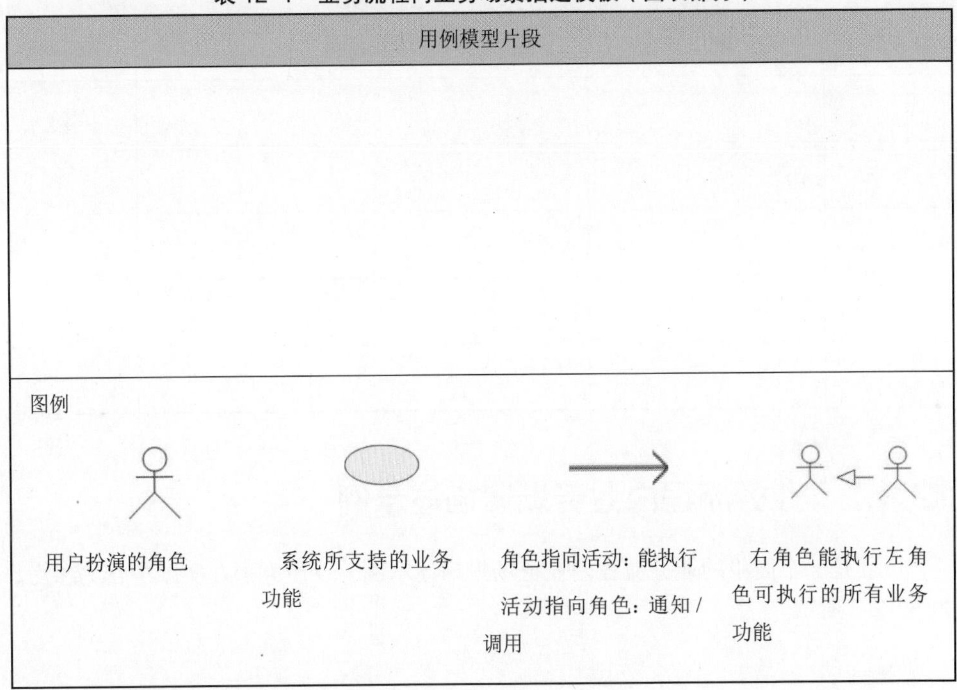

用例模型片段
图例 用户扮演的角色 系统所支持的业务功能 角色指向活动：能执行 活动指向角色：通知 / 调用 右角色能执行左角色可执行的所有业务功能

第二部分则是对识别出来的、通过用例来呈现的业务场景（也可称为业务功能）进行简单的描述，如表 12-2 所示。

（1）最终用户所扮演的角色：针对每个业务场景，我们会提出是什么角色使用的，由于这些角色是抽象的，因此需要与最终用户映射起来。

（2）业务功能（用例）简述：包括类型、用例名称、用例简述和优先级四个栏目。其中，类型用来说明它是新增的还是修改的；用例简述则用来说明该业务场景的核心业务意图。

表 12-2　业务流程内业务场景描述模板（业务场景简单描述）

<table>
<tr><th colspan="4">最终用户所扮演的角色</th></tr>
<tr><td>最终用户</td><td>角色</td><td>最终用户</td><td>角色</td></tr>
<tr><td></td><td></td><td></td><td></td></tr>
<tr><td></td><td></td><td></td><td></td></tr>
<tr><td></td><td></td><td></td><td></td></tr>
</table>

<table>
<tr><th colspan="4">业务功能（用例）简述</th></tr>
<tr><td>类型</td><td>用例名称</td><td>用例简述</td><td>优先级</td></tr>
<tr><td></td><td></td><td></td><td></td></tr>
<tr><td></td><td></td><td></td><td></td></tr>
<tr><td></td><td></td><td></td><td></td></tr>
<tr><td></td><td></td><td></td><td></td></tr>
<tr><td></td><td></td><td></td><td></td></tr>
</table>

12.4.2　业务流程内业务场景描述示例

下面是一个简单的业务流程内业务场景描述示例，以便大家在实践中作为参考，如表 12-3 所示。

表 12-3 业务流程内业务场景描述示例

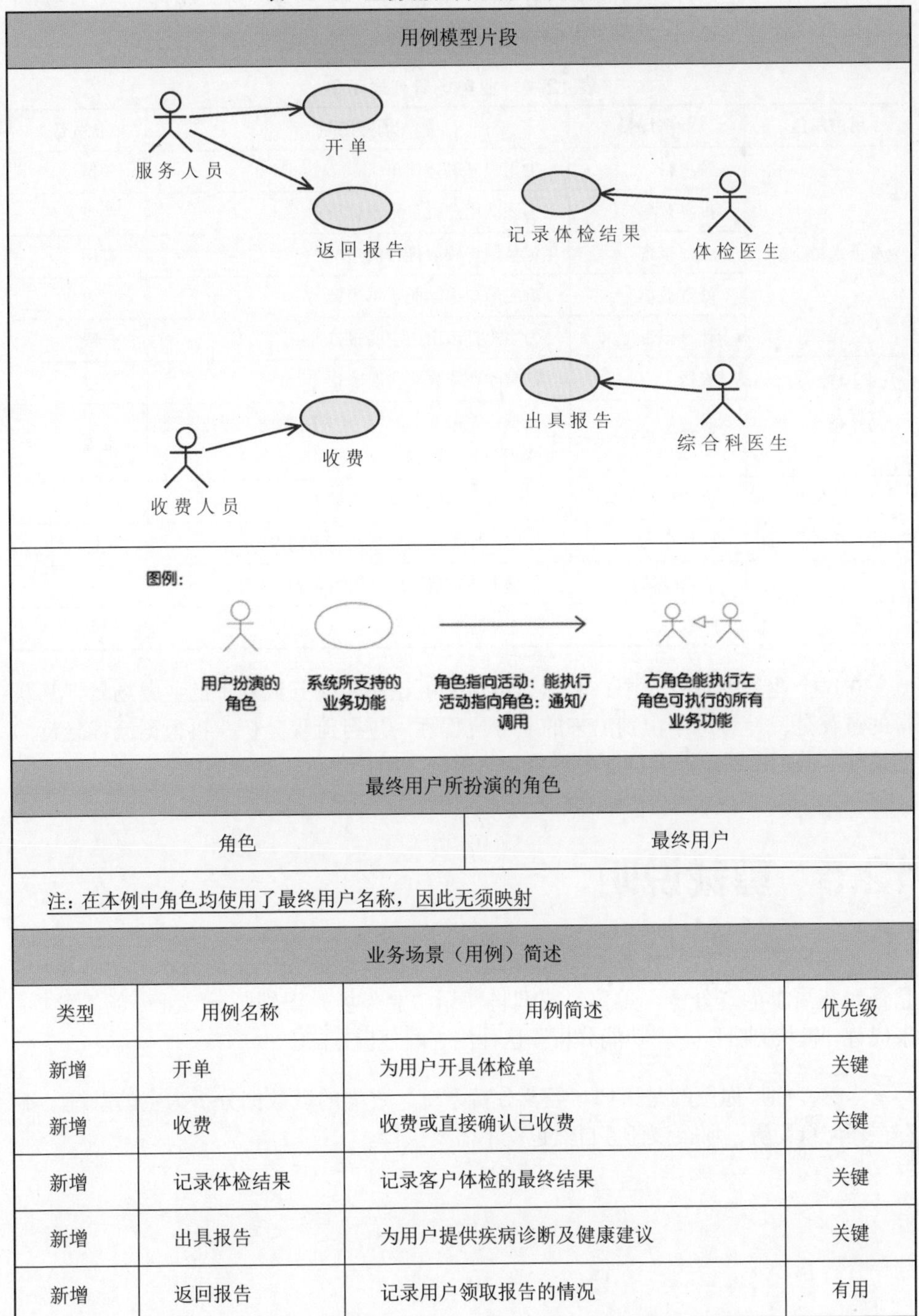

最终用户所扮演的角色	
角色	最终用户

注：在本例中角色均使用了最终用户名称，因此无须映射

业务场景（用例）简述

类型	用例名称	用例简述	优先级
新增	开单	为用户开具体检单	关键
新增	收费	收费或直接确认已收费	关键
新增	记录体检结果	记录客户体检的最终结果	关键
新增	出具报告	为用户提供疾病诊断及健康建议	关键
新增	返回报告	记录用户领取报告的情况	有用

如果你不想在需求分析中引用用例图，或者干脆不想使用“用例”这个概念，那么也可以使用如表 12-4 所示的业务场景列表。

表 12-4　业务场景列表示例

用户角色	业务场景	场景说明	优先级
服务人员	开单	为用户开具体检单	关键
	批量开单	为团队用户批量开出体检单	关键
	返回报告	记录用户领取报告的情况	有用
	处理改单	响应用户中途的改单申请	重要
	补打报告	为用户打印出历史的报告情况	一般
收费人员	收费	日常收费或收费情况确认	关键
	处理补退费	根据用户改单操作计算费用变动，根据变动要求用户补交或退款	重要
体检医生	记录体检结果	记录客户体检的最终结果	关键
综合科医生	出具报告	为用户提供疾病诊断及健康建议	关键
引导员	加入排队	为每个科室建立用户等待队列	一般
系统	叫号	有序管理等待队列	一般

在这个业务场景列表中，实际上包括了不止一个业务流程中的业务场景，其获得的过程是，针对每个识别出来的业务流程逐一进行流程分析，再根据流程分析的结果逐一识别出系统涉及的业务场景，然后按“用户角色”整理而成。

12.5　剪裁说明

业务场景识别这一任务不能被剪裁，因为在以业务为中心的需求分析方法中，它是封装需求的“分子”单位。我们将使用“业务场景识别”→“业务场景分析”来代替“模块划分”→“功能分析”这种传统的分析方法。

当然，如果你做的是诸如“经营分析系统”之类的以数据分析为主的系统，不存在任何行为流，那么该任务自然也就不需要执行。

业务场景分析 13

当我们识别出系统要支持的业务场景之后，将以“场景—挑战—方案”的逻辑来分析每个业务场景，从而导出所需的功能。这种思路将取代传统需求分析方法中使用的“输入、输出、处理”模式。

13.1 任务执行指引

业务场景分析任务执行指引如图 13-1 所示。

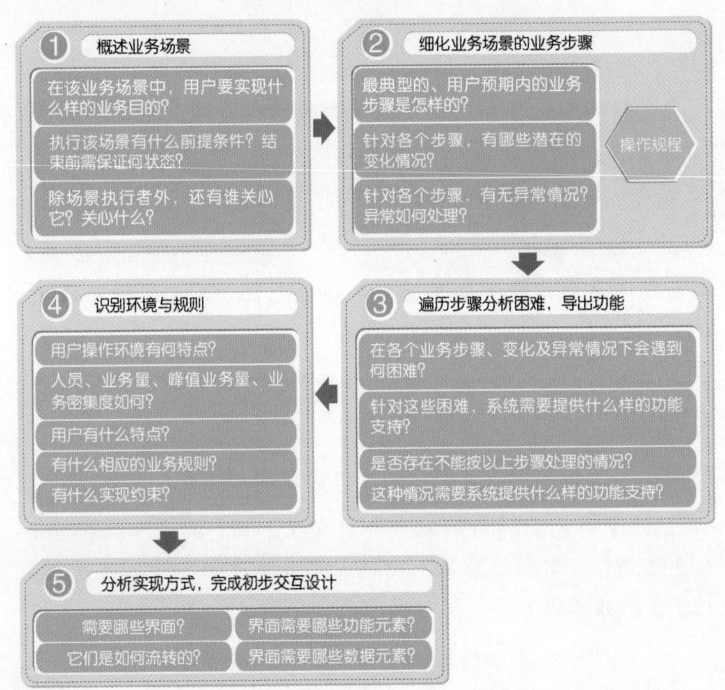

图 13-1 业务场景分析任务执行指引

13.2 知识准备

当识别出业务场景之后，还应该细化业务场景的事件流，从而实现以用户视角发现系统应该提供的功能。要执行好这个任务，则应该深入理解用户视角的场景描述、场景—挑战—方案两个基础思维。

13.2.1 用户视角的场景描述

生活悟道场

（接第 12.2.1 节生活悟道场）当我成功地激发出外婆对相机的兴趣之后，接下来我决定通过用户视角的场景描述思路来帮助她老人家掌握这个新时代的“玩具”。

“外婆，其实拍照这件事相当简单，只有三步：第一步我们要把相机打开；第二步用相机对准要拍的人或东西；第三步把它拍下来！”在这个过程中，我尽量使用最通俗的用户语言，并且仍然将相机藏在口袋里。

外婆开心地说：“是不难，这和看电视很像嘛！先打开电视，然后调个台就可以看了……”

我向外婆竖起大拇指，一边掏出相机一边称赞她：“外婆，你真聪明，现在我来教你怎么做。相机怎么打开呢？你看这里有一个半圆加一竖的符号，这就是开关……”

“对对对，电视开关边上也画着这样的符号。”外婆忍不住打断我说。

“嗯，太对了！”我接着说：“相机打开之后，屏幕就会亮起来；接下来就要对准要拍的人或东西，你看屏幕上这个小白框框住了，就说明对准了。您试试……”

外婆拿着相机，开始了她的“对焦”之旅，当她对准了要拍的小外孙之后，问我：“现在怎么办？”

我轻声地告诉她：“手尽量抓稳，然后按下这个最大的按钮……”

“咔嚓”一声，外婆自己拍的第一张照片完成了。然后我又用相同的方法告诉她如何看这张照片。当相机屏幕上出现了她最疼爱的小外孙可爱的样子时，外婆脸上露出了温馨的笑容，同时也有几分得意。

我趁热打铁地引导她老人家：“外婆，在看电视时如果发现电视已经打开了，那么还需要再开一次吗？”

外婆自信地说:“肯定不要!”我告诉她相机也是这样的。外婆点了点头，然后就开始享受新“玩具”给她带来的快乐了。

晚饭后我陪外婆一起散步，提议外婆再拍几张照片，结果外婆按照之前学的步骤拍了几张，一看都是黑乎乎的，于是一脸诧异地望着我。我笑了笑，问她:“因为现在天太黑了！天黑了应该怎么办呢？”

“开灯呀！”外婆没等我说完就回应了一种方案。

“在家里肯定可以这样做,但如果我们在外面怎么办呢？”我继续引导她。

“那我就没办法了……”外婆悻悻而言。

“没关系，这时我们可以打开相机的灯光。”说着我拿过相机告诉她如何操作。外婆从此不管白天还是夜晚，都能够用她的新“玩具”给大家拍照了。

通过上面这个小小的生活故事，不知道给你带来了怎样的思考。在整个过程中，我放弃了以操作界面为线索的介绍方法（教她先按这里，然后按这里，最后按这里），而是给她创造了一个使用场景，从而提升了代入感。

因为如果使用基于操作界面为线索的讲述，她就必须接受这个复杂的、非用户预期逻辑的操作过程，这是难以融入和理解的。

同样的道理，在需求分析中先梳理出整个使用场景的各个步骤，也就能够让用户更有代入感地发现功能需求。具体怎么做呢？要点就是“场景—挑战—方案”。

13.2.2 场景—挑战—方案

案例分析

需求分析师小李即将开始承担一个新产品的需求分析工作，因此特意找到我请教一个问题:“你常常告诉我们应该抛弃输入、输出、处理的逻辑去思考，而要使用场景—挑战—方案的逻辑，我总是有些糊涂，能够给我举一个例子吗？”

他那求知的神情让我感到无比欣慰，我决定通过一个简单的例子让他建立起新的思维:“嗯，很多技术出身的需求分析人员都常常不容易走出技术思维，这样吧，我们一起来分析一个场景，以便帮助你找到感觉。”

“好吧，之前我帮朋友梳理了一个在线旅游服务网站的需求，大家找到了一堆场景，诸如旅游目的地选择、行程预订、行程计划等。我们就以‘行程计划’这个场景为例，如何？”小李抛出了自己实战中遇到的例子。

我伸手拿过一张白纸，然后说："好的，我们就以这个场景为例吧！你先说说这个场景最典型的步骤，我来给你记录！"

"我们通常会在选择好旅游目的地，并且预订好机票、酒店之后，开始想这几天的旅程应该如何安排；因此，第一步应该去找相关的攻略……"小李开始了自己的陈述。

听到这里，我猛地起身大声说道："等等！你还真是不容易走出实现者的思维呀！为什么看攻略？看攻略是解决方案还是目的呢？在写场景时一定要站在用户的角度……"

"唔……这……"小李被这突如其来的打断直接搞蒙了。

我看着他那一脸无辜的样子乐得不行，一阵笑之后继续开始了我的引导："你想想，看攻略的目的是什么……"

"嗯，目的是确定自己想去的景点、想买的东西、想玩的项目、想吃的美食……"小李终于恢复了他的睿智。

"很好！就是这个感觉！"我一边开心地回应，一边在白纸上写出这一步的文字描述；然后继续问："接下来呢……"通过我们的分析，就得到了如表13-1所示的基本场景过程。

表13–1　基本场景过程

基本场景过程	备　注
1. 确定计划去的"景食娱购点" 2. 确定先后顺序及每个点预计花费的时间 3. 准备相应的行李	

"存在变化的情况吗？"我继续引导小李。小李想了想说："在第二步确定先后顺序时可能会有变化，如发现这样安排时间不够、钱不够……"我表示赞同，同时整理出这两个变体，如表13-2所示。

表13–2　基本场景过程变体

基本场景过程	备　注
1. 确定计划去的"景食娱购点" 2. 确定先后顺序及每个点预计花费的时间 3. 准备相应的行李	
2a. 时间不够 2b. 钱不够	

我指着白纸上的场景描述和小李说："好了，场景细化到此就算完成了，接下来我们来逐一思考在这个过程中用户会遇到什么困难，从第一步开始吧！"

"第一步是确定计划去的'景食娱购点'，我认为用户最大的困难在于不知道有哪些地方值得去，怕错过最精彩的地方……"小李缓缓地说出了自己的分析。

是呀，旅行回来如果大家问起去了某某地方没，如果说没，别人说那你白去了，将是多么郁闷的事情啊！"呵呵，"我笑了笑，然后提议："那我们把这个环节设计成类似购物车选购如何？让他们尽享采购的乐趣……"

"嗯，完全同意！然后提供'分类查看''十大建议''游客必去'等工具来强化体验，让他们更好地享受这个过程！"小李同意了我的观点。与此同时，我在纸上添加了相应的结果，如表 13-3 所示。

表 13-3　基本场景"景食娱购点"

<table>
<tr><td>1. 确定计划去的"景食娱购点"
不知道有哪些？怕漏……
2. 确定先后顺序及每个点预计花费的时间
3. 准备相应的行李</td><td rowspan="2">提供"景食娱购点"购物车，并通过"分类查看""十大建议""旅游必去"等工具强化体验</td></tr>
<tr><td>2a. 时间不够
2b. 钱不够</td></tr>
</table>

"那你觉得第二步的困难是什么呢？"我继续问小李。小李不假思索地脱口而出："这我有经验，就是不知道这些兴趣点之间的距离、交通工具，以及每个兴趣点大致需要花费多少时间……"

"完全同意，因此我有一个创新的想法，我写出来你看看如何？"说着我就在纸上写出了这一想法，如表 13-4 所示。

表 13-4　基本场景困难

<table>
<tr><td>1. 确定计划去的"景食娱购点"
不知道有哪些？怕漏……
2.确定先后顺序及每个点预计花费的时间
不知道距离、游玩时间、交通工具
3. 准备相应的行李</td><td rowspan="2">提供"景食娱购点"购物车，并通过"分类查看""十大建议""旅游必去"等工具强化体验。

在地图上显示所选的兴趣点，标注出每个景点的游玩时间、推荐路径、两点间交通建议及预计耗时，同时统计总耗时、总花费。

当时间或钱不够时，就直接在地图上将某个景点剔除，系统会自动重新计算</td></tr>
<tr><td>2a. 时间不够
2b. 钱不够</td></tr>
</table>

“这个方案不错，我回头告诉我朋友，仔细讨论一下技术可行性。”小李显得相当开心。

“怎么样？这就是场景—挑战—方案的逻辑，你有体会了吧？”我顺势做了一个总结。小李点点头，充满自信地告诉我：“今天的收获很大，我将在实践中不断用这种方法来武装自己！”

相信通过这个小案例，大家都对这种思考方式有了直观的了解，简单总结如下。

（1）场景细化：将场景细化为事件流，先整理出用户预期的正常步骤，然后写出变化的情况。

（2）问题 / 挑战识别：针对每一个步骤，站在用户的角度来思考他们会遇到什么问题，面对什么样的挑战。

（3）思考应对方案：针对这些问题，思考系统应该提供什么样的功能。在这之后，你就可以开始初步的交互设计了。

13.3 任务执行要点

如果你已经理解了上一节中提到的“场景—挑战—方案”的思维逻辑，那么执行“业务场景分析”这一任务就游刃有余了。

该任务一共有五个步骤，实际上就是对这一思维逻辑的一些补充：概述业务场景；细化业务场景的业务步骤（场景部分）；遍历步骤分析困难，导出功能（挑战、方案部分）；识别环境与规则；分析实现方式，完成初步交互设计。

13.3.1 概述业务场景

针对一个业务场景进行分析，首先需要概述业务场景，以便大家对这个场景建立总体的认识。具体来说，如图 13-1 所示，有三个思考点。

（1）在该业务场景中，用户要实现什么样的业务目的？

也就是用一句话概述用户执行该业务场景所要达成的业务目的是什么。建议使用用户语言，重在传达用户的意图。例如，规划旅行的详细行程安排。这部分信息应填入业务场景分析模板的“任务简述”栏中。

（2）执行该场景有什么前提条件？结束前需保证何状态？

对于一个业务场景而言，有时是有执行条件的，有时则是在业务场景结束前必须保证满足某个状态。在用例分析理论中也有相应的点，分别称之为前置条件和后置条件。但要注意的是，根据我的经验，存在这些条件的业务场景（或称为用例）并不多，大概占 30% 左右。

那么什么是执行条件（或称为前置条件）呢？其实就是用户在执行该业务场景之前，系统需要检查什么状态。例如，用户在执行行程计划这个业务场景之前，必须已经选择了旅行目的地。

那么什么是结束前需保证的状态（或称为后置条件）呢？其实就是用户在结束该业务场景之前，系统需要检查以确保什么状态。例如，用户在电子商务网站下单这个业务场景，在结束前系统需要检查下单数是否小于库存数。

这部分信息应该填入业务场景分析模板的“任务前提”栏中，并注明是执行业务场景前检查（前置条件）还是业务场景结束前检查（后置条件）。

（3）除场景执行者外，还有谁关心它？关心什么？

在一个业务场景中，除了执行它的用户，还可能涉及上游、下游、管理者、协作者等其他关心该场景的人。对于关键的业务场景来说，还有必要思考他们有什么关注点，是否需要提供一些功能来满足这些需求。但并不是每个业务场景都需要进行这样的分析。

13.3.2 细化业务场景的业务步骤

当我们完成对业务场景的概述之后，接下来的核心工作就是细化业务步骤（场景展开）；问题识别；制订方案，导出功能，其执行过程如图 13-2 所示。

在细化业务场景的业务步骤时，可以通过访谈用户代表，观察他们的工作，或者直接收集他们的操作规程作为输入。在执行的过程中，可以思考三个问题：最典型的、用户预期内的业务步骤是怎样的（基本事件流）？针对各个步骤，有哪些潜在的变化情况（扩展事件流）？针对各个步骤，有无异常情况，异常如何处理（异常事件流，通常是错误处理部分）？

如果把各个业务步骤用图呈现出来，那么可以得到如图 13-3 所示的示意图，在此图中我们还把上一节中提到的前置条件、后置条件也一并表示出来了。

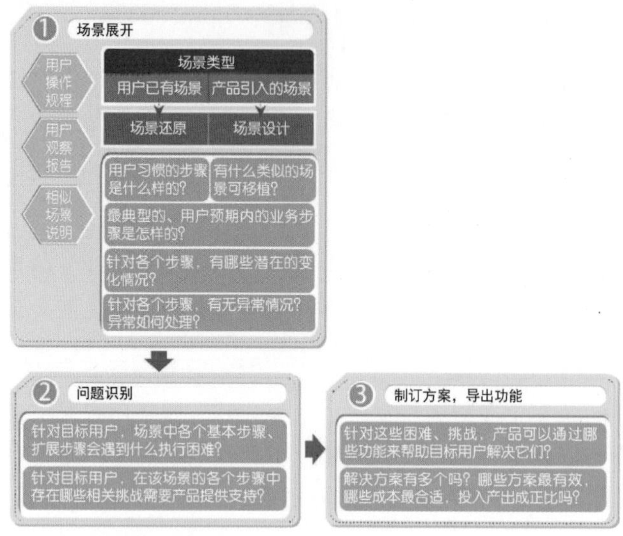

图 13-2 场景—挑战—方案分析指引

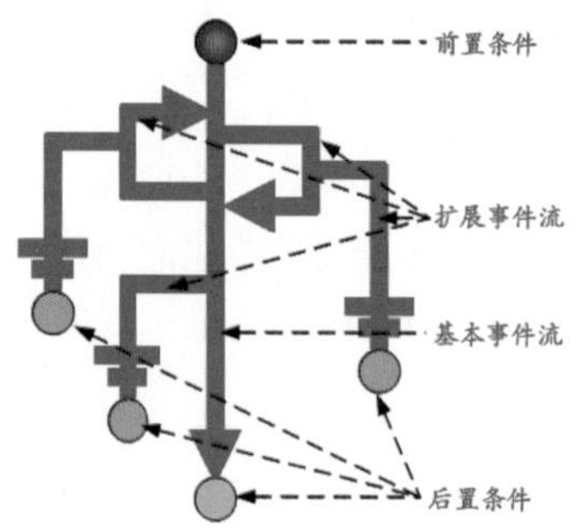

图 13-3 事件流图示

具体的梳理方法我们已经在第 13.2.2 节“场景—挑战—方案”中列举过例子了，在这里不再重复，仅对一些写作要点进行补充说明。

1. 重在人机交互而非人机界面，重在用户意图而非用户动作

案例分析

我接触过很多用例实践团队经常会在用例描述（业务场景描述）中引入大量的人机界面元素，如表 13-5 所示，这是一个很有代表性的例子。

你读完之后感觉清晰吗？很多人反馈说写得不清楚，因而有人直接把一条变成几条，篇幅大大增加后更让人看得一头雾水。实际上其原因是直接写出了用户界面，只体现了用户动作，而非用户意图。正确的做法如表 13-6 所示。

表 13-5　登记课程用例描述

场景名称：登记课程

事件流：

1. 显示一张空白的课程表。

2. 显示所有课程的列表，方式如下：左端窗口按字母顺序列出系统中的所有课程；底部窗口显示突出课程的上课时间；第 3 个窗口显示当前课程表中的所有课程。

3. 选择课程。

4. 学生单击某一课程。

5. 更新底部窗口，显示该课程的上课时间。

6. 学生单击该课程某一时间，然后单击“添加课程”按钮。

7. 检查学生是否学习了必需的前导课程，以及该课程是否没有限制。

8. 如果该课程没有限制，而且学生也学习了必需的前导课程，则把该学生加入该课程中。显示更新的课程表，这里应该出现新添加的课程。如果上述检查结果为否，则显示一条消息：“你还没有学习前导课程，请选择其他课程。”

9. 在课程表中将该课程标记为“已登记”。

10. 学生单击“保存课程表”按钮，课程选择结束。

11. 保存课程表，返回主选择屏幕。

表 13-6　修改后的登记课程用例描述

场景名称：登记课程

事件流：

~~1. 显示一张空白的课程表。~~

1. 学生请求提供一张新课程表。

~~2. 显示所有课程的列表，方式如下：左端窗口按字母顺序列出系统中的所有课程；底部窗口显示突出课程的上课时间；第 3 个窗口显示当前课程表中的所有课程。~~

2. 系统准备好空白的课程表表格，从“课程分类系统”中抽取已开设的和可选的课程列表。

~~3. 选择课程。~~

~~4. 学生单击某一课程。~~

~~5. 更新底部窗口。显示该课程的上课时间。~~

~~6. 学生单击该课程某一时间，然后单击“添加课程”按钮。~~

3. 学生从系统提供的上述课程中选择主修课程和选修课程。

~~7. 检查学生是否学习了必需的前导课程，以及该课程是否没有限制。~~

~~8. 如果该课程没有限制，而且学生也学习了必需的前导课程，则把该学生加入该课程中。显示更新的课程表，这里应该出现新添加的课程。如果上述检查结果为否，则显示一条消息：“你还没有学习前导课程，请选择其他课程。”~~

~~9. 在课程表中将该课程标记为“已登记”。~~

4. 针对选中的每门课程，系统确认学生学习过必需的前导课程，再把学生添加至该课程中，并在课程表中标记学生“已登记”该课程。

~~10. 学生单击“保存课程表”按钮，课程选择结束。~~

~~11. 保存课程表，返回主选择屏幕。~~

5. 学生说明课程表已经填好之后，系统保存课程表。

通过上面这个案例大家应该可以发现，从“用户意图”角度陈述“人机交互”的写法不但更加简洁，而且更加易懂。人机交互指的是人、系统分别做什么；人机界面则指系统的 UI，不宜用文字写出，而应该考虑用初步交互设计代替。

这应该很好理解，但什么是用户意图？什么又是用户动作呢？这有点只可意会不可言传的感觉，或许下面的隐喻故事能够更好地帮助你理解。

生活悟道场

假设你听到这样的一段足球解说：“有一个球员接到球，向自己的右上方 45° 角传球 7 米，另一个球员接球后向自己的右上方 30° 角传球 3 米，这时跟上的球员向正前方推射 1 米，球进了……”

看到这里你迷茫了没？是不是有点不知所云的感觉？不过我能够肯定你最有印象的是最后的“球进了”三个字，因为只有这三个字讲的是意图，其他都是动作。对于相对陌生的场景而言，我们的大脑并不太容易通过这种细节描述重现画面，而更喜欢听到“意图”级的描述。

因此，我们听到的足球解说都是这样的：“有一个球员接到球后，右路沉底、底部传中、中路突破，球进了……”

2．不是写程序，而是结构化陈述

由于很多需求分析人员都是技术出身，甚至是开发出身，因此经常在写场景描述时很容易带入大量的分支、循环结构。但实际上这是不易读的，你可以想象一下，在读一段程序时，你会遇到分支进分支、循环进循环的情况吗？实际上你会将其转换成顺序结构来阅读。

案例分析

我们先来看一个在用例描述中直接采用“如果……那么……”之类的结构显性或采用其他方式隐性地引入分支的例子，如表 13-7 所示。

在这段描述中，带下画线的部分就是显性、隐性的分支；这种分支会带来阅读困难，应该改用扩展事件流来描述，如表 13-8 所示。

接下来，我们再看一个在用例描述中采用“重复执行第 × 步到第 × 步”之类的结构显性地引入循环的例子，如表 13-9 所示。

表 13-7 请求升舱用例描述

场景名称：请求升舱

事件流：

1. 乘客输入自己的常客账号，并请求座位升舱。
2. 如果乘客是一位飞行常客，那么系统将显示他当前飞过的里程数及最近的飞行记录。
3. 系统确认有可供升舱的座位。
4. 系统对乘客的座位进行升舱，从客户的常客账号中扣除相应的积分。
5. 在请求升舱时，乘客还可以购买更多的升舱积分。系统为客户提供一个升舱凭证。

表 13-8 修改后的请求升舱用例描述

场景名称：请求升舱

事件流：

1. 乘客输入自己的常客账号，并请求座位升舱。

~~2. 如果乘客是一位飞行常客，那么系统将显示他当前飞过的里程数及最近的飞行记录。~~

~~3.~~ 2. 系统确认有可供升舱的座位。

~~4.~~ 3. 系统对乘客的座位进行升舱，从客户的常客账号中扣除相应的积分。

~~5. 在请求升舱时，乘客还可以购买更多的升舱积分。~~系统为客户提供一个升舱凭证。

备选事件流：

1a. 乘客是一个飞行常客。

  1a.1 系统显示他当前飞过的里程数及最近的飞行记录。

3a. 乘客没有足够的升舱积分。

  3a.1 乘客购买额外的升舱积分。

表 13-9 提交订单用例描述

场景名称：提交订单

事件流：

1. ……
2. 系统读取订单中的所有订单项，并重复执行第 3～5 步，直至对所有订单项均完成处理。
3. 系统根据订单项中的商品，计算出相应的折扣值。
4. 系统根据客户的等级，计算出相应的折扣值。
5. 系统将两个折扣值中更低的作为该订单项的最终价格。
6. ……

这种写法经常会让读者无比抓狂，一不小心就产生错误理解，应该改用子事件流来描述，如表 13-10 所示。

表 13-10 修改后的提交订单用例描述

场景名称：提交订单

事件流：

1. ……

2. 系统读取订单中的所有订单项，~~并重复执行第3～5步，直至对所有订单项均完成处理~~并对每个订单项进行折扣处理。

~~3. 系统根据订单项中的商品，计算出相应的折扣值。~~

~~4. 系统根据客户的等级，计算出相应的折扣值。~~

~~5. 系统将两个折扣值中更低的作为该订单项的最终价格。~~

6. ……

子事件流：

折扣处理：

1. 系统根据订单项中的商品，计算出相应的折扣值。
2. 系统根据客户的等级，计算出相应的折扣值。
3. 系统将两个折扣值中更低的作为该订单项的最终价格。

相信大家从上面的案例中可以得出结论：不要用“如果……那么……”之类的结构，改用扩展事件流表示；不要用“重复执行……”之类的结构，改用子事件流表示。

案例分析

我们再结合本书贯穿案例“体检医院管理系统”中的一个业务场景“收费人员：收费”，呈现一下分析过程。首先找到一切正常的情形，完成场景展开，生成基本事件流。

然后基于这个基本事件流分析可能存在的扩展事件流，并通过编号体现出扩展点（例如，2a 表示第 2 步的一个扩展，2b 则表示第 2 步的另一个扩展），得到如图 13-4 所示的结果。

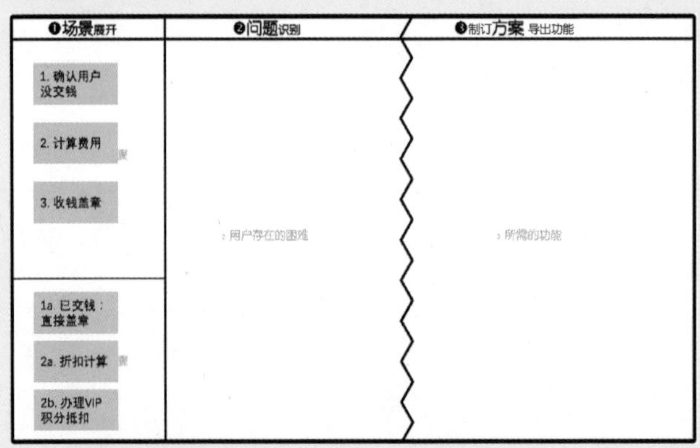

图 13-4 业务场景分析——场景展开示例

13.3.3 遍历步骤分析困难，导出功能

在用例分析的方法中，用例描述通常就是细化业务步骤，但这样的写法与要实现的功能并没有形成有机的关联。因此，我们建议在此基础上通过“遍历步骤分析困难”的方法，导出所需的功能。简单地说，就是针对每一步骤与客户了解存在的困难、挑战，然后构思系统解决方案。

在这个步骤中，一般建议从两个角度来思考。首先是执行这些步骤时会遇到什么困难，也就是思考“在各个业务步骤、变化及异常情况下会遇到何困难？”“针对这些困难，系统需要提供什么样的功能支持？”两个问题。

其次是分析是否存在一些关键例外会带来执行上的麻烦，也就是思考“是否存在不能按以上步骤处理的情况？”“这种情况需要系统提供什么样的功能支持？”两个问题。

对于执行这些步骤时会遇到什么困难，我们在第 13.2.2 节中已经列举了例子，接下来我们就通过一个例子来说明关键例外的情况。

生活悟道场

在百货商场购物时，我时常注意到收银台除了有“先进”的电脑收银机，还常常有“古老”的计算器。我每次都觉得它十分扎眼、不和谐，总感觉这是对 IT 系统的一种讽刺。

因此，我决定一定要“发现”这个古老玩意儿为什么还能够相伴于先进的收银系统。功夫不负有心人，我终于发现了一个这样的场景：当顾客买了一件衣服感觉不满意，办理退、换货时，就会用到它。

收银员在处理这样的场景时，首先要办理一个“退货”业务，然后办理一个“购买新商品”业务，因为系统并没有提供“退、换货”这样的场景。麻烦之余，还有一个可恶的地方，这两个业务产生的差价系统是不会计算的，因此收银员就需要拿起计算器“手动”计算。

这就是一个关键例外，如果需求分析人员能够发现它，就可以在系统中提供相应的功能来解决这个问题。

案例分析（续）

针对上一节中业务场景“收费人员：收费”展开的场景，我们可以针对每一个步骤进行进一步的分析（也可以通过和真实的用户进行访谈或情景模拟得到），看看用户在执行这个步骤时可能会遇到的问题。

例如，第一步“确认用户没交钱”，这一动作在没有使用信息系统时，财务部门会提供一张“已交款的客户名单”，收费人员会根据用户提供的姓名、电话等信息来确认用户是否已经交过钱。在这个过程中，会因为更新不及时而找不到用户交费信息，也可能因为清单太长而查找缓慢。

针对这个问题，自然就分析出系统应该提供相应的功能去解决这样的问题，如图 13-5 所示。

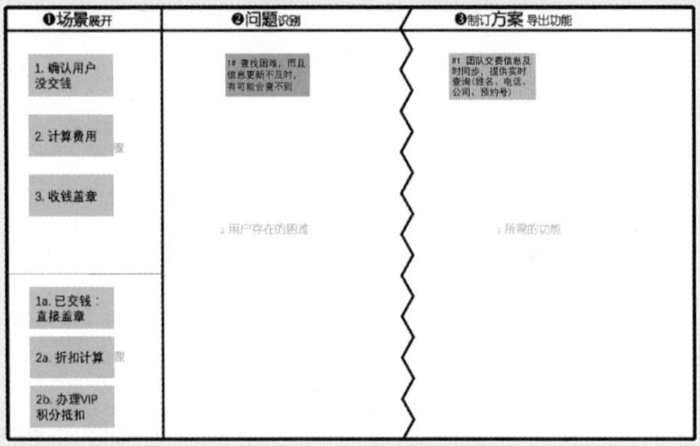

图 13-5　业务场景分析——识别问题 / 导出功能 1

在实际的分析工作中，我们应该针对左边场景展开的每一个步骤逐一识别用户可能遇到的困难，然后推导出系统应该提供的功能，如图 13-6 所示。

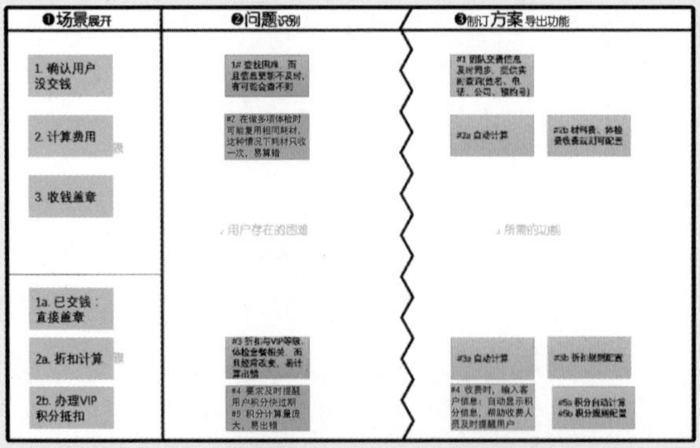

图 13-6　业务场景分析——识别问题 / 导出功能 2

如果使用用户故事法来组织需求，那么我们可以将场景中的基本事件流、扩展事件流、第一组问题都拆分成一个用户故事，如图 13-7 所示。

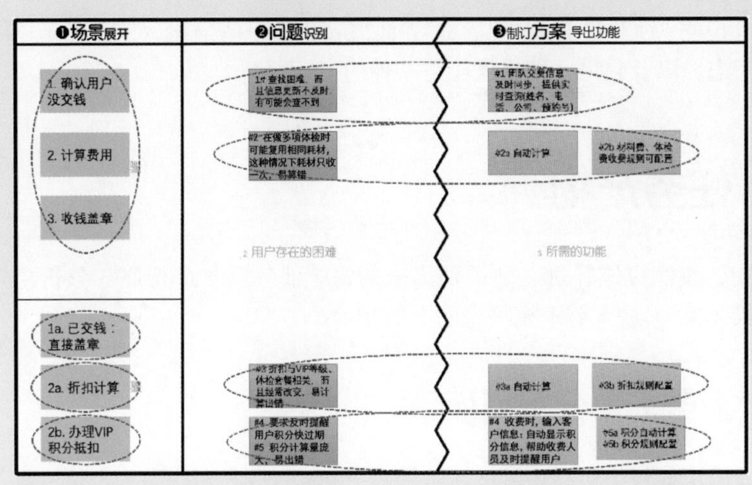

图 13–7 业务场景分析——拆分成用户故事

13.3.4 识别环境与规则

质量要求和约束是有局限性的，在分析一个业务场景时，还应该考虑到环境、业务特点给系统实现带来的要求和影响。通常可以从以下几个方面着手分析。

（1）性能相关：主要包括执行该业务场景的人数、典型的业务量、达到峰值时的业务量、密度（特别是一天内业务发生的频率不一时需要说明）。

（2）易用性相关：主要是用户的成长经历和相关系统使用经验，它对于系统易用性设计而言有指向性作用。

（3）部署环境相关：说明用户所在的网络、软硬件等相关环境。

13.3.5 分析实现方式，完成初步交互设计

很多需求分析人员常常问我，需求分析需要做交互设计吗？我总是给予其肯定的答案，不过强调是“初步交互设计”，起到澄清需求的作用，作为后续专业交互设计师（UI/UE）完成最终设计时的建议或约束。而初步交互设计中主要包括以下几个方面的内容。

（1）交互过程：其也可以理解为界面流转图，用来表达你希望系统如何来实现该

场景的所有业务步骤。

（2）静态快照：每个页面上的具体内容，可以使用纸上原型呈现。

（3）设计说明：针对每个页面内容、界面流转进行一些描述，核心在于说明自己为什么这样考虑，以及它是一种建议还是一种约束。

13.4 任务产物

在实践中，我们应该针对之前识别出来的每个业务场景进行逐一分析，并整理成“业务场景分析”，放入需求规格说明书的相应小节中。

13.4.1 业务场景分析模板

业务场景分析模板中包括场景概述、场景分析、关键例外三部分；对于业务系统而言，场景就是操作层用户要执行的任务，因此在模板中用“任务”来代替“场景”一词，以便用户更易于理解。

（1）场景概述：说明该场景 / 任务的名称（任务名称）、该场景 / 任务的执行目的（任务简述）、执行该场景 / 任务的前提条件（任务前提），以及该任务出现的频率（任务频率）。

（2）场景分析：以“场景 / 任务、问题 / 挑战、方案 / 所需功能”的形式整理分析结果。其中，“子任务（子场景）”一栏填写该场景最预期的步骤及每个步骤的问题；“任务变体（扩展事件流）”一栏则填写一些扩展事件流及相应的问题；最后在“所需功能描述”部分写出这些问题、挑战所需要的功能，如表 13-11 所示。

（3）关键例外：在该场景中一些特殊的、需要开发特定功能来支持的场景例外，这部分并不是必填的。需要注意的是，它们并不是一种正常执行过程中的分支（或称为变体），而是一种例外情况，如酒店前台要接待一个旅游团就是“办理入住”这个任务的关键例外。

表 13–11　业务场景分析模板

任务名称	
任务简述	
任务前提	
任务频率	

续表

<table>
<tr><td>任务（场景展开）及问题</td><td>所需功能描述</td></tr>
<tr><td>子任务（子场景）</td><td rowspan="4"></td></tr>
<tr><td></td></tr>
<tr><td>任务变体（扩展事件流）</td></tr>
<tr><td></td></tr>
<tr><td colspan="2">关键例外</td></tr>
<tr><td colspan="2"></td></tr>
</table>

13.4.2 业务场景分析示例

下面是一个简单的业务场景分析示例，以便大家在实践中作为参考，如表 13-12 所示。

表 13-12 业务场景分析示例

<table>
<tr><td>任务名称</td><td colspan="2">收费</td></tr>
<tr><td>任务简述</td><td colspan="2">没交钱，收钱盖章；交过钱，直接盖章</td></tr>
<tr><td>任务前提</td><td colspan="2">已开单（前置条件）</td></tr>
<tr><td>任务频率</td><td colspan="2">6 个收费人员，一次上班 2 个；200 笔 / 天；节假日、周末，+30% ～ 50%；
上午 2 小时，完成 95% 的收费</td></tr>
<tr><td colspan="2">任务（场景展开）及问题</td><td>所需功能描述</td></tr>
<tr><td colspan="2">子任务（子场景）</td><td rowspan="2">提供查询是否已交钱的功能（查询关键字：姓名、电话、公司）。

需提供一个自己计算的功能（材料费收费、体检费标准）</td></tr>
<tr><td colspan="2">1. 确认没交钱
太难找
交费信息更新不及时
2. 计算费用
材料费不是重复收的
3. 收钱盖章</td></tr>
</table>

续表

<table>
<tr><th>任务变体（扩展事件流）</th><th></th></tr>
<tr><td>1a. 已交钱：直接盖章
2a. 折扣计算
不同 VIP 等级，折扣不一样
不同的套餐组合，折扣也不一样
折扣规定还经常变化
2b. VIP 积分抵扣
要提醒他积分快过期，易忘记
要计算新的积分，麻烦</td><td>系统应提供折扣表可配置功能，以便能够自动根据配置的折扣表计算折扣。

系统自动提醒操作人员该客户可以办理积分抵扣业务。
系统将自动完成积分计算</td></tr>
<tr><td colspan="2">关键例外</td></tr>
<tr><td colspan="2">例外情况：有时收费人员会遇到一个客户过来要给多个客户交钱的情况。
所需功能：这时希望系统能够自动累加多个收费单所需的总费用，以便减少手动计算所需的时间，避免因此而产生错误</td></tr>
</table>

13.5 剪裁说明

“业务场景分析”这一任务不能被剪裁掉，因为在以业务为中心的需求分析方法中，它是对封装需求的“分子”单位进行分析的。我们将通过对业务场景进行分析，推演出用户所需要的功能需求。

同样，如果你做的是诸如“经营分析系统”之类的以数据分析为主的系统，那么它既然不存在业务场景识别任务，也就不会涉及业务场景分析任务。

功能需求主线子篇
——管理支持部分

14 管理需求分析

正如我们前面所说，信息系统的核心价值之一是支持管理，而管理支持的核心是通过管理流程事前规避风险，通过规则和审批事中控制风险，通过数据分析进行事后优化。

前两个部分通常与业务流程识别、分析相结合，而通过数据分析实现管理需求就是本任务的核心主题。该部分重在分析其目的，即识别管控点。

14.1 任务执行指引

管理需求分析任务执行指引如图 14-1 所示。

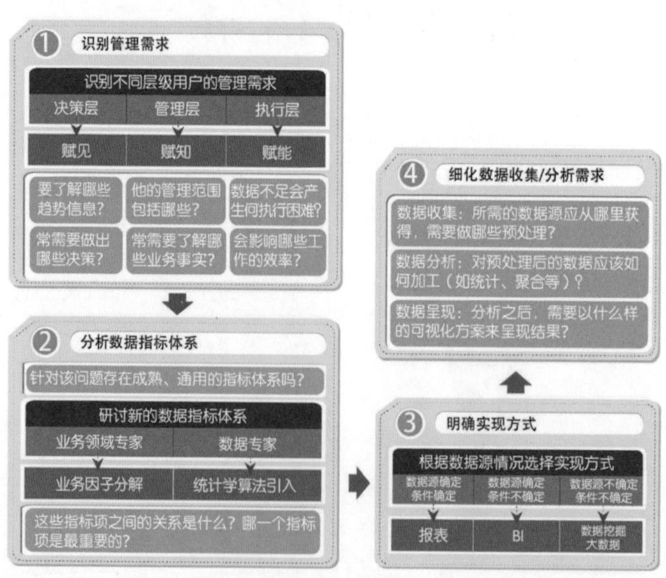

图 14–1　管理需求分析任务执行指引

在分析管理需求时，首先应该以决策层、管理层、执行层（标识管理者）等不同视角，通过职责分析、问题分析和案例借鉴三种方法识别出管理需求（标识管控点）；然后针对识别出来的管理需求分析数据指标体系；最后梳理数据源和数据分析方法，如图 14-2 所示。

管理需求分析任务板(EXE-E02)

COPYRIGHT BY PMCDC/XUFENG

❶识别管理需求	❷分析数据指标体系	❸明确数据分析需求	
☐决策赋见 ☐管理赋知 ☐执行赋能 1-1 职责分析 (工作职责驱动)	2-1 罗列潜在因子 (相关的数据项有哪些)	数据收集及处理需求	3-2 明确数据来源 (从哪收集、做何预处理)
1-2 问题分析 (问题解决驱动)	2-2 定义指标体系 (分解、公式、混合…)	数据分析需求	3-2 概述分析方案 (报表、BI、大数据分析)
1-3 案例借鉴 (行业竞争驱动)			

图 14–2 管理需求分析任务板

14.2 知识准备

要想有效地识别出系统应该支持的管控点，首先需要深入理解数据不是信息、什么是管控点两个知识点。

14.2.1 数据不是信息

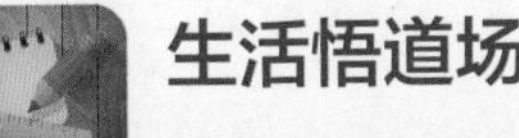

生活悟道场

当你要去某城市出差，查天气预报，发现白天是 0℃左右时，你会做出什么样的判断？是觉得天寒地冻，还是觉得气温还行呢？相信来自不同地方的朋友会有不同的感受。

对于出生、成长在北方的朋友来说，会感觉这温度还不错；而对于自幼在春暖花开的南方生活的朋友来说，或许就是天寒地冻的感觉。我出生、成长在南方，第一次到北方出差，一看是这样的温度，就和伙伴们带上了尽可能多的衣物，可是到了目的地，着实感到一种被恶狠狠地骗了一回的感觉……

大家不妨思考一下，我们想获知的是温度数据吗？其实不是，我们只是想知道如何穿衣服、能不能洗车等。而“墨迹天气”懂了，其在边上加上了穿衣指数、洗车指数……这才是信息。

不过每当我打开“墨迹天气”，看到穿衣指数中显示“绒衣”时，却仍然会陷入纠结。首先，这到底指的是什么样厚度的衣服呢？其次，我这种还算抗冻的生物是否有必要穿这么厚呢？想到这里，我不由得打开了当地的“实景天气”，看看街上的人都是怎么穿的，也就有了自己的答案……

相信通过这个小小的故事，会给大家带来一些思考。是的，数据与信息是有距离的，而这个距离就是“Why”所带来的，多问问用户为什么要看到这些数据，这些数据有什么作用，你必将会看到“另一个世界”，也就能更深入地理解其中的需求。

案例分析

记得“数据仓库”这个概念第一次风靡的时候，就有一个“啤酒与尿布”的故事，通过数据分析告诉大家一个意外的结果，说这两件商品经常一起销售，从而证明其价值。

不过我却认为这个数据“不够完整”，为什么呢？可以换位思考一下，假设你是一个超市的老板，看到这样的数据会做出什么决定呢？例如，从摆放位置的角度来说有两种选择：把它们尽可能地放在一起，以提升客户的满意度；把它们尽可能地放在不同的地方，使客户多走走，增加停留时间、增加销售机会。

你会做出什么样的选择呢？如果是前者，那么数据够用了！如果你和我一样选择后者，那么数据就不够用了。我还需要知道把啤酒与尿布一起放到购物车里的是男性客户还是女性客户。

如果是男性客户把这两样东西一起放到购物车中，则可以判断出啤酒是他的兴趣，而尿布是使命（你甚至可以推理出他老婆让他出来给儿子买尿布，他顺便给自己带瓶啤酒）。那么他会为什么商品花时间呢？显然是兴趣，找到尿布完成使命之后，他会花更多的时间来找啤酒。

但如果是女性客户把这两样东西一起放到购物车中，那么形势就发生了根本性的变化，尿布是兴趣，而啤酒是使命（你甚至可以推理出她告诉老公要去给儿子买尿布，老公让她顺便带瓶啤酒）。那么她肯定愿意花时间找尿布，找到尿布后只会简单找找啤酒，没看到啤酒就会离开，回家告诉老公说没找到就是了……

每当看到身边研究数据挖掘、大数据的朋友时，我总会告诉他们这个故事，提醒他们：当有客人到家里来做客时，如果要让客人开心，那么要做的事不是打开冰箱看看有什么东西，然后决定做什么菜；而是应该基于客人的喜好去市场买些东西，这样才能做出他们喜欢的菜。

14.2.2 什么是管控点

案例分析

记得多年前遇到一个做“考勤系统”产品的朋友，有一次谈及该产品中提供的报表是否全面时，他十分坚定地告诉我十分全面。我饶有兴趣地问他采用了什么方式来保证，以至于如此自信。他告诉我，他收集了所有竞品的软件说明书，做到了“人无我有，人有我优”。

听到这里我不由得一乐，缓缓地说：“看来，你真是没有理解业务报表后面的需求呀！”这位朋友一愣，回应说：“我不理解业务报表的需求？你开玩笑吧？”

我喝了口水，不紧不慢地说：“那我来考考你，在你的产品中，员工迟到统计报表有什么用？”

他一脸惊愕地看着我，大声地说：“这不是显然的吗？统计一下哪些员工出现了迟到行为呀！”从他的语气中透着觉得我脑子有问题的潜台词。

“我当然知道，但这只是表象！你有没有想过，用户为什么要统计员工迟到的情况呢？”我耐心地给予引导。

“干吗统计？统计出来扣钱呀！”这位朋友几乎脱口而出。我继续问他：“为什么要扣钱？缺这点钱吗？”

“你真是十万个为什么！”说着说着他就陷入了沉思。我看他半天没有答案，只好告诉他：“你不觉得是为了评估员工的积极性吗？”

“太对了！”朋友感到茅塞顿开。“那么，员工积极性评估除了可以通过这个指标，还可以通过什么呢？当然，你已经做了早退统计、请假统计，但真的没有其他方面了吗？”我继续耐心地引导。可是朋友却仍然无言以对，这只能说明他在这方面的需求分析做得太少、太浅了。

“去和客户聊聊吧！”为了帮助他打开思路，我向他建议道。他问我：“直接问他们如何评估员工的积极性？”

“你能想到这一点，我这一轮耐心引导的工夫也就没白花！”我欣慰地回应他：“但这个问题不够好，容易得不到答案，你可以问什么样的员工是不积极的，然后本着用数据把这样的员工找出来的思路，就可以找到更多潜在的业务报表。”

过了一段时间又见到了这个朋友，他开心地告诉我：“上次经你点拨，我们开发了一批新报表，让那些崇尚‘人性本恶’观点的企业管理者无比开心，一直问我是怎么找到这些神奇的报表的，结果最近销量不断看涨呀。”

看到他开心的样子，我也饶有兴趣地问他挖掘了哪些新报表。他得意地说：“这是一批让客户的领导很开心、员工很生气的报表，我给你介绍两个最有趣的。一个是离岗时间统计，因为老板发现有些烟民会在工作过程中出去抽烟，抽一根烟5分钟，一天一包就是100分钟呀！我就用数据把他们抓出来！”

他喝了口水，继续兴奋地说：“另一个是员工代打卡分析，我们把两张工卡多次在1～3秒内相继打卡成功的记录都抽取出来，这样他们就无处可逃了……”

针对上面这个案例，“员工迟到统计”就是报表，是解决方案；“员工积极性评价”才是管控点，是Why。而出勤情况、代打卡、有效工时则是针对员工积极性评估的“指标”。

当然，正如你会想到的那样，针对同一个管控点，不同的企业、不同的组织、不同的管理者都可能会使用不同的“指标”、不同的“报表”来实现这一管理意图。

因此我们在做业务报表、BI、数据挖掘/数据仓库、大数据分析时，核心在于把握用户想要什么信息，他的管理意图是什么，这样才能实现有效分析。

14.3 任务执行要点

“管理需求分析”这一任务包括两个子任务：识别、分析；而每个子任务又可以分成两步。接下来我们分别针对每一个步骤进行讲解。

14.3.1 识别管理需求

识别管理需求可以分成两步完成：首先标识出潜在的管理者；然后标识出相应的管控点（一个具体的管理需求）。

在标识潜在的管理者时，应该首先在子系统层面寻找相关的决策层（高管）、管理层用户（中基层管理者）；然后在流程层级寻找相关的管理层用户；最后应该在整个系统层级寻找相关的决策层用户。

找到系统所涉及的管理者之后，还应该判断他是属于管理型还是经营型，因为不同类型的管理者关注的重点是完全不一样的。在领导力领域经典书籍《领导梯队》一书中，将管理者分成了六级。为了使大家易于理解，下面进行一些通俗的讲述，同时也进行了一些适度的修改。

（1）管理自我：这一级别准确来说并不属于管理者，而是员工；只不过作为一个员工，也应该做好个人的时间管理、计划管理、情绪管理等。这群人不会在“管理需求分析”任务中被关注。

（2）管理团队：“管理型”管理者的第一级，通常负责带领一支小团队完成上级交办的特定任务，例如军队里的“班长”、开发团队中的“Team Leader”都是这类管理者。他们关注于团队管理、人员管理，在“管理需求分析”任务中可能会少量涉及。

（3）管理事务：“管理型”管理者的第二级，开发团队中的“项目经理”就是典型的这一级管理层。他们将对一件事负责，人、进度、资源都会涉及，在“管理需求分析”任务中会经常遇到。

（4）管理职能：“管理型”管理者的第三级，开发团队中的“需求分析部经理”“测试部经理”都属于本级。他们关注许多事务，也关注人、资源、进度，在“管理需求分析”任务中也经常会遇到。

（5）管理业务：“经营型”管理者的第一级，他们将涉及经营性指标，更加关注客户、产品、供应商等经营性主题；反而对具体的执行性事务关注较少，在“管理需求分析”任务中也经常会遇到。

（6）管理业务群：“经营型”管理者的第二级，与“管理业务”这一级最大的区别在于其将管理多业务，一般对资本、均衡等方面更重视，想法也更宏观。通常他们关注的都是“决策相关”的管控点。

标识出所有相关的管理者之后，接下来可以通过访谈、侧面了解的方法来标识出其希望通过系统来实现的管控点（请注意，“管控点”是我取的名字，表示想通过数据分析实现的管理意图）。

（1）职责分析：首先可以通过对管理者的职位职责及考核指标进行分析，标识出所需的管控点。

（2）问题分析：如果是“管理型”管理者，则建议从管理问题着手；如果是“经营型”管理者，则建议从经营问题着手。图 14-3 中给出了一些线索。

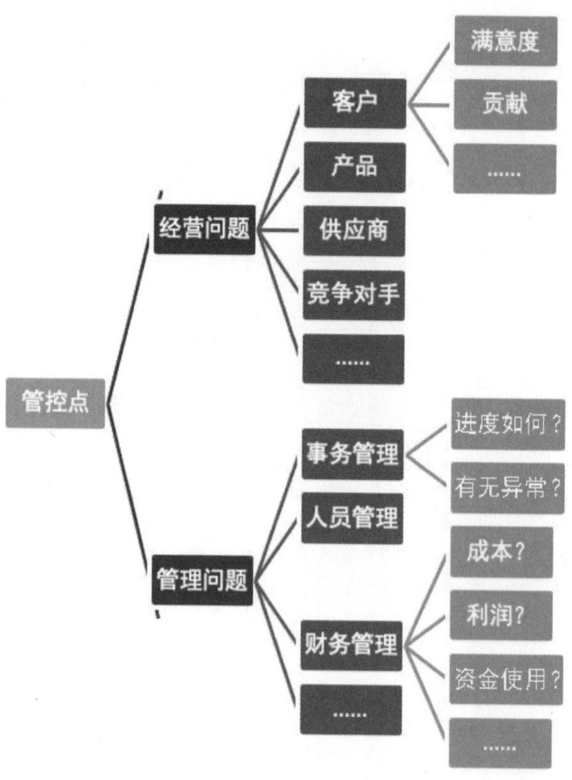

图 14-3　管控点参考框架

让我感到遗憾的是，要把这里的技巧讲得更透彻已经超出我的能力范围了，只希望第 14.2 节中的故事、这里的逻辑树及第 14.4 节中的示例能够激发读者的灵感。另外，还有两方面知识能够提高读者在这方面的修为：一是管理学知识；二是行业相关知识。

（3）案例借鉴：经常花时间了解同行、相关行业的数据分析应用，特别是一些大数据应用，从中获得灵感。

案例分析

针对贯穿本书的案例“体检医院管理系统”而言，由于支撑“在各地快速扩张，建设更多的门店”，因此针对经营层，首先会考虑的问题就是如何确保每个新门店盈利，而这首先就需要从体检项目入手。因此，我们不难标识出如图 14-4 所示的管控点。

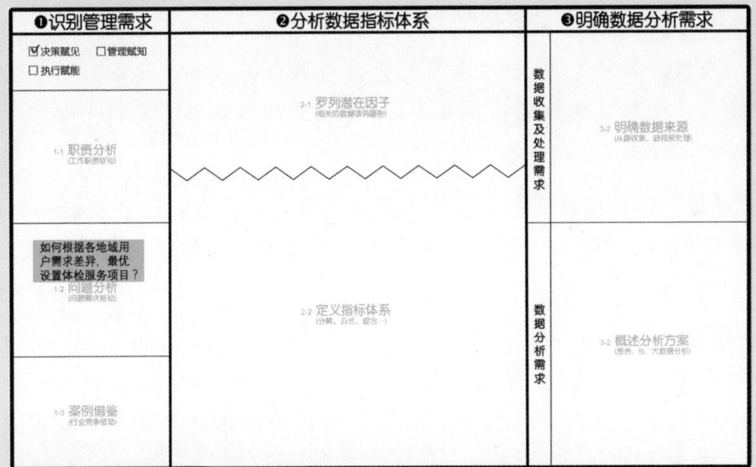

图 14–4 管理需求分析——标识管控点

也就是需要通过相似的老门店对新门店的业务设置合理性进行初步分析，并根据运营情况不断调整业务设置，以匹配当地市场的需求。

14.3.2 分析数据指标体系

案例分析

经过一天忙碌的工作，很快就过了下班时间，我正准备走，需求分析师小李来到我的办公室，我知道我又得被迫加班了。因此，我把手上的东西一放，问他：“说吧，又遇到什么问题了？”

小李不好意思地笑了笑，说道：“老是需要找您充电，耽误您时间了！这次想请教的是如何去分析一个管控点，您之前说的‘管控点→指标→报表’的逻辑我还是没打通。”

“嗯，这总需要一个过程。”我顺手拿过一张白纸并接着说：“这样，你从你最近负责的项目中找个例子，我帮你厘清这个思考逻辑吧！”

“太好了！”小李开心地回应并且想了想，接着说：“我在这次体检医院管理系统开发中，在体检业务子系统部分针对门店经理识别了一些管控点，其中有一个是业务设置合理性分析，我们就以它为例吧！”

“好的，当我们拿到一个管控点时，应该从正、反两方面进行分析，正面就是迎难而上，思考分析业务设置合理性需要哪些信息；反面就是逆向思考，思考业务设置如果不合理会出现什么情况，这些情况可以通过哪些数据反映出来。”我首先为小李指明了思考的方向。

小李很快做出了反应：“业务设置合理性分析，首先要看这些业务是不是受欢迎，也就是体检项目业务量；其次要看赚不赚钱，也就是体检项目利润率……”

“很好，体检项目业务量、体检项目利润率就是针对这个管控点的指标，找到这些指标后再想用哪些数据能呈现，需要什么样的报表或其他数据分析手段。”我马上做出总结。

“理解了！反向……设置不合理就是提供了很少需求的项目，通过体检项目业务量可以分析出来；还有就是忙不过来，可以通过分析排队时间来得到……”小李显然灵感大开，马上把分析要点在任务板上呈现出来，如图14-5所示。

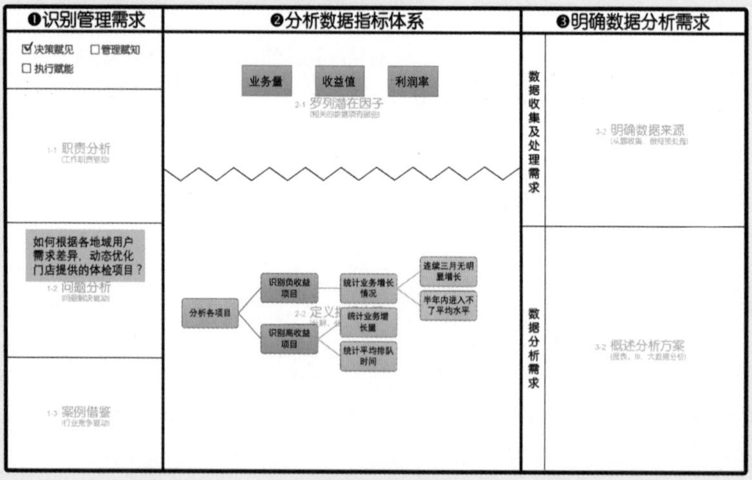

图14-5 管理需求分析——分析数据指标

听到这里我十分开心，但我需要给他更多的启发：“到这里为止你的思考还存在一个小小的盲区！”

“哦？”小李感到十分意外，急切地问道：“还有什么盲区呢？”

我有意停了一小会儿，然后提出了一个帮助他思考的新问题："如果这家医院没有提供某个体检项目，那么怎么知道没需求呢？"

小李听到这里，被深深触动了一下，想了想回答说："我想可以考虑从竞争对手的体检项目开设情况、经营情况的角度来收集，但这种数据也很难全面得到！"

"是的，有时我们能够发现潜在的指标，但有可能受限于数据源、技术手段暂时无法实现，这可以作为待解决的问题，或许在下一代产品、下一次项目中，我们就拥有了合适的解决方案。"我马上针对这个问题进行了一些解答。

我拿过茶杯加了点水，也好给小李一些思考的时间。然后我接着提出了新的想法："另外，我们还可以换一种角度来思考，如果无法详细地获得竞争对手的数据，那么我们还可以另辟蹊径来解决。"

"另辟蹊径？比如说……"小李显然有点找不到思路。

"例如，我们可以考虑通过客户的意见单（设计一些你期望的其他项目）来统计，甚至可以从当前高发的疾病角度来获得相应的信息……"我给小李举了几个例子。

小李开心地说："真是天无绝人之路呀……"

通过这个案例，小李找到了感觉，你呢？由于管控点是 Why，报表等数据分析手段是技术上的 How，之间存在断层。补充这个断层的方法就是思考出"指标"，这样就可以形成有效衔接。另外，实际管控点和指标之间是多对多关系，如通过客户排队时间可以分析业务设置合理性，也可以分析客户满意度，也就是指标是可以复用的。

14.3.3 明确实现方式并细化数据收集 / 分析需求

最后，你需要确定的是应该使用什么实现方式，其实逻辑很简单，关键在于数据分析针对的数据源是否固定、查询条件是否固定，选择方式如图 14-6 所示。

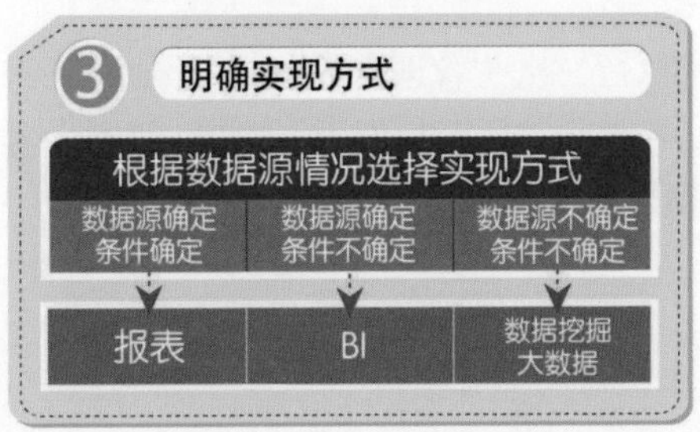

图 14–6 明确实现方式的典型策略

案例分析（续）

针对“业务设置合理性分析”而言，显然是可以从固定数据源中用固定条件分析的，因此只需要一组报表就可以实现。小李通过一些分析，在任务板上完成了数据收集和数据分析的梳理，如图 14-7 所示。

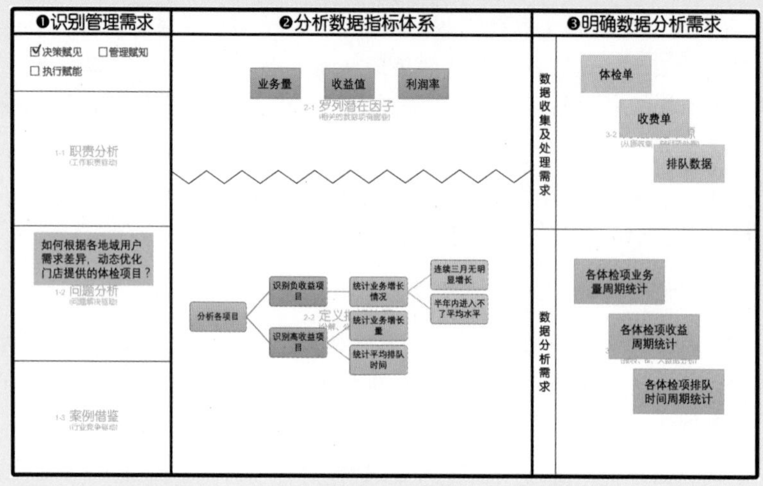

图 14-7　管理需求分析——明确数据分析需求

近年来，大数据应用不断增多，但业务方不懂数据分析能做什么，大数据团队不知道业务方需要什么，从而大大限制了大数据的价值。

因此，作为需求分析人员，应该有效地针对不同的管理者标识管控点，然后主动学习一些统计学、群体动力学等知识，和大数据分析团队一起探讨潜在的解决方案，才能够推动大数据应用发挥更大的业务价值。

14.4　任务产物

在实践中，我们应该针对每个业务子系统执行一次“管理需求分析”（通常还需要针对全局以决策层的视角执行一次），然后整理出“管控点列表”，并针对每个管控点整理出“管控点分析”，最后放入需求规格说明书的相应小节中。

14.4.1　管控点列表与分析模板

执行完该任务之后，首先应该列出所有找到的管控点，推荐使用如表 14-1 所示的管控点列表模板来整理，每个子系统一份。

表 14–1 管控点列表模板

类型	名称	简要说明	优先级

该模板与“业务流程列表”类似，也是由类型、名称、简要说明、优先级四个栏目构成的。

（1）类型：说明该管控点是经营类还是管理类，也可以细化到下级分类（参考图 14-3）。

（2）名称：管控点名称，命名时应该能够体现其意图，应避免出现“统计”“汇总”之类的技术性动词。

（3）简要说明：说明该管控点的主要用户，说明其使用价值。

（4）优先级：包括“关键”“重要”“有用”“一般”4 个等级，根据使用频率、业务价值进行评估。有时还可以引入等级最低的“镀金”级。

在识别出所有管控点之后，接下来应针对每个管控点进行分析，推荐使用如表 14-2 所示的管控点分析模板来整理。

表 14–2 管控点分析模板

管控点名称	
相关干系人	
管控点目标	
所需业务报表	

续表

BI、数据仓库 / 数据挖掘需求	

该模板除了管控点名称，还有四个栏目，其中前两个是对其意义、人群的分析；后两个则是实现的分析。

（1）相关干系人：指出该管控点有哪些管理层用户会使用到，如果他们的阅读重心不同，则还应该用文字指出。特别是当相关干系人包含决策层和管理层时，他们的角度通常都会有所不同。

（2）管控点目标：清晰地从业务角度，以价值态的形式说明各个干系人希望通过这个管控点（可能是报表，可能是 BI，可能是数据挖掘、大数据实现）达到的业务目标。

（3）所需业务报表：管控点通常是需要一些“指标”来分析的，而“指标”则是由一堆数据来体现的；如果这个管控点所需的数据分析可以从相对固定的数据源中获取，并且可以采用相对固定的查询条件来分析，那么就可以简单地使用报表来解决。如果管控点可以用报表实现，那么就应在此列出你认为所需的业务报表，以便后续进一步分析。

（4）BI、数据仓库 / 数据挖掘需求：但也有一些指标、数据分析的要求无法简单地使用报表来实现，那么就需要使用更复杂的手段。如果要采用 BI、数据仓库 / 数据挖掘、大数据等技术，那么在此应该明确你认为需要对哪些指标、哪些数据进行挖掘，以黑盒子视角明确相关的需求。

14.4.2 管理需求分析示例

下面是一个简单的“管理需求分析”任务的输出结果示例，以便大家在实践中作为参考。首先列出所有识别的管控点，如表 14-3 所示。

表 14–3　管控点列表示例

类型	名称	简要说明	优先级
经营类	业务设置合理性分析	帮助门店经理动态调整体检项目的设置，以最大化经营效益	

续表

类型	名称	简要说明	优先级
经营类	客户满意度分析	帮助门店经理更好地评估客户满意度，并找到提升满意度的改进点	
经营类	业务执行效率分析	帮助门店经理了解体检业务的进度、异常，分析出流程执行的瓶颈与常见问题	
管理类	员工积极性评估	帮助门店经理更好地评估员工是否积极	
	……	……	

然后针对每个管控点进行进一步的说明与分析，如表 14-4 所示。

表 14–4　管控点分析示例

管控点名称	业务设置合理性分析
相关干系人	门店经理、业务副总
管控点目标	帮助门店经理动态调整体检项目的设置，以最大化经营效益
所需业务报表	本管控点的核心在于减少业务量少、收益低或亏损的体检项目开设量，增加业务量大、收益好的体检项目开设量。 而这方面可以通过体检项目业务量、项目利润率、项目需求量等指标来分析，因此主要需要以下报表： （1）各体检项目业务量周期统计报表。 （2）各体检项目收益周期统计报表。 （3）各体检项目排队等候时间周期统计报表。 （4）……
BI、数据仓库 / 数据挖掘需求	通过业务报表主要能够对已经开设的体检项目进行分析，但无法对未开设的体检项目进行分析。未来还将考虑针对这类需求提供切实有效的解决方案（暂不列入本期项目）

14.5　剪裁说明

管理需求分析是信息化系统需求分析中的一项重点内容，但如果你开发的系统不包括通过数据分析来支持管理，那么本任务可以剪裁掉。如果你开发的系统是经营分析、大数据分析等项目，则该任务将成为重中之重。

15 业务报表分析

当识别出管控点并对其进行分析之后，如果需要使用业务报表来实现，那么接下来应对各个业务报表的需求进行描述。

15.1 任务执行指引

业务报表分析任务执行指引如图 15-1 所示。

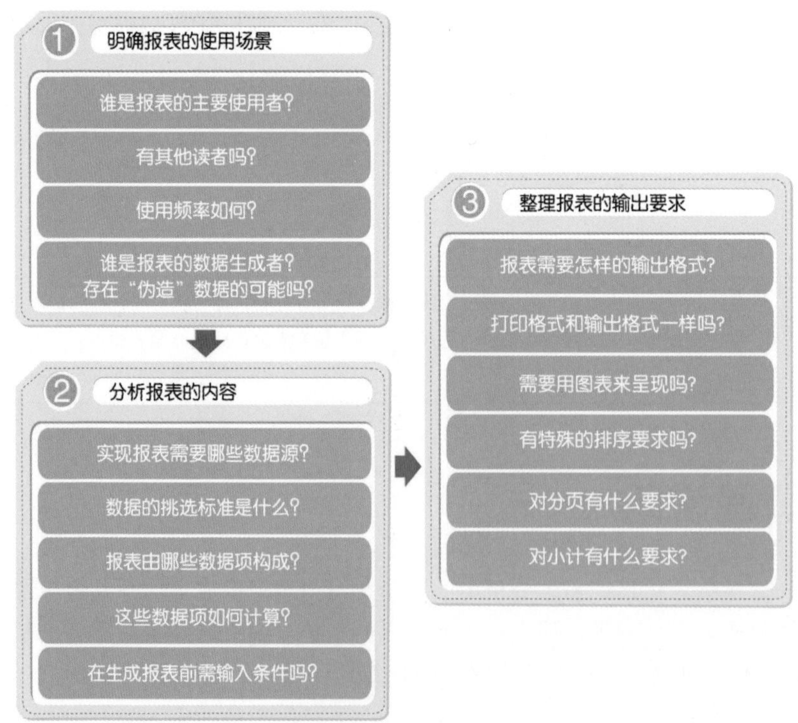

图 15-1 业务报表分析任务执行指引

15.2 任务执行要点

业务报表分析的重点在于梳理清楚报表的使用场景、报表的内容，以及输出的相关要求。

15.2.1 明确报表的使用场景

正如图 15-1 所示，业务报表分析首先要清晰地定义它的使用场景。在这一步中，核心是厘清三个问题：谁使用、为什么用、使用频率如何。

1. 谁使用

这个问题看起来相当简单，不就是业务报表的目标读者吗？实际上如果深究一下，则实现还涉及报表生成者、报表阅读者。

当存在这种情况时，报表生成者可能会出于“考核”“业绩”等压力对数据进行一些“伪造”，这在系统实现时是需要采用相应的措施来应对的。当然，如果存在这种情况，那么一般也不应直接在 SRS 中“显式”地写出。

2. 为什么用

报表的业务意图实际上可以追溯到在“管理需求分析”任务中所标识的管控点（管理意图），但由于实现一个管控点通常需要一组报表，甚至要借助 BI、数据挖掘等手段，因此，一张具体的报表应该只实现了一个子意图，你应该从业务价值的角度来描述它，以便开发人员更好地理解。

3. 使用频率如何

使用频率决定了性能要求，越常用的报表，用户肯定对其速度要求越高，如果很难写出“必须 ×× 秒内响应”之类的描述，则可以写出使用频率。

15.2.2 分析报表的内容

报表的本质不是“事件流”，而是“内容”，即生成报表之前要输入什么条件，从哪里得到所需数据源，生成哪些数据项及其格式、计算方法。

（1）生成报表所需的输入条件：可以使用界面呈现，也可以说明需要哪些查询条件。

（2）数据来源：直接列出该报表应该从哪些数据表中获得基础数据，如果涉及大量的数据表，则也可以考虑画一张领域类图片段，把涉及的数据表、数据表之间的关系都呈现出来。另外，还应该说明统计口径，也就是对哪些数据进行统计。

（3）报表中的数据项及其格式、计算方法：逐一列举报表中各个数据项，以及每个数据项的格式、计算方法。

15.2.3 整理报表的输出要求

首先，可以用一张“表头”来呈现报表的输出要求；其次，应该考虑是否需要讲清以下内容：屏幕显示和打印版本是否有区别？图表显示和打印有没有不同（如图表需打印黑白版本，就需要考虑是否显示清晰）？分类小计如何处理？如果报表有多页，那么打印时每一页是否要页码，是否要表头？这些细节都可能带来返工，值得提前做出说明。

15.3 任务产物

当我们逐一分析了“管理需求分析”任务中标识的业务报表之后，可以按“业务报表描述”的格式将其整理出来，并放入需求规格说明书的相应小节中。

15.3.1 业务报表描述模板

在业务报表描述模板中，可以分为三部分：报表概述、报表实现分析、报表相关要求，如表 15-1 所示。

（1）报表概述：包括报表名称、使用者、业务意图、使用频率四个栏目，也就是讲清楚该报表叫什么、谁会使用、用来干什么、多久用一次。

（2）报表实现分析：包括报表输入条件、报表输出格式要求（可以使用原型）、报表数据来源分析（领域类图片段）、报表数据项说明四个栏目，也就是说明生成这个报表之前是否需要输入查询条件，生成的报表是什么样的格式，报表的数据从哪里来，以及每个内容项的格式是什么。

（3）报表相关要求：主要包括报表是否要打印、是否有特定的图表要求、图表是否要打印、如果生成的报表有多页应该如何处理、分类小计如何处理、是否存在特殊排序需求（用升序、降序无法解决的需求）、在统计口径方面是否有需要交代的地方。

表 15-1 业务报表描述模板

<table>
<tr><td>报表名称</td><td colspan="2"></td></tr>
<tr><td>使用者</td><td colspan="2"></td></tr>
<tr><td>业务意图</td><td colspan="2"></td></tr>
<tr><td>使用频率</td><td colspan="2"></td></tr>
<tr><td colspan="3">报表输入条件</td></tr>
<tr><td colspan="3"></td></tr>
<tr><td colspan="3">报表输出格式要求（可以使用原型）</td></tr>
<tr><td colspan="3"></td></tr>
<tr><td colspan="3">报表数据来源分析（领域类图片段）</td></tr>
<tr><td colspan="3"></td></tr>
<tr><td colspan="3">报表数据项说明</td></tr>
<tr><td>数据项名称</td><td>内容与格式</td><td>备注（含派生方式）</td></tr>
<tr><td></td><td></td><td></td></tr>
<tr><td></td><td></td><td></td></tr>
<tr><td></td><td></td><td></td></tr>
<tr><td colspan="3">报表相关要求</td></tr>
<tr><td colspan="3"></td></tr>
</table>

15.3.2 业务报表描述示例

下面是一个简单的业务报表描述示例，便于大家在实践中参考，如表 15-2 所示。

表 15-2 业务报表描述示例

<table>
<tr><td>报表名称</td><td colspan="2">各体检项目业务量周期统计报表</td></tr>
<tr><td>使用者</td><td colspan="2">体检门店经理</td></tr>
<tr><td>业务意图</td><td colspan="2">了解指定周期内各种体检项目的业务总量，以便了解哪些项目超过总负荷，哪些项目明显低于总负荷，以便指导体检项目业务设置的合理调配</td></tr>
<tr><td>使用频率</td><td colspan="2">每天看日报，每周看周报，每月看月报，每季看季报，每年看年报</td></tr>
<tr><td colspan="3">报表输入条件</td></tr>
<tr><td colspan="3">（1）统计周期：日、周、月、季、年
（2）统计时段：指定某日、某月、某季、某年，选择某周时提供起止时间</td></tr>
<tr><td colspan="3">报表输出格式要求（原型）</td></tr>
<tr><td colspan="3">体检项目业务量 (日 / 周 / 月 / 季 / 年) 统计报表
统计时间：× × ×<table>
<tr><td>项目名称</td><td>总业务量</td><td>上周期值</td><td>负荷率</td><td>合理负荷范围</td></tr>
<tr><td></td><td></td><td></td><td></td><td></td></tr>
<tr><td></td><td></td><td></td><td></td><td></td></tr>
</table></td></tr>
<tr><td colspan="3">报表数据来源分析（领域类图片段）</td></tr>
<tr><td colspan="3">该报表的数据源为以下几张数据表。
（1）体检单明细表：当前门店的体检单的所有明细记录。
（2）体检项目负荷表：这是系统中的一张配置表，记录了各项目的负荷值</td></tr>
<tr><td colspan="3">报表数据项说明</td></tr>
<tr><td>数据项名称</td><td>内容与格式</td><td>备注（含派生方式）</td></tr>
<tr><td>项目名称</td><td>字符型，长度为 30</td><td>取于体检单明细表的项目名称</td></tr>
<tr><td>总业务量</td><td>整数型</td><td>统计本周期该项目的总次数</td></tr>
<tr><td>上周期值</td><td>整数型</td><td>前一天、周、月、季、年的总业务量数</td></tr>
<tr><td>负荷率</td><td>百分比，取 ××.××%</td><td>该项目的负荷下限值为 0%，上限值为 100%，以此计算总业务量的相应百分值</td></tr>
</table>

续表

合理负荷范围	字符型，长度为 20	通过体检项目负荷表的下限值、上限值，生成“下限值 - 上限值”的字符串
报表相关要求		
（1）特定排序要求：用户希望按类别列出不同体检项目。 （2）分页要求：如果有多页，则每页都应该出现报表标题、表头，并且每页要标出“当前页数 / 总页数”。 （3）统计口径：只统计当前周期内申请的体检项，而不管何时体检结束		

15.4 剪裁说明

业务报表与业务接口、业务场景、业务数据、质量场景一样，是系统五大基本元素之一。只要系统中存在业务报表需求，就需要执行该任务；如果系统中没有业务报表需求，那么自然就应该剪裁掉该任务。

功能需求主线子篇

——维护支持部分

维护需求分析 16

本任务的核心目标是分析系统投入使用之后，运行维护阶段所需要提供的辅助功能，主要包括配置、运维、升级及迁移等。

16.1 任务执行指引

维护需求分析任务执行指引如图 16-1 所示。

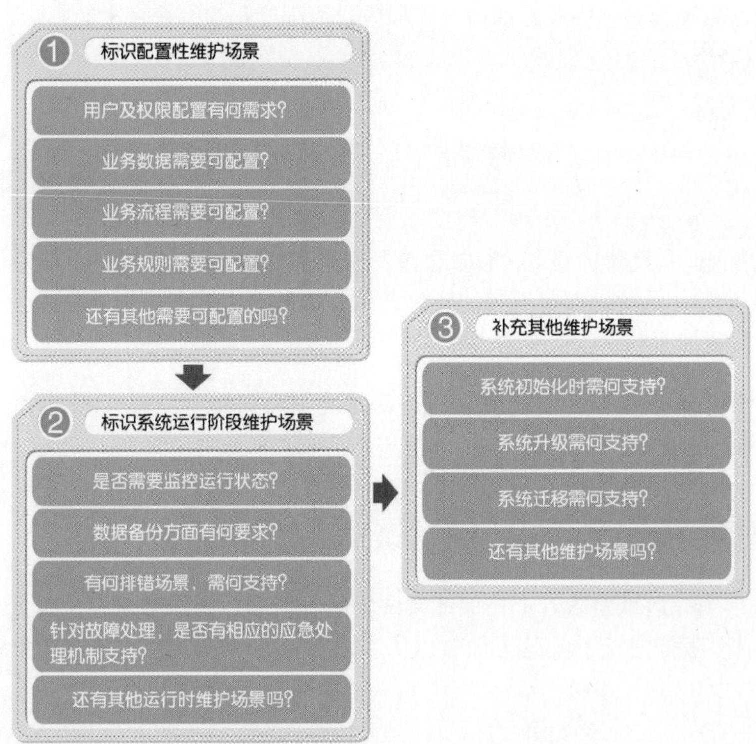

图 16–1　维护需求分析任务执行指引

16.2 任务执行要点

要执行好“维护需求分析”这一任务，关键在于抛开功能性思考，转而识别有哪些“维护场景”，以及该维护场景需要提供什么支持。下面罗列一些典型的维护场景。

16.2.1 标识配置性维护场景

对于信息系统而言，第一种典型的维护场景就是“各种配置”，以应对变化带来的影响。既然配置是为了应对变化，那么标识配置性维护场景就应该从变化入手，系统会遇到什么变化呢？从里到外主要有以下几方面。

（1）用户群变化：也就是使用这个系统的用户发生改变，他们的职位发生改变，他们的权限发生改变。因此，要想维护用户、角色、权限，也就相应地需要一些配置功能。对于权限而言，核心包括功能权限、数据范围权限、分配权限的权限。

（2）流程变化：企业的流程总会根据自身在发展过程中关注点的改变而不断进行调整，以满足阶段性管理目标。因此，如何有效地应对流程变化给系统带来的影响，是需要提前考虑的。

（3）数据变化：随着企业业务的不断发展、深化，需要在系统中引入更多的数据项、数据细节。因此，如何应对未来数据项的增加、数据构成的调整与变化，也是需要提前考虑的。

（4）法规变化：企业在经营过程中，有时会涉及法律法规的要求，而法律法规在一定的时间周期内可能会更新或出台不同的实施条例。因此，应该考虑当这些法规发生变化时，如何有效地应对。

因此，在维护需求分析阶段，读者应该列举在系统生命周期中可预见的变化，然后通过“配置功能”来提前应对。

16.2.2 标识系统运行阶段维护场景

在系统运行过程中，运维团队有责任保证系统安全、可靠、稳定地运行，因此需要一些系统工具来支持这些工作。这方面可以从“正常时”“故障时”两个角度展开分析。

1. 正常时

当系统正常运行时，主要涉及的运维场景有两个方面：一是对运行状态的监控；二是数据备份。

对于运行状态的监控，通常可以从服务（服务是否可用、负载是否正常等）、网络通信（网络连通性、网络传输速度等）、数据库（数据库可用性、负载是否正常等）、客户端（客户端可用性、是否存在未授权连接等）等角度逐一识别、分析。

而数据备份则应该从备份内容、备份周期、是否需要远程灾备、数据恢复相关需求等角度进行分析。

2. 故障时

系统在运行时必然会出现各种各样的故障，因此需要故障定位、排错、故障恢复及应急措施的支持。

16.2.3 补充其他维护场景

除了配置、运行时维护，其他典型的维护场景还包括运行前的系统初始化，系统升级、迁移时所需的支持。

（1）系统初始化：在第一次安装、部署系统时需要提供什么样的工具支持，如安装工具、初始化配置工具、测试工具等。

（2）系统升级：在系统升级时需要提供什么样的支持，如远程升级、自动化升级、版本检查等。

（3）系统迁移：每次升级时，是否需要对原有系统进行数据迁移，是否需要支持双系统并行运行等。

16.3 任务产物

当我们识别出维护场景，分析了这些场景所需的功能后，就可以按“维护需求描述”的格式将其整理出来，并放入需求规格说明书的相应小节中。

维护需求描述模板

维护需求描述模板中列出了各类典型的维护场景，这部分的描述可以偏向技术语言，主要与运维团队进行确认，如表 16-1 所示。

表 16-1　维护需求描述模板

配置类需求	
用户权限配置需求	
业务流程配置需求	
业务规则配置需求	
业务数据配置需求	
其他可配置需求	
运行阶段维护需求	
运行状态监控需求	
数据备份 / 恢复需求	
故障定位 / 排错需求	
故障应急方案需求	
其他维护需求	
系统初始化支持需求	
系统升级支持需求	
系统迁移支持需求	
其他维护需求	

16.4　剪裁说明

除了一些生命周期很短的临时系统、过渡性系统，运行维护是系统必然会经历的阶段。因此，识别有哪些维护场景，然后分析这些维护场景通常都是必须要做的。不过，对于同一类系统而言，这些维护场景是可以多次复用的，每个项目只需做少量修改即可。

数据需求主线子篇

17 领域建模

在信息系统需求分析中，数据需求主线的重点在于范围与关系，也就是哪些数据要纳入系统，它们之间的关系是什么，而领域建模正是解决这两个问题的关键。

17.1 任务执行指引

领域建模任务执行指引如图 17-1 所示。我们将在第 17.3.1 节讲解第 1 步，如何识别过程数据；在第 17.3.2 节讲解第 2 步，如何识别自然数据；在第 17.3.3 节讲解第 3 步，如何识别描述类数据；在第 17.3.4 节讲解第 4~6 步的一些执行细节。

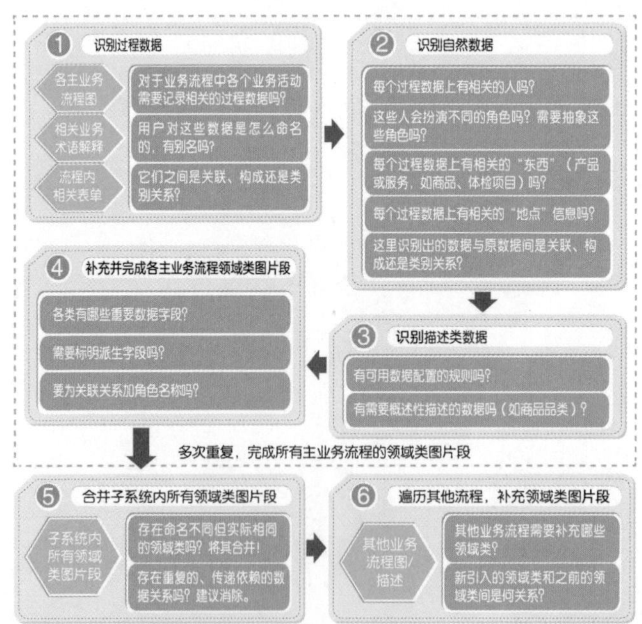

图 17-1 领域建模任务执行指引

17.2 知识准备

在执行领域建模任务之前，首先应该深入理解“数据范围与关系”对系统的价值与影响，掌握类图基础知识。

17.2.1 数据范围与关系

生活悟道场

（注：本故事发生在很多年前，现今银行业务已经有了一些改变。）

我有一个金融专业毕业的好朋友，他毕业后的第一份工作是注册理财师。有一天到我公司做客，他热情地向我们研发部的年轻程序员们发放自己的名片。这种带有“营销”性的行为却让我们的程序员微微感到不快。

“注册理财师，干什么的？帮我们赚钱的？”其中一个年轻的程序员用略带挑衅的语气问他。他似乎没有听出话外之音，态度友好地回答：“呵呵，我们主要还是帮助客户选择出适合自己的理财工具……”

“这还要您教吗？百度一下，什么都有了……”年轻的程序员马上打断了他的回答。这时这位朋友终于听出了话外之音，淡定地说：“你真认为使用百度就可以解决所有问题吗？那我问你一个简单的问题，如果你有 5 万元，想存 5 年定期，如何存是合理的呢？”

年轻的程序员听到这个问题，一脸惊诧地回应道：“这还有怎么存的问题吗？直接拿着钱到柜台告诉她把这 5 万元存成 5 年定期……”

我朋友微笑地说：“如果过了 4 年零 8 个月，你急需用其中的 1 万元，会发生什么呢？这时你会发现必须把整个定期存款当活期取出来，其他 4 万元将无辜地失去马上要到手的定期利息。”

听到这里，年轻的程序员明显收回了之前的敌意，细声地说道：“真没想到这里面还有这么有意思的小技巧……”

“其实如果定期利率高，那么你每个月都把几千元存为一年定期，一年之后就可以告别活期了，因为每个月都有一笔定期到期，你把新的钱再存一笔新定期就可以了……”朋友继续说道。

后来这个年轻的程序员正好要存一笔 3 万元的积蓄，在银行柜台说：“帮我存成 6 笔 5000 元的一年定期吧！”银行柜台人员惊讶地问他：“先生，你确定？那你得办 6 个存折……”

这个执拗的小伙子决定换一家银行，得到的不是要办6个存折，就是要办6个存单，直到找到一家以个人业务见长的银行，在一张借记卡中开设了多个定期账户才解决了问题。

在这个多年前的故事中，大家不难理解“正确地厘清数据与数据之间的关系”是多么重要。如果数据关系不对，那么不仅可能会限制功能，还可能会限制业务。

生活悟道场

我有一个好朋友曾经因为一件小事把自己所有的资产从一家自己钟爱的银行迁移到另一家银行，那么这家银行是如何丢失这位忠实的客户的呢？其实仅仅是因为我这位朋友一直没拿到VIP资格。

为什么没拿到VIP资格呢？买成基金了？不是，他一直通过这家银行购买基金；买成股票了？不是，他的银证转账账户在这家银行；早上转入、晚上转出的钱占绝大多数？不是，他定期存款估计都超过VIP要求了。

那是为什么呢？答案是他老婆是VIP，因为他老婆说钱要以她的名义存才放心。但他老婆又不喜欢去银行，各种事务都是这位朋友自己去办，离家最近的营业网点的工作人员一看到他，就称他为“陈太太的先生”，这让他感到相当不自在。如果去不熟悉的网点，那么他还需要带上他老婆的身份证、VIP卡，更是不便。

他原本希望把一部分钱存在自己名下来解决这一问题，但与其老婆几次协商均未果。正在苦闷之时，他的一位“同道中人”就建议他把钱转到一家外资银行，因为这家外资银行一人是VIP，全家都是VIP。

在这个故事中，我们可以看到银行业务系统中缺乏“家庭”这个数据概念，也对业务产生了影响。那么在系统建设时，是否需要考虑这一数据呢？这是一个很值得探讨的问题。

17.2.2 类图基础知识

领域建模的结果需要选择一个模型来表示，可选的模型只有两个：E/R图和类图。由于E/R图只能描述关联关系，而类图能够呈现更多关系，因此强烈建议使用类图。下面我们简单介绍一下类图。

1. 类

在类图中，“类”是最基本的元素，它表示一个具体的业务数据。它用一个长方形表示，分为类名、属性（字段）、操作三栏（见图 17-2）。在领域建模中，操作一栏是空的，因为那是设计阶段的产物。

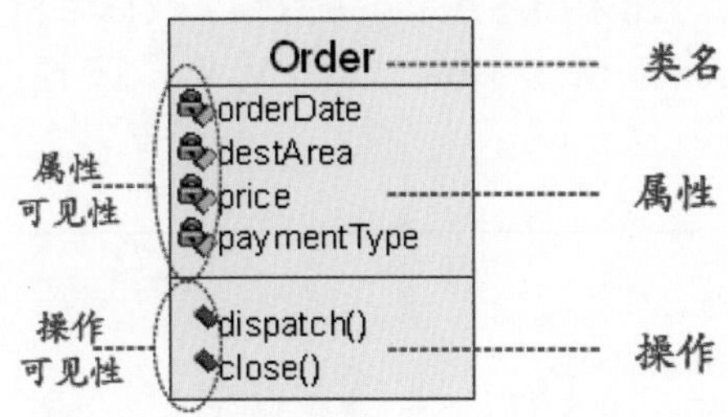

图 17–2 类元素图示法

对于类、属性的命名方式，很多书都推荐采用 CamelCase 格式，但你真的理解这种格式的真谛吗？你想过这个规则是怎么来的吗？

生活悟道场

有一次，研发团队接到一个全新业务领域的项目研发任务，根据我们的要求必须执行领域建模任务。结果当我评审这个模型时，发现他们全部采用了 CamelCase 格式命名类、字段。我乐呵呵地说：“你们好厉害呀，这么专业的术语都能够翻译出来！”

“哪里呀！我们都是用金山词霸完成的。”项目组成员回应道。“那你们翻译完都记得？下次都能看得懂？”我继续追问。

项目组成员脸上浮出了一些窘态，说道：“实际上有些还是不记得，还得用金山词霸翻译回去……”我笑道：“那你们不是自找没趣吗？”他们弱弱地说：“我们得遵守 CamelCase 规范……”

“大家想想，你们也读过一些开源的软件，美国人写的程序里会大量使用 CamelCase 吗？其实很少见，特别是在 Java、C++ 等语言中！那说明出于某种原因，他们在需求与实现中采用了不同类命名格式，那么是什么原因呢？CamelCase 结构对于英文语系的用户而言有什么价值呢？”我引导大家进行思考。

“唔……为了方便客户看懂，用全称，省得他们猜，每个单词首字母大写就知道这是一个新的单词……”有一个小伙子马上指出了背后的道理。

“太对了！那么如果我们的客户是中国人，应该怎么做呢？”我说到这里，大家都报以尴尬的微笑……

2. 类间关系

在类图中，另一个基本元素就是类间关系，用来描述各个业务数据（或称为领域类）之间的横向关系。它是采用不同类型的线表示的，UML 规范中定义了 18 种，在领域建模阶段最常用的有 4 种。

生活悟道场

有一次，有一个年轻的程序员和我说：“我觉得你的领域模型有问题，看过你画的大量领域类图，只用过 4 种关系，你知道类间关系有多少种吗？”

我乐呵呵地说：“你别考我，我当然知道有 18 种；这样吧，你晚上用自己最熟悉的 Java 语言把 18 种类间关系用程序表示出来！”

第二天，这位年轻的程序员两眼通红，一看就是没睡好觉，他一脸迷茫地说：“我昨天搞到很晚，只写出了 5 种关系，实在搞不出来了！”

“很强大了呀！标准答案是 7 种，你一下就写出 5 种，不错不错！”我温和地安慰了他。他瞪大双眼，惊讶地说：“啊！我还认为有 18 种呢！早知道这样，我也不会睡不着觉了……”

“好了，你看到了，程序实现阶段也只有 7 种关系，为什么要在需求阶段把 18 种关系都用到呢？”我引导他思考。他想了想说：“那 UML 规范有严重问题呀，没那么多种搞那么多种出来，不是害人吗？”

我微微一笑，慢条斯理地说道：“中国文字有多少个？我们平时又能够用到几个呢？作为规范，只要有一次使用到的可能，都会被定义的呀！”

在领域建模时最常用的 4 种关系如图 17-3 所示。

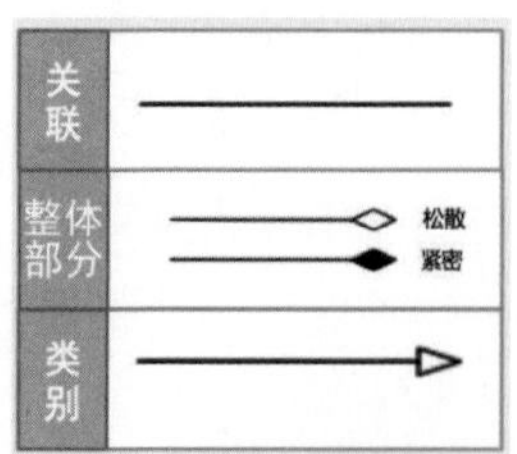

图 17-3 类间关系图示法

这 4 种关系中，关联关系最简单，如“客户和订单关联”；类别关系也不复杂，如“银行卡分为三种，信用卡、贷记卡、借记卡”；整体部分关系则表示“xx 是由 xx 组成的”，但它分成松散的聚合、紧密的组合两种，就比较容易使人迷惑了。

要判断是聚合还是组合，关键在于“个体是否能够独立于整体的存在而存在”，这听起来很拗口，我给大家介绍一个实用的方法。例如，“部门与员工”“订单与订单项”都是整体部分关系，那么是聚合还是组合？

你想想，如果删除掉一个部门信息，会把这个部门所属的员工一起删除掉吗？通常是不会的，因此“员工”这个个体是可以独立于“部门”这个整体的存在而存在的，它们之间就像开 Party 一样“聚合”在一起。

那如果删除一个订单，会把这个订单所属的订单项一起删除吗？通常是肯定的，因此“订单项”这个个体是不能独立于“订单”这个整体的存在而存在的，它们之间就是一个有机的“组合”体。

你明白了吗？或许觉得清晰多了，但实际上还有一个很重要的要素需要明确，那就是“关系是针对特定问题域 / 系统而言的”，离开系统环境谈关系是没有意义的。

生活悟道场

有一次，团队中有一个年轻的程序员看到书上说电脑和 CPU 是一种组合关系时，感到十分困惑：“电脑坏了，CPU 拔出来仍然是可以使用的，那么说明个体可以独立于整体的存在而存在呀！为什么是组合关系呢？应该是聚合关系呀！”

一位年纪稍长的架构师告诉他：“你这叫钻牛角尖！那你说桌子和桌脚是组合关系还是聚合关系呢？”年轻的程序员说：“这显然是组合关系呀！”

这位年纪稍长的架构师微微一笑，说道：“我们农村每家每户都备有一些桌脚，要请客时到各家借圆桌面，一搭起来就成了大圆桌，这不是典型的聚合关系吗……”他们两位在谈论中，突然发现都迷失了……

我刚好听到他们的对话，马上走了过去，问年纪稍长的架构师：“你是儿子还是爸爸呢？”他一愣，回应说：“对于我儿子来说，我是爸爸；对于我爸爸而言，我是儿子呀！”

“太对了！任何关系都是相对的，抛开问题域、待开发的系统，谈关系是没有意义的！在一个固定资产管理系统中，电脑和 CPU 应该理解为组合关系，甚至 CPU 可以考虑用字段表示；而在组装机电子商务网站中，它们却应该理解为聚合关系……”

听到这里，大家都恍然大悟，并给出了一个更好的例子。大家可以想想，人和眼睛是聚合关系还是组合关系呢？你的第一感觉肯定是组合关系，但如果开发的是器官捐赠管理系统呢？这时显然是聚合关系吧？

3. 读类图

很多实践者都认为“类图”是用户最难接受的一种模型，但我在实践中不仅能让完全没有 IT 背景的客户读懂它，甚至还能让一部分人画出它，如图 17-4 所示。

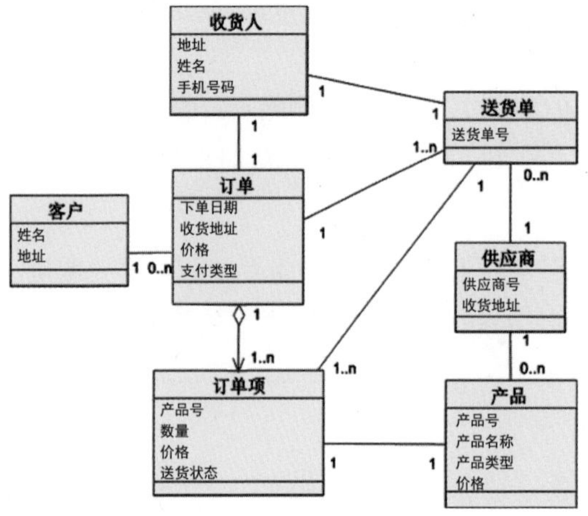

图 17-4　领域类图示例

要实现这一目标，有三个要点：一是使用用户母语（在国内就是中文）命名类和字段；二是给图配上图例；三是用业务语言来解读类图。什么叫业务语言读图呢？

例如，针对图 17-4 的类图，不应该这样解释：“客户和订单是一对多关系、订单和收货人是一对一关系、订单和订单项之间是组合关系……”

从业务角度读图，应该是“一个客户可以下多个订单；每个订单上有且只有一个收货人；订单是由订单项组成的；由于订单中涉及多个供应商，因此需将订单分拆成多个送货单；每个送货单由相应的供应商执行；每个供应商为网站提供了多种产品；每个订单项上有且只有一种产品。”

17.3　任务执行要点

在执行领域建模任务时，首先标识出系统中的主业务流程，针对每个主业务流程绘制领域类图片段（包括识别过程数据、识别自然数据、识别描述类数据三步），然后将它们合并成整个系统的领域模型（第四步）。

前三步所采用的方法是“四色建模法”，它是领域建模实践中最有效的方法之一。如果想了解更多，则可以参考《UML 彩色建模》一书。

下面以体检医院的体检流程为例，演示该任务的执行过程，如表 17-1 所示。

表 17–1 体验医院的体检流程

（1）体检者不管是散客、预约客户，还是团队预约客户，都要到服务人员处开体检单。 （2）服务人员询问是否已预约，如果已预约，则根据预约单生成体检单；否则要求用户选择体检项目、体检套餐（由项目组成），生成体检单。 （3）体检者拿着体检单到收费窗口交费，若公司已付，则直接盖章；否则根据体检单生成账单，并根据 VIP 会员等级确定折扣、根据积分折算抵扣总额，然后收费盖章。 （4）拿着盖好章的体检单到各科室体检，直到结果出来记录下来，记录是按体检项目进行的，每个项目有多条体检结果。 （5）当体检单所有项目结果都出来后，综合科医生将出具诊断报告（包括疾病诊断、健康建议）。 （6）用户、客服到服务人员处领取最终的结果

17.3.1 识别过程数据

彩色建模法的创造人 Peter Coad 把领域类分成了过程数据（Moment Interval，也译为时刻）、自然数据（Party、Place、Thing）、角色数据（Role）、描述类数据（Description）4 种，并且分别使用红、绿、黄、蓝 4 种颜色的即时贴来表示，如图 17-5 所示。

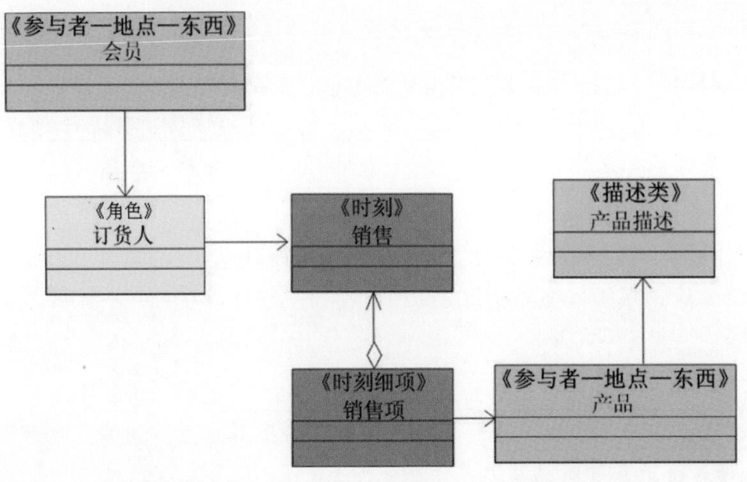

图 17–5 彩色建模的表示法

在使用的时候，将采用“红→绿、黄→蓝”的顺序执行，也就是先标识过程数据，然后标识自然数据（同时考虑角色数据），最后标识描述类数据。

案例分析

有一天，需求分析师小李希望我带着他体验一下彩色建模法的使用过程。经过讨论，以上面的体检流程为例，完成一次实战。

我告诉小李："你先读一遍流程描述，把所有需要存储的行为，也就是时刻标识出来……"小李一脸愕然，显然有些没理解。

"我们来看第一句：体检者不管是散客、预约客户，还是团队预约客户，都要到服务人员处开体检单。这里有一个开单的行为，因此有一个相应的过程数据：体检单，我们拿一张红色的即时贴，写上这个领域类……"我先做了一个示范。

"那么第二句：服务人员询问是否已预约，如果已预约，则根据预约单生成体检单；否则要求用户选择体检项目、体检套餐（由项目组成），生成体检单中貌似没有新的行为，是不是可以忽略？"小李问道。

"是的，严格来说是这样的！不过预约单这个其他流程产生的过程数据会被用到，最好也表示出来……"说着我又拿起一张红色即时贴写上了"预约单"，贴在白板上。

"在第三句：体检者拿着体检单到收费窗口交费，若公司已付，则直接盖章；否则根据体检单生成账单，并根据 VIP 会员等级确定折扣、根据积分折算抵扣总额，然后收费盖章中有一个要存储的过程数据，即账单。"小李边说边拿了一张红色即时贴写上"账单"并贴了出来。

"很好，继续！"我脸上露出了满意的笑容。"在第四句：拿着盖好章的体检单到各科室体检，直到结果出来记录下来，记录是按体检项目进行的，每个项目有多条体检结果中，体检结果是一条记录，因此也是要存储的过程数据，对吗？"小李问道。

"对的，你的理解完全正确……"我边说边拿起即时贴，"而且由于体检单上会有多项体检，每项体检都有相应的结果，因此还可以引入一个体检单项的业务数据。"

"在第五句：当体检单所有项目结果都出来后，综合科医生将出具诊断报告（包括疾病诊断、健康建议）中，显然应该引入一个新的业务数据，即诊断报告。"小李边说边拿即时贴写上并贴在白板上。

“最后一句中没有新的过程数据，现在你可以把白板上这些过程数据之间的关系表示出来！”我向小李提出了要求。小李很快完成了这个任务，如图 17-6 所示。

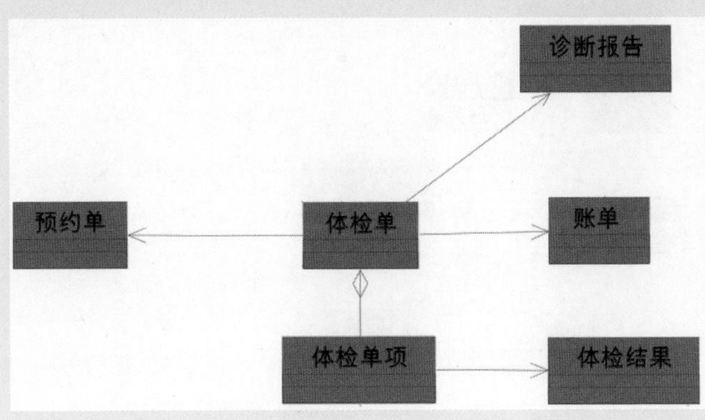

图 17–6 彩色建模实战结果 1

要注意的是，在继续第二步之前，必须确认已经把所有的过程数据都识别全了，并且完成了它们之间关系的标识。

17.3.2 识别自然数据

自然数据，就是问题域中涉及的“参与者（人、公司等）”、“地点”和“东西（物品、服务）”。在识别自然数据时，还需要考虑是否需要引入“角色”。

案例分析（续 1）

如图 17-6 所示的中间结果，小李满满的成就感，充满信心地问道：“接下来应该找自然数据和角色数据吧？从哪里开始呢？”

“从最核心的类开始比较合适，也就是最多关系指向它的那个类……”我话音还没结束，小李马上打断说：“那就是从体检单开始吧……”

“是的，我问你写即时贴吧……”我继续耐心地引导：“体检单上有人吗？”小李回答：“有！体检者；不过有散客、VIP、团队客户等，是不是要抽成不同的角色呢？”

“好问题！你这样思考，VIP 和散客会不断相互转换吗？团队客户应该如何表示更好呢？”我希望小李进行进一步的思考。

“不会相互转换！”小李边说边拿出一张绿色即时贴，写上了体检者，然后问道：“那VIP、散客、团队客户需要表示出来吗？”我看着他的眼睛，慢慢地说：“当然要呀！”然后拿起几张即时贴，写上相应的类名称，贴到白板上，并且用不同的线表示出它们的关系，如图17-7所示。

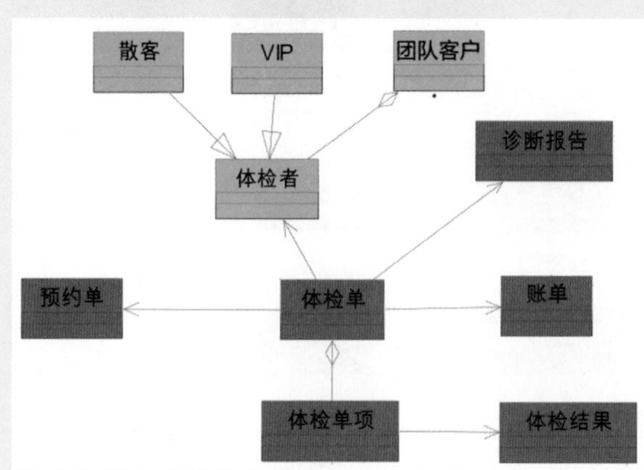

图17-7 彩色建模实战结果2

小李看到我给出的结果后，恍然大悟说：“体检者分为两种，散客和VIP；团队客户是由体检者组成的！真应该是这样……”正在他愣着的时候，我接着问：“体检单上还有其他人吗？”

“开单的服务人员算不算呢？”小李的回答明显有几分没信心。“如果希望能够找出体检单是谁开的，那么服务人员的信息就应该纳入！你觉得有这种需求吗？”我没有直接回答。

“我觉得应该纳入……”小李边说边拿起一张绿色即时贴。“慢着，思考一下需要抽象成角色吗？服务人员可能换岗吗？如果是角色，那么应该由谁来扮演这个角色呢？”我及时地带他进入了新的思考。

小李听到这里，会意地拿出了一张黄色即时贴、一张绿色即时贴，然后呈现出如图17-8所示的结果。

我竖起拇指对着小李说：“太棒了！真是一点就通。那接下来思考体检单上有东西吗？有地点吗？”小李迅速回答：“有东西，体检项目；地点好像没有！”

我满意地说：“不错嘛，居然能够发现体检项目，很多人很容易遗漏它……”小李一脸得意地说：“体检单、体检单项、体检项目，实际就是订单、订单项、商品之间的逻辑，我们总需要一个表来记录这个体检医院有哪些体检项目。”

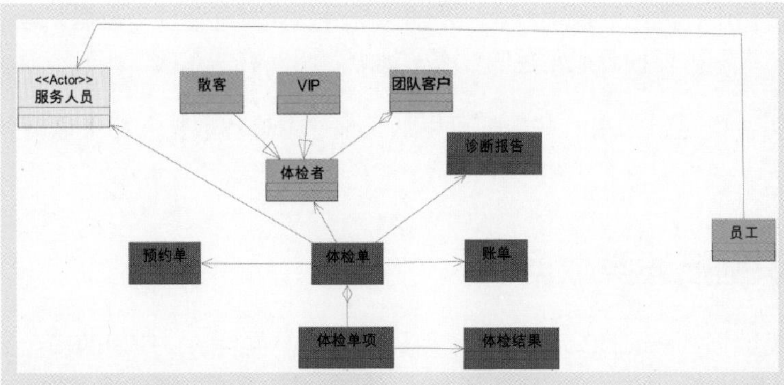

图 17-8 彩色建模实战结果 3

“但是，你居然没有发现地点，这可不应该呀！别忘记了这是一个多门店的体检医院，我们还应该记录这个体检单是哪个门店的吧？”我当头给他泼了一瓢冷水……小李一脸不好意思地说：“的确，这点我忽略了。”

“别自责了，第一次玩四色建模已经很不错了！体检单相关的人、东西、地点都好了，接下来分析一下账单吧？”我将话题拉回了主题。小李接着说：“账单上有人吗？有东西吗？有地点吗？有人，首先是体检者，然后是负责收费的收费人员……那体检还要再表示一次吗？”

“当然不要，因为可以从体检单上关联出来……”我马上给他明确的答复。“明白了，收费人员仍然是角色，由员工扮演！而地点可以从体检单关联出来，没有相关的东西，对吧？”小李继续他的思考。

“完全正确，你接下来用相同的方法对体检结果、诊断报告进行分析，就完成这一步了。”说完我转身去泡茶，回来一看，小李已经准确地完成了这一步，得到如图 17-9 所示的结果。

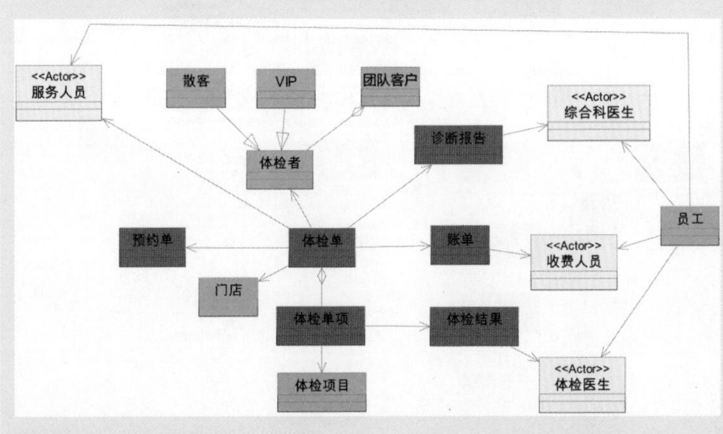

图 17-9 彩色建模实战结果 4

在上面的案例中，大家应该理解这一步的关键是，针对每个过程数据，思考“有人”吗？这些“人”需要抽象成角色吗？有“地点”吗？有“东西”吗？

另外值得关注的是，如果有些数据可以从其他“主过程数据”中关联得到，则无须再抽象一次。

17.3.3 识别描述类数据

对于描述类数据，Peter Coad 选择了用最安静的蓝色表示，使用的场合最典型的有两种：一是概述类，如为了方便选择商品，抽象了品类这一概述性名称；二是规则类，也就是想使用数据库表配置的相关规则。

案例分析（续2）

看到白板上呈现的中间结果（见图 17-9），小李挺有成就感，缓缓地说：“现在就差一种颜色了，马上就大功告成了……”

“嗯，离完成不远了！蓝色典型有两种，一是概述类，二是规则类……”我正说到一半，小李一边拿起一张蓝色即时贴，一边打断我说：“体检套餐就是一个典型的概述类，用来方便用户选择体检项目。”

看到小李越来越有感觉，我心中十分欣慰，继续引导他说：“那么在刚才那段流程描述中，有哪些规则适合用数据库表配置呢？”小李会意一笑，马上完成了这一步，得到如图 17-10 所示的最终结果。

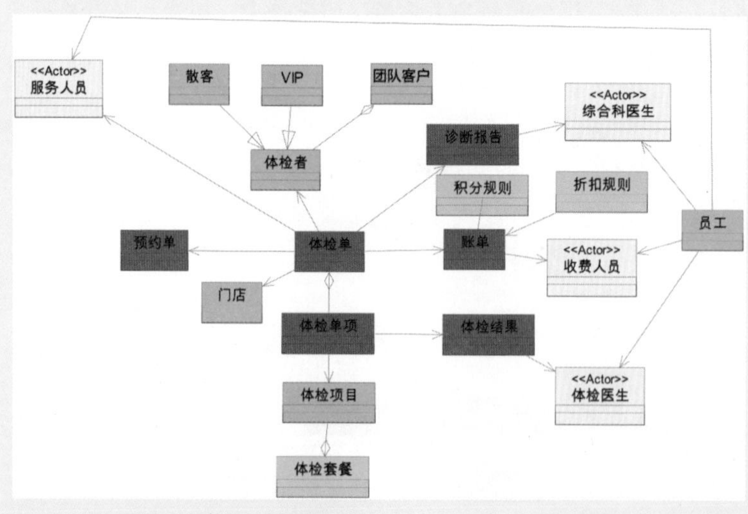

图 17-10 彩色建模实战结果 5

到这里，我们就用“彩色建模法”（或称四色建模法）完成了一次领域建模的工作。我们还可以对模型做如下一个简单的回顾。

（1）缺红色吗？显然不对，系统中不可能没有需要记录的动作。它们未来通常会转化成一张或多张数据库表，而且在系统初始化时通常是空表。

（2）缺绿色吗？显然不对，系统中总会涉及一些人、地点、东西等自然数据。它们未来通常也会转化成一张或多张数据库表，而且在系统初始化时通常会有一些基础数据，也会随着系统应用而不断增加记录。

（3）缺黄色吗？那就相当不灵活了！存在一黄一绿的搭配？有问题吧？这种情况有必要抽象角色吗？黄色最终通常会转化成数据库表中的一个字段。当然，如果不同黄色的字段不同，那么也可能变成多种表。

（4）缺蓝色吗？那说明可配置性太差了！它通常也会转化成数据库表，而且在系统初始化时就有内容，并且会不断改变。

17.3.4 整理领域类图片段，合并出系统领域模型

对于一个包括大量业务数据的问题域、系统而言，要一口气把整个领域类图画出来是十分困难的，因此这种情况适合采用“自底向上”的思维逻辑：找出所有主业务流程，针对每个流程绘制领域类图片段，然后将它们合并成整个系统的领域模型。

而合并最简单的方法就是使用 Rational Rose、EA 等建模工具（Visio 是画图工具，不是建模工具），因为在建模工具中每引入一个类元素，在左边的树中就会出现这个类元素。当多张领域类图完成后，新建一个空的图，再把这些类元素全部拉进去，类间关系就会自动完成连接。

当然，做完这一步之后，还有几件事需要处理，才能够完成最后的系统领域模型。

（1）合并“不同名、实际相同”的类，在大家分头给每个业务流程做领域模型片段时，对同一个业务数据可能使用不同的类名称，因此需要将它们合并。

（2）优化关系、补充字段：在合并成总图时，有时会出现传递依赖等复杂关系，因此应适度优化，并补充各个领域类的关键字段。

17.4 任务产物

各业务流程领域类图片段、系统领域模型均可用如下模板整理。

17.4.1 领域类图片段模板

在这个模板中，分为三个部分：一是领域类图片段；二是业务数据说明，指出别名，说明意义；三是数据规则，写一些与数据相关的规则，如表 17-2 所示。

表 17-2 领域类图片段模板

<table>
<tr><th colspan="3">领域类图片段</th></tr>
<tr><td colspan="3"></td></tr>
<tr><td colspan="3">图例：
Order 类名
orderDate destArea price paymentType 属性可见性 属性
dispatch() close() 操作可见性 操作
业务数据 / 业务术语 ｜ 两个实体之间存在关联 ｜ 组成关系 ×× 是由 ×× 组成的 ｜ 类别关系 ×× 分成几类</td></tr>
<tr><th colspan="3">业务数据说明</th></tr>
<tr><td>业务数据名称</td><td>别名</td><td>简要说明</td></tr>
<tr><td></td><td></td><td></td></tr>
<tr><td></td><td></td><td></td></tr>
<tr><td></td><td></td><td></td></tr>
<tr><th colspan="3">数据规则</th></tr>
<tr><td>编号</td><td>规则描述</td><td>备注</td></tr>
<tr><td></td><td></td><td></td></tr>
<tr><td></td><td></td><td></td></tr>
</table>

17.4.2 领域类图片段示例

下面是一个简单的领域类图片段示例，以便大家在实践中作为参考，如表 17-3 所示。

表 17–3 领域类图片段示例

领域类图片段

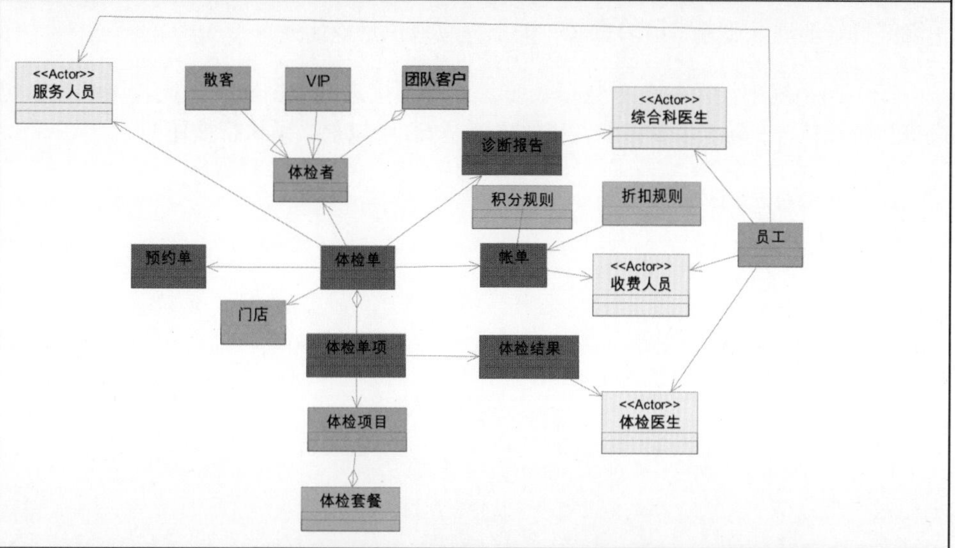

业务数据说明

业务数据名称	别名	简要说明
体检单		记录客户一次体检的信息
体检单项		记录客户一次体检的项目明细
账单	收费单	记录客户的应收费用及交费信息
体检结果		记录客户一次体检中每个体检项目的结果
诊断报告	综合报告	记录客户一次体检的最后意见，包括疾病诊断、健康建议等信息
……	……	……

数据规则

编号	规则描述	备注
	组成一个体检单的所有体检项目是唯一的（当选择某体检套餐时，其包含的体检项目不能再次被选）	
……	……	……

17.5 剪裁说明

领域建模的核心目的在于厘清系统中应该引入哪些业务数据（范围）、它们之间是什么关系，因此业务数据越多、越复杂，领域建模工作就越重要。建议在以下几种情况下必须在需求分析过程中执行领域建模任务。

（1）对于开发团队而言，该系统涉及的问题域是新的、相对而言不熟悉的，为了能够更好地理解业务术语的意义、关系，应该执行该任务。

（2）当系统中涉及的业务数据较多，或者直接进行数据库设计比较困难时，也应该执行该任务；至于多少算多，我的建议是50个以上必须执行该任务。

18 业务数据分析

当我们通过领域建模或其他方法标识出系统所涉及的业务数据之后，还需要细化每个业务数据的构成细节，也就是“业务数据分析”。

18.1 任务执行指引

业务数据分析任务执行指引如图 18-1 所示。

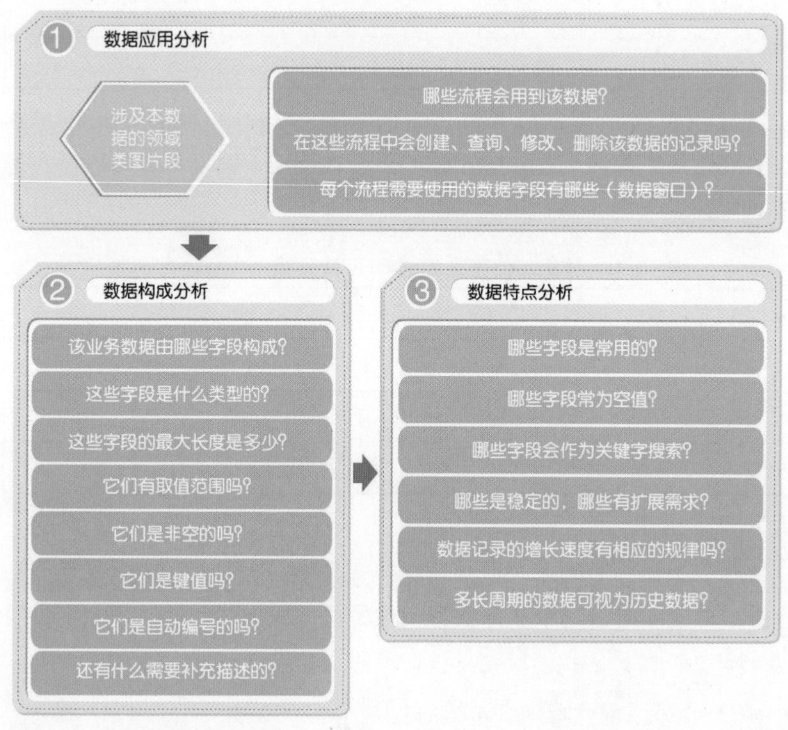

图 18–1　业务数据分析任务执行指引

18.2 任务执行要点

一提到业务数据分析，相信大家马上能够想到“数据构成”分析，但对于一些重要的业务数据来说，还可以对数据应用、数据特点进行分析，以便更好地保证分析完整性，更好地设计数据库。

18.2.1 数据应用分析

数据应用分析，就是厘清哪些流程、场景在使用这些数据，使用这些数据的哪些部分，甚至厘清 CRUD 的关系；通常我们只需要对核心的、重要的业务数据执行这一步骤。

第一件事在于分析哪些流程会使用这些数据。你可以简单地列出哪些子系统的哪些流程会使用，如表 18-1 所示。

表 18–1　数据与流程之间的关系

数据与流程之间的关系（预约单）		
业务子系统	业务流程	说明
客服子系统	预约流程	生成该数据
体检子系统	体检流程	读取该数据，生成体检单

如果需要，则还可以使用更加复杂的 CRUD 矩阵来细化，说明这些流程会 Create（创建）、Retrieve（查询）、Update（更新）、Delete（删除）这些数据，得到如表 18-2 所示的结果。

表 18–2　数据与流程之间的 CRUD 关系

数据与流程之间的 CRUD 关系（预约单）					
业务子系统	业务流程	C	R	U	D
客服子系统	预约流程	□	□	□	□
体检子系统	体检流程		□		

18.2.2 数据构成分析

数据构成分析，首先要厘清这个业务数据包括哪些字段，然后针对各个字段厘清以下几方面的内容。

（1）数据类型：如字符串型、整型、布尔型等。

（2）数据规格：主要包括长度、精度信息，也可以直接使用数据表设计中的规格描述方式，如 Varchar(100)。

（3）约束 / 取值范围：也就是该字段可以接受的值，对于复杂的取值范围还可以考虑使用传统的“数据字典法”描述。

（4）其他：如“是否非空、是否为键值、是否自动编号”等细节，如果该字段的值是计算出来的，那么还应该提供计算公式或计算方法。

这一分析工作是比较枯燥的，没有太多的技巧可言，在此就不再做过多的说明了。

18.2.3 数据特点分析

数据的结构特点、使用特点等细节将影响程序实现，对于核心的、重要的数据可以考虑对其进行相应的分析，下面是一些可供参考的思考线索。

1. 结构特点

（1）主要字段与次要字段：也就是用户主要会看哪些字段，它将决定在列表中显示哪些字段。

（2）稳定字段与不稳定字段：针对新业务带来的数据通常是不稳定字段这一情况，在表结构设计时需要考虑未来的扩展。

2. 使用特点

（1）即时数据与历史数据：多久才算历史数据？这将影响历史数据的迁移，以提高实时查询的速度。

（2）关键字段与辅助字段：谁会被用来作为关键字？我们可以使用索引等手段来加快速度。

18.3 任务产物

当我们完成业务数据分析之后，可以按“业务数据描述”的格式将其整理出来，并放入需求规格说明书的相应小节中。

18.3.1 业务数据描述模板

在业务数据描述模板中，主要分成三个部分：①数据构成分析；②数据应用特点，即数据与流程之间的关系，以及数据窗口分析；③数据使用特点，也就是其他说明部分。“数据构成分析”部分如表 18-3 所示。

表 18–3 业务数据描述模板的“数据构成分析”部分

数据名称			
别名			
数据构成说明			
字段名称	类型 / 规格	约束 / 取值范围	其他

这部分主要是描述数据构成的，包括说明数据的字段名称、类型 / 规格、约束 / 取值范围等。下面一部分则用来说明哪些流程会使用到这些数据（数据与流程之间的关系），分别使用哪些部分（数据窗口分析）。而最后的“其他说明”部分则用来描述数据的结构特点、使用特点等，如表 18-4 所示。

表 18–4 数据与流程之间的关系、数据窗口分析及其他说明

数据与流程之间的关系		
业务子系统	流程	说明

续表

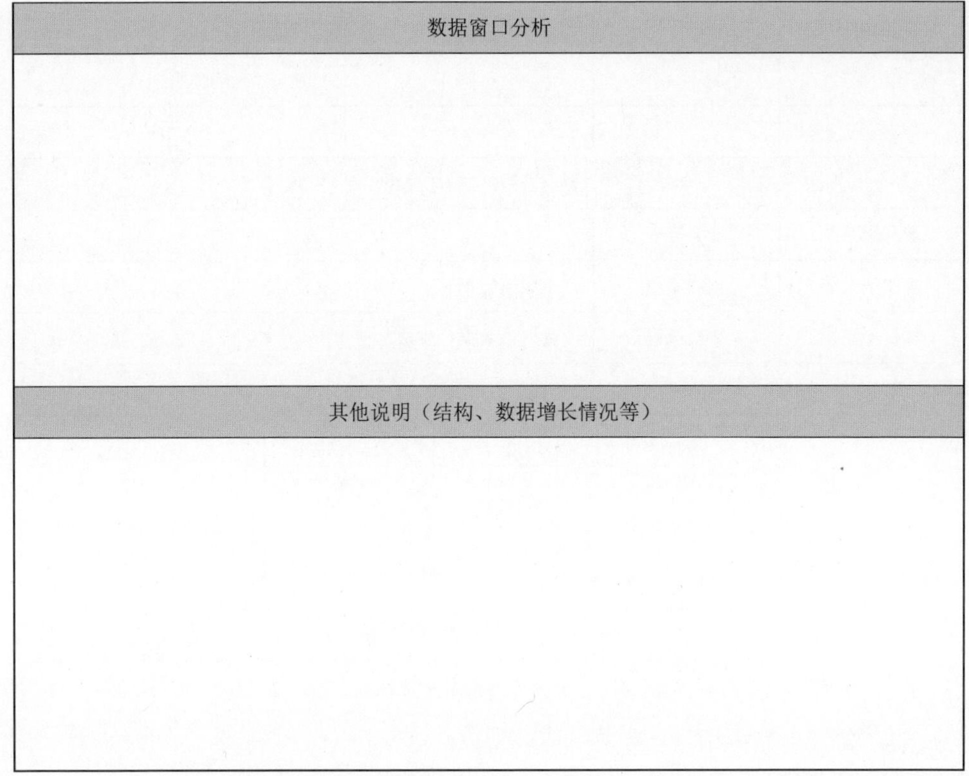

数据窗口分析
其他说明（结构、数据增长情况等）

18.3.2 业务数据描述示例

下面给出一个业务数据描述示例，以供大家在业务数据分析实践中参考，如表 18-5 所示。

表 18–5 业务数据描述示例

数据名称	预约单		
别名	预约信息		
数据构成说明			
字段名称	类型 / 规格	约束 / 取值范围	其他
预约单 ID	STRING(10)	非空	用来关联“预约明细”
体检者 ID	STRING(10)	非空	关联“体检者”表
销售人员 ID	STRING(10)	非空	关联“员工”表

续表

预约时间	DATE	非空	记录预约时间
预约项目	子表		参见“预约单明细”
……			
数据与流程之间的关系			
业务子系统	业务流程	说明	
客服子系统	预约流程	生成该数据	
体检子系统	体检流程	读取该数据，生成体检单	
数据窗口分析			
 预约事件：体检者ID 销售人员ID 预约时间 预约项目	体检事件：体检者ID 预约项目	公共部分：体检者ID 预约项目	
其他说明（结构、数据增长情况等）			
（1）“体检单”“销售人员”“预约时间”都常作为搜索关键字。 （2）该数据增长速度预计：每天每门店 300 ～ 500 笔。 （3）历史数据窗口：通常一个月后，该数据可理解为历史数据。 ……			

18.4 剪裁说明

除非你要开发的系统中不涉及业务数据（如 AutoCAD、计算器），否则该任务是无法剪裁掉的。

质量需求子篇

19 质量需求分析

在信息系统需求分析中，非功能需求主线的重点在于标识出最关键的质量需求，然后针对这些质量需求属性进行细化，再与开发团队一起讨论，通过有效的技术手段来保证系统能够满足这些质量需求。

19.1 任务执行指引

质量需求分析任务执行指引如图 19-1 所示。

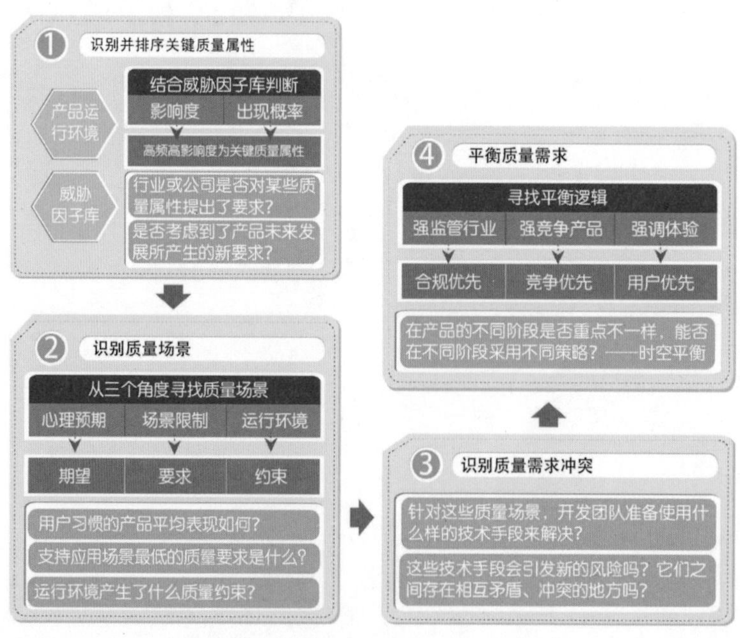

图 19-1 质量需求分析任务执行指引

在进行质量需求分析时，首先应该识别出对于待研发的系统或项目来说主要有哪些重要的核心威胁，从而明确关键质量属性；然后从用户心理预期、应用场景限制和运行环境约束三个方面识别质量场景；最后应该分析质量需求产生的冲突，并进行合理的平衡。其分析过程如图 19-2 所示。

质量需求分析任务板(EXE-E03)
COPYRIGHT BY PMCDC/XUFENG
❶识别关键质量属性
1-1 识别核心威胁
1-2 确定关键属性
功能性：□合适性 □准确性 □互用性 □依从性 □安全性
可靠性：□成熟性 □容错性 □易恢复性
易使用性：□易理解性 □易学性 □易操作性
效率：□时间效率 □资源效率
可维护性：□易分析性 □易改变性 □稳定性 □易测试性
可移植性：□适应性 □易安装性 □一致性 □易替换性
❷识别质量场景
2-1 用户心理预期
2-2 应用场景限制
2-3 运行环境约束
❸平衡质量需求
冲突：3-1 明确矛盾与冲突
应对策略：3-2A 用户优先 3-2B 合规优先 3-2C 竞争优先 3-2D 时空平衡

图 19-2 质量需求分析任务板

19.2 知识准备

在一个系统中，用户看不到的绝大部分功能都在实现质量需求，但在大部分需求实践中，这部分做得很不到位。我经常在很多需求规格说明书中看到诸如“高易用性”“高扩展性”之类的定性描述，具体有什么要求呢？不知道如何入手写！要破解这个局面，核心在于逆向思考、场景化思考。

在我看过的需求规格说明书中，除了充斥着大量定性描述，还存在“盲目定量”“全局化描述”等典型问题。因此，要做好质量需求分析，首先要从意识上改变。

19.2.1 质量需求还需逆向思考

生活悟道场

（注意！本故事只是引发了我的反思，其中的分析未必对，请大家别太纠结。）

一直以来，我对日系车的安全性总是心存疑虑的，甚至可以说存在偏见。记得有一次，有一位朋友让我开车带着他去看看新上市的“飞度”，在路上我就不断劝说他别考虑日系车，到了现场我再次用各种方法来“呈现它的铁皮是多么薄……”而对所谓的“将外部撞击力量有效分散到全身”的设计完全不理解，也选择视而不见。

但这些从“正面”理解质量的视角，使我产生了深深的偏见，直到目睹了一次交通事故。当时在一座跨海大桥上，我前方一辆日系车的驾驶员左手拿着手机，右手扶着方向盘，以80千米左右的时速行驶在最右边车道上。

突然，他的左道上一辆大型集装箱向右变道，或许他发现得太晚了，当时惊得向右狠狠打了一把方向盘，结果车子向右上方飞了出去，直接撞击在大桥护栏上。当时我仿佛看到“一枚鸡蛋飞向了石头”，也瞬间理解了“将外部撞击力量有效分散到全身”的理念……

后来和几个朋友讨论这件事，有一个思维逻辑与众不同的哥们儿突然说：“还好他开了辆日系车，开辆德系车、美系车估计更惨！”我们纷纷表示不解。他继续解释道：“如果车身特别坚固，无外乎三种可能。第一种是直接撞出去，如悍马，下面可是海呀；第二种是撞上、弹起、翻出去，也‘玩’完；第三种是撞上、弹回，被后面的车二次撞击，也废了……”

突然意外地发现，面对这种场景，直接碎在原地反而是最好的选择呀！那一刻我的脑子里突然想通了一个逻辑：要做好汽车的安全性，最重要的应该是去了解交通事故的情况、分析各类事故的发生概率……

生活中充满了“老师”，我正是从上面这个故事中得出了“质量需求还需逆向思考”的反思，也就是质量需求分析从思考威胁开始。

19.2.2 质量需求还需场景化思考

案例分析

在老罗推出了“充满情怀”的锤子手机T1之后，王自如充满争议的评测视频引发了两人的一场“约战”。在那段约战中，我记得关于“跌落测试标准”之争，什么1米、0.5米……在我看来这种测试是没有引入场景化思考的质量标准。

我们为什么需要测试"跌落"呢？当然是因为手机在日常使用时容易跌落，从而带来损坏，给用户带来损失。那么场景化思考的逻辑告诉我们，应该找出最容易跌落的位置，以及采用场景化的方式来衡量损失。

大家想想，你使用手机时手机什么时候最容易跌落呢？无外乎从口袋里掏手机时（女士从包里拿手机时）、接电话时（耳边）、放在桌面上时碰落到地面上，那么通常离地面多少厘米呢？

衡量损失最简单的场景化方式就是"修复成本"，当我们列出从各个常见位置跌落要多少钱才能修复时，我相信用户看到后必然会会心一笑。

在这个案例中，相信大家体会到了质量需求也是生动的，也是以人为本的；只有建立了这个思维，才能够打开分析的思路。

19.2.3 质量需求也很关键

在需求分析时不注重质量需求也是没做好分析工作的要因之一，总觉得功能需求重要、非功能性需求不重要。真的是这样吗？

案例分析

我有一位做卡拉 OK 厅点唱整体解决方案（包括软、硬件）的朋友，有一次他参与了一个大卡拉 OK 厅的竞争性谈判，最后他和其中一个竞争对手进行了最后的角逐。

这个客户的老板面对两家的产品，出现了选择困难，一筹莫展。我的这位朋友急了，拿起自家的产品，狠狠地朝地板上一摔，发现一切正常，系统还在正常工作。

就在这一瞬间，老板马上站了起来，拍着大腿说："就你们了！"我朋友说当时感到幸福来得太突然，半天没说出话来。

我听完他的这个故事，告诉他："你摔机器的那一下，让客户想起昨天晚上来了一拨喝得小醉的客人，后来发生了一些争吵，推推搡搡中碰倒了不少东西……他想这玩意儿抗摔该多好呀！"他突然顿悟了。

相信这个小故事也会引发你的很多思考，行动起来吧，找出最关键的质量需求。

19.2.4 定性之败

案例分析

记得有一次团队中的一位架构师找到需求分析人员，指着需求规格说明书里的“高扩展性、高弹性”，一脸愤怒地问需求分析人员：“你告诉我系统还要往哪儿扩、往哪儿弹！这种毫无意义、毫无营养的东西别再写了！”需求分析人员面对这个问题表现得一脸无奈。

我听到后大感兴趣，遂细问那位架构师，原来他是在这两个词上吃过亏、上过当。有一次他看到需求中提到了“高扩展性、高弹性”，因此就在系统开发时实现了：流程可配置、数据库表字段可扩展，甚至还实现了用户界面可配置……

但后来他还是被“扩展性、弹性”搞得筋疲力尽，因为流程、数据、界面的变化都不多，反而是业务规则大量变化，而这块他却没有采用可配置的机制。

因此在需求规格说明书中光写一个“高扩展性”是不够的，而是应该对未来的“变化”进行一些说明，如业务流程变化、法规变化、业务模式变化，以便系统能够更弹性地应对。

相信你本来就知道定性非功能需求描述是无效的，正所谓“写的人是复制的，看的人是略过的”；相信这个故事能够让你更深刻地记住这一要点，破解定性之败的方法就是场景化。

19.2.5 定量之伤

案例分析

记得有一次，我看到一份需求规格说明书的非功能需求中写着诸如“平均无故障时间2756小时”“平均用户学习时间1.25小时”之类的量化描述。我十分惊讶，马上找到作者请教：“您能够分享一下这些量化指标是如何得到的吗？”

结果对方问我：“你想听真话还是假话呢？”我一愣，马上回复说：“如果可以，我当然想听真话。”他把我拉到一边，悄悄地告诉我：“我们是CMMI 4级，你懂的……”

我不知道你懂了没？我是理解了，CMMI 4 级是量化管理级，他是为了量化而量化，给评估师看的……

我们很希望能够量化，但是量化的道路充满荆棘，如果为了量化而量化，那么最后的结果反而会适得其反，那为什么如此难以量化呢？

生活悟道场

如果拿着一根白板笔，问你这支笔多少厘米，相信你的判断误差会很小吧？但如果问你多少英寸，或许你就没那么自信了吧……

为什么呢？因为大家对“英寸”这个度量单位并不熟悉。那如果我让一位熟悉英寸的朋友来介绍，并且要求他不能举例子、不能给换算公式，那么他也将无言以表。

其中的道理相信大家都知道，因为任何度量单位都是无法定义的。我们从小学习度量单位，都是从举例子开始的，从而建立对其的直观认知。为了学习效率，对于一类度量单位，我们会使用换算法来学习。

从这个故事中你体会到了什么呢？实际上要在需求阶段对非功能需求进行有效的量化，前提条件是“积累历史数据”，只有建立了历史数据，才能够使大家有效地理解它，给出科学、严谨的量化描述。

19.2.6 全局化之迷

案例分析

在一次需求规格说明书评审时，我看到了一句“所有的查询都应在 7 秒内响应”的描述，不禁眉头紧锁地问他们：“请问年报你可能做到 7 秒内响应吗？”

需求分析人员想了想，只好老实地回答：“这个例外！”我马上追问：“那么季报例外不？月报呢？还有第 ×× 页中描述的那个复杂的查询例外不？”需求分析人员被问得满脸通红。

然后我又指着需求规格说明书中一个相当常用的查询说：“你看第 ×× 页中提到的 Call Center 客服人员会经常用到这个查询，7 秒响应够吗？我估计这个查询他一天可能用 300 ~ 600 次吧，每次 7 秒，一共就是 2100 ~ 4200 秒，想都不用想，他每天上班和客户解释得最多的一句话就是‘请您稍等，我正在为您查询’……”

这个小案例给你带来了什么启发呢？对的，非功能需求（特别是性能需求）是有局限性的，不能一棍子打死。如果写不出具体的响应时间要求，那么哪怕只写出它的使用频率也是更有效的信息呀！

19.3 任务执行要点

质量需求分析，执行时分为三步：第一步，采用逆向思维，通过排查核心威胁得出候选关键质量需求，并采用风险曝光度对这些候选关键质量需求进行排序；第二步，从用户心理预期、应用场景限制、运行环境约束三个方面识别质量场景；第三步，识别质量需求冲突，并做好有效的平衡。

19.3.1 识别并排序关键质量属性

1. 识别关键质量属性

在第19.2节中，我们说需要逆向、场景化思考，如何落地呢？我们针对每个质量需求大类给出了一些基础的思考点，如图19-3所示，也希望大家能够举一反三，针对自己的行业、系统建立更多的思考角度。

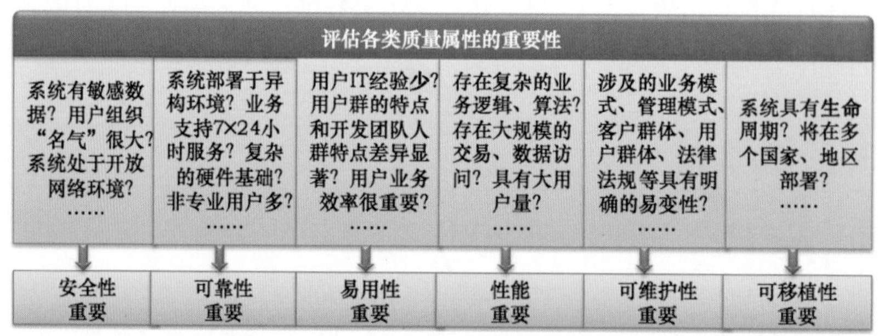

图19-3 识别关键质量属性的思考角度

1）安全性

我常常说，某家被偷无外乎三种原因：太有钱、太有名、门没关好；将这种思维放到系统中，也能够找到对应的关系。

（1）太有钱：系统中存在敏感数据、有经济价值的数据，如网上银行系统肯定需要更多的安全措施。

（2）太有名：用户组织的"名气"很大。例如，很多政府网站上主要收录的都是公开的信息，但还是易被攻击，因为这使攻击者更有成就感，因此这时我们也需要更多的安全措施。

（3）门没关好：也就是处于开放网络环境、基于早期版本的操作系统部署等，这都给安全保障工作带来了隐患。

2）可靠性

对于可靠性而言，最大的威胁无外乎几类：一是要求高，如需要 7×24 小时支持；二是环境复杂，如异构系统、复杂多元的软硬件环境、存在古董级软硬件；三是使用者手生，如非专业用户多，因为他们相对更容易产生误操作，从而使系统运行不可靠。

3）易用性

对于易用性而言，最大的威胁来源于以下几点：①效率要求高，这样易用性不好就会产生很大的负面影响；②用户基础弱，这样界面需要考虑更多提示，要使用户易于学习；③与“你”差异大，每个人在开发系统时都会做出自己感觉还挺易用的界面，因此如果你和用户差别显著，那么你觉得好用的系统用户未必觉得好用。

4）性能

性能的敌人主要有两个：①高并发的访问，因此找出高并发的场景是关键；②复杂的算法与逻辑，下面这个案例应该会对你有启发。

案例分析

12306 系统上线之后的一段时间里，经常出现间歇式“暂停服务”，曾经被很多人诟病，其实该系统中存在相当复杂的算法与逻辑……

与 12306 火车票预订业务最相近的应该是机票预订（全中国所有航空公司的机票预订、机场离港实际上是共用一套系统的，因此总的并发量也并不小），我们可以分析一下它们之间的差异。

当我们需要查询是否有自己想要的机票时，通常需要“日期”“出发地”“目的地”“航班号”“座位等级”五个字段；而查询是否有自己想要的火车票呢？需要的也刚好是五个字段，即“日期”“出发地”“目的地”“车次”“座位等级”，那么它们的算法复杂度一样吗？

粗一看似乎相近，实际上是有很大差异的。因为火车是有大量经停站的，而飞机通常没有，有也只有一两站。那么试想一下，一列从深圳开往北京的火车，要查询任意两个经停站之间是否有票，实际上是一个复杂的算法，会带来更复杂的查询计算。

因此在开发该系统时，就应该提前识别、分析出这样的“复杂算法、逻辑”，从而提前制订相应的策略来应对。

5）可维护性

可维护性最大的威胁显然是变化，最核心的变化来自两个方面：①业务变化，管理模式、业务模式、法律法规等变化；②技术变化，出现新的技术趋势、新的应用技术等。

6）可移植性

对于可移植性而言，最大的威胁来源于两点：①系统生命周期长，使用周期越长就越可能经历多次技术变迁，也就增大了移植需求；②系统部署范围大，涉及更多客户、地区、国家，移植就更困难。

案例分析

针对贯穿本书的案例“体检医院管理系统”而言，主要的威胁因子来源于三个方面：大量部署的需求、数据存在隐私性问题、员工信息化水平相对低。因此，安全性、适应性、易学性、易操作性比较关键，如图19-4所示。

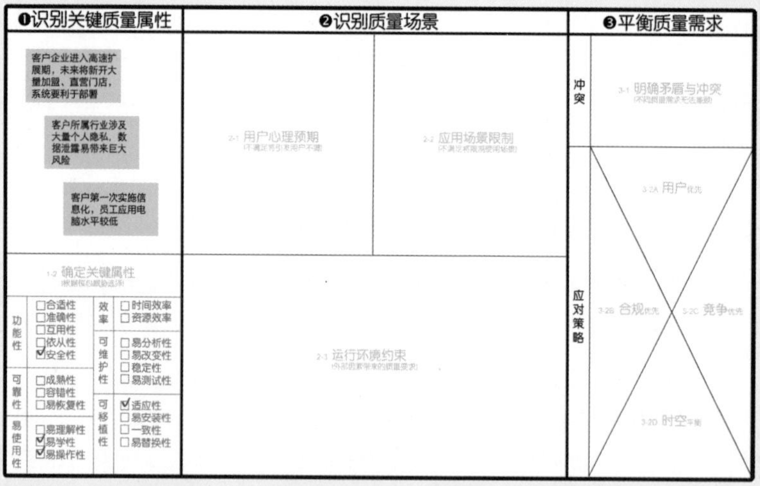

图19–4　质量需求分析——识别关键质量属性

2. 关键质量属性排序

要对识别出来的关键质量属性进行排序，最有效的方法是基于“风险曝光度”的逻辑，也就是对威胁影响度、出现频率进行分析。

1）威胁影响度

在评估威胁影响度时，建议大家应该给出一些标准，我常用的标准如图 19-5 所示。因为生命攸关、重大经济损失都是可怕的，因此我给出了相对很高的权重值。

评估威胁影响度			
生命攸关	重大经济损失	频繁小损失	频繁小损失 频繁操作不便
30分	20分	10分	5分

图 19–5　威胁影响度评估标准示例

2）出现频率

我通常会把出现频率分成三级：经常出现、偶尔出现、低概率出现，分别给予 3 分、2 分、1 分的权重值。

我们建议将这两个维度交给不同的人、团队来评估，然后将它们相乘，根据乘积排序，找出最重要的质量需求。

19.3.2　识别质量场景

案例分析

有一天中午，需求分析人员小赵来找我，一脸迷茫地问："你老和我们说非功能需求要逆向思考、场景化思考，但是我总是找不到门道，能给我举个例子吗？"

我对着他一乐，顺口说："好吧，那我们就以你正在开发的那个外网服务系统为例，我记得当时你们认为安全性中的访问安全性挺重要，是吗？"

小赵点点头，回答说："是的，我们认为由于系统部署在公网，而且系统中还有一些相对敏感的数据，因此这方面还是很重要的。"

我接着他的话题开始引导："那么，你现在站在攻击者的角度思考一下，可以采用什么方法来实现非授权访问……"小赵马上就给出了解答。

我开心地点了点头，说道："太好了！这就是质量场景，你找到了一个十分具体的威胁！"

在这段对话中，我们再次展现了逆向思考、场景化思考；所谓的逆向思考，就是站在对面，思考什么时候不安全、不可靠、不易用等；所谓的场景化思考，就是给出具体的场景。

在进行质量场景分析时，第一步就是采用这样的方法去了解、分析，找到所有重要的质量场景。

案例分析

针对"体检医院管理系统"识别出的安全性、适应性、易学性、易操作性等关键质量因素，我们可以从用户心理预期、应用场景限制、运行环境约束三个角度分析潜在的质量场景，如图 19-6 所示。

❶识别关键质量属性
客户企业进入高速扩展期，未来将新开大量加盟、直营门店，系统要利于部署
客户所属行业涉及大量个人隐私，数据泄露易带来巨大风险
客户第一次实施信息化，员工应用电脑水平较低
1-2 确定关键属性
功能性：□合适性 □准确性 □互用性 □依从性 ☑安全性
可靠性：□成熟性 □容错性 □易恢复性
易使用性：□易理解性 ☑易学性 ☑易操作性
效率：□时间效率 □资源效率
可维护性：□易分析性 □易改变性 □稳定性 □易测试性
可移植性：☑适应性 □易安装性 □一致性 □易替换性

❷识别质量场景
客户期待像流行的移动互联产品一样简单、易学
2-1 用户心理预期（不满足将引发用户不满）
2-2 应用场景限制（不满足将限制使用场景）
体检结果属于客户隐私，存在数据内部泄露可能
各体检门店和城市总部之间将以ADSL连接，存在数据通信过程泄密的风险
各体检门店的业务需要根据当地需要开展，因此系统需要做相应适配

❸平衡质量需求
冲突：3-1 明确矛盾与冲突
应对策略：3-2A 用户优先；3-2B 合规优先；3-2C 竞争优先；3-2D 时空平衡

图 19-6　质量需求分析——识别质量场景

19.3.3　识别质量需求冲突并平衡质量需求

案例分析

（接第 19.3.2 节第一个案例分析）小赵开心地总结说："刚才我们完成了第一步，也就是识别质量场景，接下来我们应该开始针对这个质量场景制订对策，是吗？"我欣慰地说："你虽然告诉我没找到门道，但分析过程还记得挺清楚呀，不错不错！"

“针对这个问题，实际上有现成的解决方案，那就是使用验证码，搞一组花花的字母，因为人总是能够认得的，机器就难以识别了……”小赵马上给出了一个对策。

“是的！不过你思考一下，这种方法会带来什么新风险呢？也就是有什么负作用呢？”我继续引导。小赵乐着说：“负作用明显，会降低用户的易用性。这种图形验证码现在越来越花，以至成为新时代的智商题。看着许多客户不断点‘换一张’的表情，真是有点于心不忍呀……”

我满意地告诉他：“太好了，你已完成了制订对策这一步，不仅提出了解决方案，而且还分析出了它所带来的负作用，我们可以开始第三步了！”

所谓对策，就是针对这一质量场景所带来的影响、威胁，我们可以采用什么样的技术手段来避免或者降低风险。但是每种措施都难免会带来新的问题和影响，因此也要看清它带来的潜在问题。

案例分析（续）

小赵立马说：“第三步是验证矛盾、解决矛盾！我们刚才已经看到了矛盾，那就是为了访问安全性，我们付出了易用性的代价！”我充满惊喜地告诉他：“你悟了……已经打通逻辑了！”

我喝了口茶，然后向他提出了一个问题：“现在网络上有人这么处理，画个简笔画，然后让用户选 A 西瓜、B 冬瓜、C 南瓜、D 西红柿，你觉得这种方案好不好呢？”

“听起来不错呀！电脑要认出简笔画还是有点难的，但对人而言很简单……”小赵小声地回应。我立马打断他：“你不觉得电脑根本不需要判断吗？直接穷举 A、B、C、D 不就可以了？”

小赵吐了吐舌头，不好意思地说：“呀，我忘记选项成了新漏洞……”我坏坏地一笑，说：“你上当了吧？弄个陷阱让你跳呢！其实做个优化就会好很多，把 A、B、C、D 四个选项换成随机出现的字母、数字组合，这样机器要破解起来就不容易了……”

到此，整个案例就讲完了。相信通过这个案例，让你体会到了质量场景分析也是一件很生动的事情。另外，要提醒大家注意，在这个案例中，我们只演示了一个质量场景中对策带来的矛盾，在进行需求分析时还需要注意解决不同质量场景的对策所带来的矛盾。

我们再回到“体检医院管理系统”这个例子中分析一下。

案例分析

在这个案例中，我们发现通过分布式部署来解决个性化和数据集中化管理问题，与数据内部泄露防范需求相冲突，如图 19-7 所示。

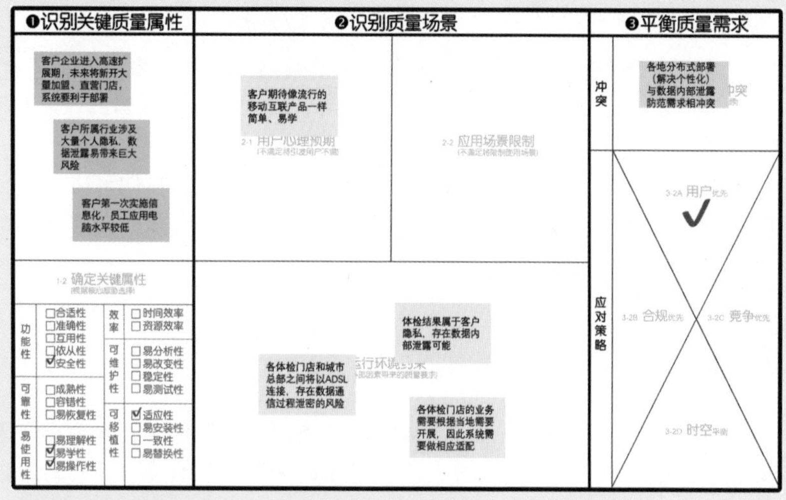

图 19-7　质量需求分析——平衡质量需求

两者相权，应该优先满足个性化部署，这样才能够快速发展。因此，数据安全的问题，还需要再思考更稳妥的对策，如各地只存一年的数据，并且数据都以密文存储等。

19.4　任务产物

在质量需求分析中，“识别并排序关键质量属性”的结果是整理出系统的关键质量需求列表，然后进一步标识具体的质量场景；而“识别质量场景”的结果是整理出一系列的目标场景决策卡，使质量需求最终落地。

19.4.1　关键质量需求列表模板

这个模板很简单，只有三个栏目：质量目标类型、质量目标子类、说明。质量目标类型是一级非功能需求，可以采用国标定义的安全性、可靠性、易用性、性能、可维护性、可移植性归类；而质量目标子类则是这些类型下面更具体的子项，如安全性可以分为数据安全性、访问安全性等；说明一栏则说明该项为什么重要，具体如表 19-1 所示。

表 19-1 关键质量需求列表模板

质量目标类型	质量目标子类	说明

19.4.2 关键质量需求列表示例

下面是一个简单的关键质量需求列表示例，以便大家在实践中作为参考，如表 19-2 所示。

表 19-2 关键质量需求列表示例

质量目标类型	质量目标子类	说明
可维护性	业务扩展性	客户企业进入高速扩展期，未来将新开大量加盟、直营门店，系统要利于部署
安全性	数据安全性	客户所属行业涉及大量个人隐私，数据泄露易带来巨大风险
易用性	易于学习	客户第一次实施信息化，员工应用电脑水平较低
……	……	……

19.4.3 质量场景分析模板（目标场景决策卡）

一个具体的质量场景可以从三个方面进行描述：①目标，说明它属于哪种质量类型；②场景，影响质量需求的具体场景；③策略及风险，通常可由技术人员来写，说明针对该场景将采取的技术措施，以及该措施带来的负作用（风险），如表 19-3 所示。

表 19-3 质量场景分析模板

目标	场景	策略及风险

19.4.4 质量场景分析示例

下面是一个简单的质量场景分析示例，以便大家在实践中作为参考，如表 19-4 所示。

表 19-4 质量场景分析示例

目标	场景	策略及风险
安全性→ 通信安全性	各体检门店和城市总部之间将以 ADSL 连接，存在数据通信过程泄密的风险	策略：数据加密、SSL 通信 风险：SSL 通信会增加通信负担，降低通信速度
……	……	……

19.5 剪裁说明

质量需求分析，通常是为了应对系统运行、应用环境所带来的威胁，因此除非你开发的是过渡性、演示性系统，否则都不宜完全把这个任务剪裁掉，至少应该确定最重要的 3 ~ 5 项质量需求。

Part 4

补充篇

20 业务规则分析

在第 11 章中，我们就提到过“规则”这一元素。对于大部分系统开发而言，可以结合流程分析出行为规则，结合领域类图分析出数据规则。但如果规则特别多、系统很复杂，则建议大家专门花时间来处理它。

20.1 任务执行指引

业务规则分析任务执行指引如图 20-1 所示。

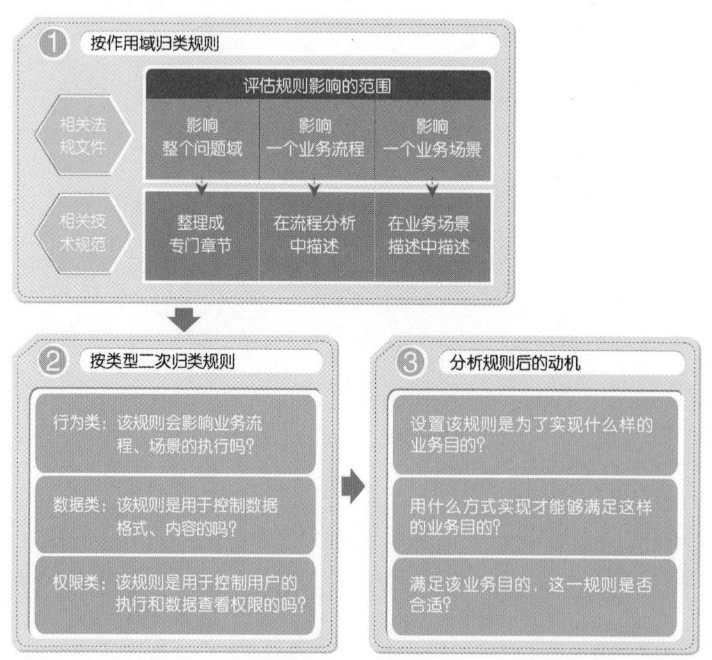

图 20-1 业务规则分析任务执行指引

20.2 任务执行要点

如果专门对业务规则进行分析，则通常可以分三步执行：按作用域归类规则、按类型二次归类规则、分析规则后的动机以理解规则。

20.2.1 按作用域归类规则

如果一个系统中有大量的规则，那么研发团队在实际开发工作中就会经常“顾此失彼”,甚至“视而不见”。因此,为了能够让开发人员“刚好看到恰巧需要的信息”,就需要对规则进行归类。

首先最重要的归类原则就是作用域，对于一个系统而言，有影响整个问题域、整个系统的宏观规则；也有只影响一个业务流程的中观规则；还有一些只对业务场景产生影响的微观规则。我们可以采用如图 20-2 所示的方式把规则描述放在需求规格说明书中的不同位置。

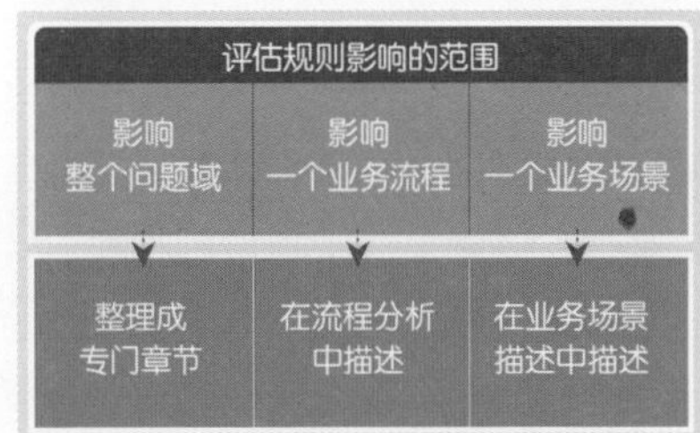

图 20–2　按作用域把规则描述放在合适的位置

20.2.2 按类型二次归类规则

还是前一节中提到的逻辑，为了让开发人员“刚好看到恰巧需要的信息”，还可能需要进行更细的归类。

（1）行为类：也就是一些影响业务流程、场景执行的规则，诸如“下单时，用户填入的下单数必须小于库存数”；它们适合放在相应的流程分析、场景分析的描述中。

（2）数据类：也就是用来控制数据格式、内容的规则，诸如“组成一个订单的所有订单项，产品号必须是唯一的”；它们适合放在领域模型的规则描述中。

（3）权限类：也就是用来控制用户的执行和数据查看权限的规则，诸如“分公司经理只能审批自己分公司的、总金额在 100 万元以内的采购申请”；它们应该放在权限需求描述中（我习惯放在“访问安全性”小节中）。

当然，如果你还想做得更细一些，那么还可以根据规则的形式进行归类，如图 20-3 所示。

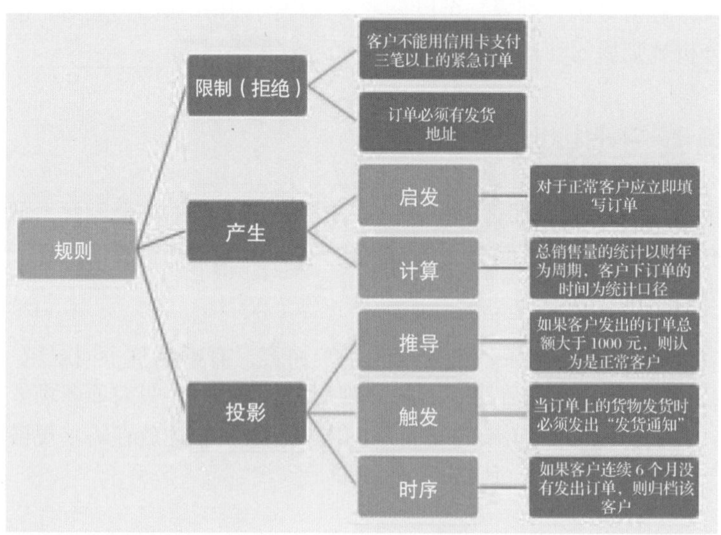

图 20–3 按规则形式归类

这种分类利于程序开发时采用不同的应对策略，当然它带来的工作量也不小，谨慎用之。

20.2.3 分析规则后的动机

在规则分析中，最重要的一点在于理解规则背后的动机，它包括两个方面：一方面是业务动机；另一方面是可执行性考虑。理解业务动机，可能会发现该规则欠考虑的地方；理解可执行性考虑，则可能会发现通过系统实现后，可以更好地优化规则。

案例分析

由于我经常在当当网买书，因此“一不小心”买成了 VIP。有一次我意外发现，当当还发了一些 20 元、10 元的抵用券，认真一看总共有 8 张，结果还有两张过期了，我瞬间出现了损失厌恶……

那天刚好准备买一批书，因此我决定把这些券用掉，当我下完订单准备使用券抵扣时，发现一次只能够使用一张券，而且由于“优惠不可同时使用”，因此导致有几本带 VIP 折扣的书也不再给 VIP 折扣了，本来只抵用了 20 元，现在又少了好几元……

因此我十分不开心，决定干一件事：我把这个大订单拆成了 7 个小订单，把有 VIP 折扣的那几本书单独作为一个订单，然后其他 6 个订单每个用一张优惠券。经过近 30 分钟的努力，我终于完成了这一操作。然后细想：我得到了什么，失去了什么？当当又得到了什么，失去了什么？

我发现我得到了优惠，失去了时间，其实也不太高兴。而当当网不仅失去了客户满意度（而且是大订单、老客户的满意度），还有可能产生现金损失，因为订单变多，物流费用增加了。

我反思当当网设置这个规则的动机是什么？我觉得是为了控制优惠的幅度，提高收益！但这种规则实际上伤害了大用户、老用户的利益。因此，我认为更合适的规则是按订单总金额限制优惠券使用，而不是“一个订单只能使用一张”。

通过上面这个小故事就是想告诉读者，分析、探讨规则后面的业务动机，或许能够得到更加合适、更加符合客户需求的规则，从而使系统更加能够保护客户的利益。

生活悟道场

大家或许都知道乘坐飞机时随时携带的液态物品不能超过 100mL，超过就要托运。但是如果你带着一个 200mL 的瓶子，里面只有一点点液体了（不超过 100mL），安检会让你通过吗？

针对这种情况安检会向你说“不”！你可能认为这是一个霸王条款，其实这个规则有它合理的地方。试想，如果你拿着一个上大下小、容量为 200mL 的瓶子，里面的液体看起来不到一半但也接近一半，这时过安检会发生什么？

安检可能告诉你说，你这超过 100mL 了；你辩解说，这不到一半，因此没到 100mL。安检则告诉你，由于瓶子上大下小，看起来没有一半，实际容量肯定大于一半。你继续辩解说，瓶子外部看起来是这样，实际里面还有一层容器，它是均匀的，因此就是不到一半，没有 100mL。

假设出现这种争论，难道给安检配一个量杯来实际检验吗？这样安检将多么低效呀！因此制订这样的规则实际上也是出于可执行性的考虑。

希望通过这个小故事，让你理解业务规则有时需要考虑到可执行性而做出看似不合理的调整。假设系统能够使它更清晰（如安检机强大到可以检查容量），那么就可以更好地优化这些规则。

顺便说一下，这个规则实际上还有一个可执行漏洞，那就是乘客如果拿一个不带容量标记的瓶子该怎么办？有兴趣你可以想想……

20.3 剪裁说明

业务规则分析通常可以在业务流程分析、领域建模时一并完成，但如果它特别重要，则可以把它当作一个专题。不管采用哪种方法，可以选择的具体思路与方法是类似的。

约束分析 21

约束实际上属于非功能需求，非功能需求包括质量和约束两类，质量是对我们的要求，而约束则是对我们的限制。约束又分成两类，一类是项目约束，另一类是设计约束。

21.1 任务执行指引

约束分析任务执行指引如图 21-1 所示。

图 21-1 约束分析任务执行指引

21.2 任务执行要点

如图 21-1 所示，该任务可以分成六个小步骤执行，实际上可以归为两大步。

21.2.1 明确项目约束

项目约束主要可以从进度要求、资源支持、预算要求三个角度来进行整理。

（1）进度要求：建议不仅仅列出最晚交付时间，还应该理解这个最后期限背后的理由；诸如是为了新业务上线？新法规正式实施？参加新品展示会？以便更好地指导分阶段交付，以及未能完全满足时的预案。

（2）资源支持：明确接口人、开发 / 测试环境支持等；有一个小技巧，可以争取用户为每个业务主题设置相应的业务接口人，以获得更大支持。

（3）预算要求：在需求分析中一般不涉及，通常直接参考合同约定。如果真需要考虑，则可以参考图 21-1 中的引导问题。

21.2.2 明确设计约束

设计约束主要可以从技术选型、部署环境、开发环境角度来进行整理。

（1）技术选型：客户有时会对开发提出具体的技术选型要求。通常原因有以下几种：一是相关政策、法规规定，诸如国产化平台要求；二是内部规范要求；三是接口人的技术偏好。前两者一般是不能改变的，第三种则有协商的可能。

（2）部署环境：对实现产生约束的另一个方面是部署环境的影响，主要包括遗留系统，用户采购的软硬件平台（服务器、终端、网络等），用户所处的国家、文化区域、社会环境（这将涉及用户的相关使用偏好、语言等相关内容），甚至生命周期也会有影响（如果是长生命周期，则对技术的先进性要求更高）。

（3）开发环境：设计约束还可能受到开发人员的技术能力、开发资源的影响而改变，也就是“开发人员能不能干、有没有资源干”。当然，这在需求分析工作中通常不必明确考虑。

21.3 任务产物

“约束分析”的结果建议分成两部分，一部分是客户的决策层也可能关注的项目约束；另一部分则是信息部门关注的设计约束。下面给出整理两类约束的参考模板，由于比较直观、易于理解，因此就不再给出具体的示例了，如表 21-1 和表 21-2 所示。

21.3.1 项目约束描述模板

项目约束描述模板如表 21-1 所示。

表 21–1 项目约束描述模板

进度要求	
预算要求	
资源支持	
其他约束	

21.3.2 设计约束描述模板

设计约束描述模板如表 21-2 所示。

表 21–2 设计约束描述模板

技术选型	
部署环境	
开发环境	
其他约束	

21.4 剪裁说明

这一任务一般不会被完全剪裁掉，要花费的时间通常也不多，根据实际项目、产品的情况，决定花费多长时间即可。

反侵权盗版声明

举报电话：（010）88254396；（010）88258888

传　　真：（010）88254397

E-mail：　dbqq@phei.com.cn

通信地址：北京市万寿路 173 信箱

　　　　　电子工业出版社总编办公室

邮　　编：100036